全国水利行业"十三五"规划教材(职业技术教育)
(互联网+创新型教材)
中国水利教育协会策划组织

水利工程施工组织与管理

主　编　田利萍
副主编　何祖朋　赫文秀
　　　　郑　兰　茹秋瑾
主　审　郑　玲　王利平

黄河水利出版社
·郑州·

内 容 提 要

本书是全国水利行业“十三五”规划教材，是根据中国水利教育协会职业技术教育分会高等职业教育教学研究会制定的水利工程施工组织与管理课程标准编写完成的。全书分为施工组织与管理知识准备、水利工程施工组织设计编制与水利工程施工项目管理3个学习项目，学习任务内容主要包括：水利水电工程建设概述、施工准备工作、流水施工的基本原理、网络计划技术、施工组织设计概述、施工方案编制、施工总进度计划编制、施工总布置编制、资源使用计划编制、水利工程施工质量管理、进度管理、成本管理、合同管理、施工项目安全管理及环境管理。在重点任务后，附有课堂自测练习二维码，使用智能手机扫码即可；每个项目后附有小结和技能训练题，方便学生课后练习。

本书可作为高等职业技术学院、高等专科学校等水利水电工程建筑、农田水利工程、水利工程施工、工业与民用建筑、给水排水工程等专业的教材，也可供土木建筑类其他专业、中等专业学校相应专业的师生及工程技术人员学习参考。

图书在版编目(CIP)数据

水利工程施工组织与管理/田利萍主编.—郑州：黄河水利出版社，2019.8

全国水利行业“十三五”规划教材.职业技术教育

ISBN 978-7-5509-2398-0

Ⅰ.①水… Ⅱ.①田… Ⅲ.①水利工程-工程施工-施工组织-职业教育-教材②水利工程-施工管理-职业教育-教材 Ⅳ.①TV512

中国版本图书馆CIP数据核字(2019)第111188号

组稿编辑：王路平　电话：0371-66022212　E-mail：hhslwlp@163.com

田丽萍　66025553　912810592@qq.com

出 版 社：黄河水利出版社　网址：www.yrcp.com

地址：河南省郑州市顺河路黄委会综合楼14层　邮政编码：450003

发行单位：黄河水利出版社

发行部电话：0371-66026940、66020550、66028024、66022620(传真)

E-mail：hhslcbs@126.com

承印单位：河南承创印务有限公司

开本：787 mm×1 092 mm　1/16

印张：17.25

字数：400千字　印数：1—3 100

版次：2019年8月第1版　印次：2019年8月第1次印刷

定价：42.00元

前 言

本书是贯彻落实《国家中长期教育改革和发展规划纲要(2010~2020年)》、《国务院关于加快发展现代职业教育的决定》(国发〔2014〕19号)、《现代职业教育体系建设规划(2014~2020年)》和《水利部 教育部关于进一步推进水利职业教育改革发展的意见》(水人事〔2013〕121号)等文件精神,依据中国水利教育协会水教协〔2016〕16号文《关于公布全国水利行业“十三五”规划教材名单的通知》,在中国水利教育协会精心组织和指导下,由中国水利教育协会职业技术教育分会组织编写的全国水利行业“十三五”规划教材。教材以学生能力培养为主线,体现了实用性、实践性、创新性的特色,是一套水利高职教育精品规划教材。

本书按照项目编写教材,打破以知识传授为主要特征的传统教材模式,以工作任务为中心,让学生在完成学习任务过程中学会完成相应工作任务,并构建相关理论知识,发展职业能力;重点展示的技能点或知识点,列举实例,强化实训、实习的作用,从学生好用、实用、够用的角度出发,增加内容的趣味性,图文结合,突出案例,以特别提示的形式,突出国家现行水利工程建设标准、规范和规程的应用,教材内容参考《全国二级建造师执业资格考试用书》中的施工组织与管理部分内容,尽量融入其知识点、技能点,方便学生考取执业资格证书。

在编写中,考虑到高等职业技术教育的教学要求,并借鉴高等院校现有《水利工程施工组织与管理》教科书的体系,本着既要贯彻“少而精”,又力求突出科学性、先进性、针对性、实用性和注重技能培养的原则,全书分为施工组织与管理知识准备、水利工程施工组织设计编制及水利工程施工项目管理三部分。第一部分施工组织与管理知识准备,包括水利水电工程建设概述、施工准备工作、流水施工的基本原理、网络计划技术,为后两部分提供知识储备。后两部分采用项目导向、任务驱动的教学模式,分水利工程施工组织设计编制和水利工程施工项目管理两个项目11个任务。水利工程施工组织设计编制主要介绍水利工程施工方案、施工总进度计划、施工总布置及资源使用计划的编制原则、编制依据、编制内容及编制方法,通过模拟应用实例,能编制水利工程施工组织设计文件;水利工程施工项目管理主要介绍施工质量、进度、成本、合同、安全及环境管理的原则、依据及管理方法等,结合水利工程施工管理的典型案例分析,熟悉水利工程施工现场管理工作。

本书通过知识链接,培养学生在今后工作中采用新标准、新规范,遵循国务院、水利部、流域管理机构及水行政主管部门关于水利工程建设项目管理规定及管理办法的意识。

本书编写人员及编写分工如下:内蒙古机电职业技术学院田利萍、刘鹏编写水利水电工程建设概述、施工准备工作;安徽水利水电职业技术学院郑兰编写流水施工的基本原理、网络计划技术;杨凌职业学院何祖朋、戚丹编写水利工程施工组织设计编制;辽宁水利职业学院赫文秀编写水利工程施工质量管理、水利水电工程施工进度及成本管理;杨凌职业技术学院茹秋瑾编写水利工程施工合同管理、施工项目安全及环境管理。本书由田利萍担任主编并负责全书统稿，由何祖朋、赫文秀、郑兰、茹秋瑾担任副主编，由湖北水利水电职业技术学院郑玲、内蒙古机电职业技术学院王利平担任主审。

由于编者水平有限，书中难免存在缺点、错误及不妥之处，欢迎广大师生及读者批评指正。

编　者

2019 年 5 月

本书互联网全部资源二维码

目 录

项目一　施工组织与管理知识准备

【学习目标】

1. 了解水利水电建设项目管理体系；
2. 了解水利工程建设基本程序；
3. 熟悉水利工程项目划分的方法；
4. 掌握施工准备工作的内容、方法；
5. 了解施工组织的方式及流水施工的基本知识；
6. 掌握流水施工的参数及确定方法、流水施工的分类；
7. 掌握流水作业的基本组织方式；
8. 了解双代号网络图、单代号网络图的概念和特点；
9. 掌握双代号网络图的绘制方法及时间参数的计算。

【技能目标】

1. 能根据工程规模，履行水利工程的审批流程；
2. 能严格履行水利工程基本建设程序；
3. 能针对具体工程项目划分水利工程项目；
4. 能有计划、有部署地做好施工准备工作；
5. 能根据工程特点，运用流水施工的基本知识和基本方法；
6. 根据工程实际情况组织流水施工；
7. 能针对具体工程绘制网络计划并快速确定各时间参数。

任务一　水利水电工程建设概述

一、水利水电建设项目管理体系

根据水利部《水利工程建设项目管理规定（试行）》（水建〔1995〕128 号），水利工程建设项目管理实行统一管理、分级管理和目标管理；水利工程建设实行项目法人责任制、招标投标制和建设监理制，简称“三项”制度。

（一）水利工程建设项目的分类

（1）水利工程建设项目按其功能和作用分为公益性、准公益性和经营性三类。

（2）水利工程建设项目按其对社会和国民经济发展的影响分为中央水利基本建设项目（简称中央项目）和地方水利基本建设项目（简称地方项目）。

（3）水利工程建设项目根据其建设规模和投资额分为大中型项目和小型项目。

（二）水利工程建设项目的管理体系

根据水利部《水利工程建设项目管理规定（试行）》，水利工程建设项目管理实行水利部、流域机构和地方水行政主管部门以及项目法人分级、分层次管理的管理体系。其中：

(1)水利部是国务院水行政主管部门,对全国水利工程建设实行宏观管理。

(2)流域机构是水利部的派出机构,对其所在流域行使水行政主管部门的职责,负责本流域水利工程建设的行业管理。

(3)省(自治区、直辖市)水利(水电)厅(局)是本地区的水行政主管部门,负责本地区水利工程建设的行业管理。

(4)水利工程项目法人对建设项目的立项、筹资、建设、生产经营、还本付息以及资产保值增值的全过程负责,并承担投资风险。代表项目法人对建设项目进行管理的建设单位是项目建设的直接组织者和实施者。负责按项目的建设规模、投资总额、建设工期、工程质量,实行项目建设的全过程管理,对国家或投资各方负责。

(5)施工单位按照与项目法人签订的施工合同进行施工项目的质量、工期、成本目标控制,加强施工项目管理,实现安全文明施工。

(6)水利工程建设监理是指建设监理单位受项目法人的委托,具有相应执(职)业资格的监理人员依据国家有关工程建设的法律、法规和批准的项目建设文件、工程建设合同以及工程建设监理合同,对工程建设实行管理。水利工程建设监理的主要内容是进行工程建设合同管理和信息管理,按照合同控制工程建设的投资、工期和质量,并协调有关各方的工作关系。水利工程项目管理体系如图1-1所示。

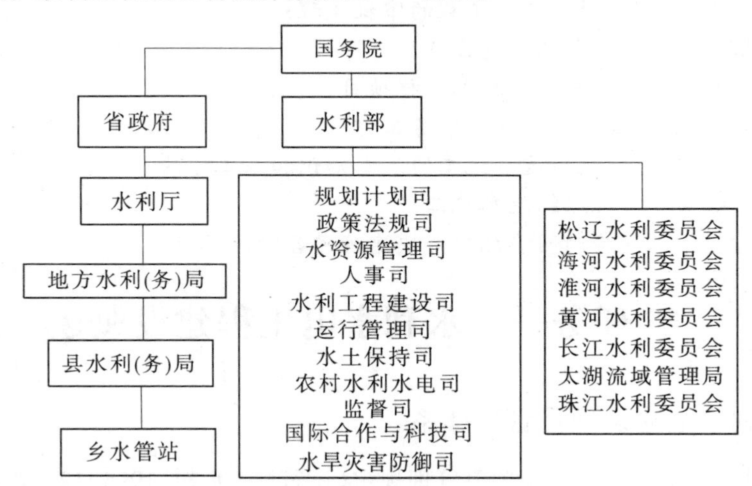

图1-1 水利工程项目管理体系

(三)水利工程建设项目管理"三项"制度及新型建设管理模式

1.水利工程建设项目管理"三项"制度

1)项目法人责任制

项目法人责任制是为了建立建设项目的投资约束机制,规范项目法人的有关建设行为,明确项目法人的责、权、利,提高投资效益,保证工程建设质量和建设工期。实行项目法人责任制,对于生产经营性水利工程建设项目,由项目法人对项目的策划、资金筹措、建设实施、生产经营、债务偿还和资产的保值增值,实行全过程负责。

《水利部印发关于贯彻落实加强公益性水利工程建设管理若干意见的实施意见的通

知》(水建管〔2001〕74 号)指出,项目法人是项目建设的活动主体,对项目建设的工程质量、工程进度、资金管理和生产安全负总责,并对项目主管部门负责。

2)招标投标制

招标投标制是指通过招标投标的方式,选择水利工程建设的勘察设计、施工、监理、材料设备供应等单位。

水利建设工程是我国建设领域最早推广建设工程采购实行招标投标方式的行业。1982 年 7 月鲁布革水电站、1986 年板桥水库复建工程建设的施工招标投标,在当时曾引起强烈震动。

水利部 20 世纪 80 年代曾颁发《水利工程施工招标投标工作管理规定》,1995 年颁发《水利工程建设项目施工招标投标管理规定》,1998 年对此规定进行修改后重新发布,该规定对于水利工程建设项目的招标投标工作起了重要的推进作用,但上述所列文件主要针对施工招标,关于勘察、设计、监理的招标工作没有具体的管理规定。

3)建设监理制

建设监理制是指相应资质的水利工程建设监理单位,受项目法人(或建设单位)委托,按照监理合同对水利工程建设项目实施中的质量、进度、资金、安全生产、环境保护等进行的管理活动。它包括水利工程施工监理、水土保持工程施工监理、机电及金属结构设备制造监理、水利工程建设环境保护监理。

水利工程建设项目依法实行建设监理。总投资 200 万元以上且符合下列条件之一的水利工程建设项目,必须实行建设监理:

(1)关系社会公共利益或者公共安全的;

(2)使用国有资金投资或者国家融资的;

(3)使用外国政府或者国际组织贷款、援助资金的。

铁路、公路、城镇建设、矿山、电力、石油天然气、建材等开发建设项目的配套水土保持工程,符合前款规定条件的,应当按照水利部规定开展水土保持工程施工监理。

2. 新型建设管理模式

1)代建制

根据《中共中央 国务院关于加快水利改革发展的决定》《国务院关于投资体制改革的规定》等有关规定,水利部发布了《关于水利工程建设项目代建制管理的指导意见》(水建管〔2015〕91 号),在水利建设项目特别是基层中小型项目中推行代建制等新型建设管理模式,发挥市场机制作用,增强基层管理力量,实现专业化的项目管理。

水利工程建设项目代建制是指政府投资的水利工程建设项目通过招标等方式,选择具有水利工程建设管理经验、技术和能力的专业化项目建设管理单位(简称代建单位),负责项目的建设实施,竣工验收后移交运行管理单位的制度。

水利工程建设项目代建制为建设实施代建,代建单位对水利工程建设项目施工准备至竣工验收的建设实施过程进行管理。代建单位按照合同约定,履行工程代建相关职责,对代建项目的工程质量、安全、进度和资金管理负责。地方政府负责协调落实地方配套资金和征地移民等工作,为工程建设创造良好的外部环境。

代建单位应具备以下条件:

(1)具有独立的事业或企业法人资格。

(2)具有满足代建项目规模等级要求的水利工程勘测设计、咨询、施工总承包一项或多项资质以及相应的业绩;或者是由政府专门设立(或授权)的水利工程建设管理机构并具有同等规模等级项目的建设管理业绩;或者是承担过大型水利工程项目法人职责的单位。

(3)具有与代建管理相适应的组织机构、管理能力、专业技术与管理人员。

近3年在承接的各类建设项目中发生过较大以上质量、安全责任事故或者有其他严重违法、违纪和违约等不良行为记录的单位不得承担项目代建业务。

拟实施代建制的项目应在可行性研究报告中提出实行代建制管理的方案,经批复后在施工准备前选定代建单位。代建单位由项目主管部门或项目法人(简称项目管理单位)负责选定。招标选择代建单位应严格执行招标投标相关法律法规,并进入公共资源交易市场交易。不具备招标条件的,经项目主管部门同级政府批准,可采用其他方式选择代建单位。

代建单位确定后,项目管理单位应与代建单位依法签订代建合同。代建合同内容应包括项目建设规模、内容、标准、质量、工期、投资和代建费用等控制指标,明确双方的责任、权利、义务、奖惩等法律关系及违约责任的认定与处理方式。代建合同应报项目管理单位上级水行政主管部门备案。

代建单位不得将所承担的项目代建工作转包或分包。代建单位可根据代建合同约定,对项目的勘察、设计、监理、施工和设备、材料采购等依法组织招标,不得以代建为理由规避招标。代建单位(包括与其有隶属关系或股权关系的单位)不得承担代建项目的施工以及设备、材料供应等工作。

代建项目资金管理要严格执行国家有关法律法规和基本建设财务管理制度,落实财政部《关于切实加强政府投资项目代建制财政财务管理有关问题的指导意见》(财建〔2004〕300号)有关要求。

代建管理费要与代建单位的代建内容、代建绩效挂钩,计入项目建设成本,在工程概算中列支。代建管理费由代建单位提出申请,由项目管理单位审核后,按项目实施进度和合同约定分期拨付。代建项目实施完成并通过竣工验收后,经竣工决算审计确认,决算投资较代建投资合同约定项目投资有结余,按照财政部门相关规定,从项目结余资金中提取比例奖励代建单位。

2)政府和社会资本合作(PPP制)

PPP是Public－Private－Partnership的简称(政府和社会资本合作),是指政府为增强公共产品和服务供给能力、提高供给效率,通过特许经营、购买服务、股权合作等方式,与社会资本建立的利益共享、风险分担及长期合作关系。开展政府和社会资本合作,有利于创新投融资机制,拓宽社会资本投资渠道,增强经济增长内生动力;有利于推动各类资本相互融合、优势互补,促进投资主体多元化,发展混合所有制经济;有利于理顺政府与市场关系,加快政府职能转变,充分发挥市场配置资源的决定性作用。

根据《国务院关于创新重点领域投融资机制鼓励社会投资的指导意见》(国发〔2014〕60号)有关要求,国家发展和改革委员会、财政部、水利部联合发布《关于鼓励和引导社会资本参与重大水利工程建设运营的实施意见》(发改农经〔2015〕488号),实施意见明确,除法律、法规、规章特殊规定的情形外，重大水利工程建设运营一律向社会资本开放。实施意见提出以下主要要求：

（1）合理确定项目参与方式。盘活现有重大水利工程国有资产，选择一批工程通过股权出让、委托运营、整合改制等方式，吸引社会资本参与，筹得的资金用于新工程建设。对新建项目要建立健全政府和社会资本合作（PPP 制），鼓励社会资本以特许经营、参股控股等多种形式参与重大水利工程建设运营。其中，综合水利枢纽、大城市供排水管网的建设经营需按规定由中方控股。对公益性较强、没有直接受益的河湖堤防整治等水利工程建设项目，可通过与经营性较强项目组合开发。按流域统一规划实施等方式，吸引社会资本参与。

（2）签订投资运营协议。社会资本参与重大水利工程建设运营，县级以上人民政府或其授权的有关部门应与投资经营主体通过签订合同等形式，对工程建设运营中的资产产权关系、责权利关系、建设运营标准和监管要求、收入和回报，合同解除、违约处理、争议解决等内容予以明确。政府和投资者应对项目可能产生的政策风险、商业风险、环境风险、法律风险等进行充分论证，完善合同设计，健全纠纷解决和风险防范机制。

（3）充分发挥政府投资的引导带动作用。重大水利工程建设投入，原则上按功能、效益进行合理分摊和筹措，并按规定安排政府投资。对同类项目，中央水利投资优先支持引入社会资本的项目。政府投资安排使用方式和额度，应根据不同项目情况、社会资本投资合理回报率等因素综合确定。公益性部分政府投入形成的资产归政府所有，同时可按规定不参与生产经营收益分配。鼓励发展支持重大水利工程的投资基金，政府可以通过认购基金份额、直接注资等方式予以支持。

（4）完善项目财政补贴管理。对承担一定公益性任务、项目收入不能覆盖成本和收益，但社会效益较好的政府和社会资本合作（PPP 制）重大水利项目，政府可对工程维修养护和管护经费等给予适当补贴。财政补贴的规模和方式要以项目运营绩效评价结果为依据，综合考虑产品或服务价格、建设成本、运营费用、实际收益率、财政中长期承受能力等因素合理确定、动态调整，并以适当方式向社会公示公开。

（5）实行税收优惠。社会资本参与的重大水利工程，符合《公共基础设施项目企业所得税优惠目录》《环境保护、节能节水项目企业所得税优惠目录》规定条件的，自项目取得第一笔生产经营收入所属纳税年度起，第一年至第三年免征企业所得税，第四年至第六年减半征收企业所得税。

（6）认真履行投资经营权利义务。项目投资经营主体应严格执行基本建设程序，落实项目法人责任制、招标投标制、建设监理制和合同管理制，对项目的质量、安全、进度和投资管理负总责。已通过招标方式选定的特许经营项目投资人依法能够自行建设、生产或者提供的，可以不进行招标。要建立健全质量安全管理体系和工程维修养护机制，按照协议约定的期限、数量、质量和标准提供产品或服务，依法承担防洪、抗旱、水资源节约保护等责任和义务，服从国家防汛抗旱、水资源统一调度。要严格执行工程建设运行管理的有关规章制度、技术标准，加强日常检查检修和维修养护，保障工程功能发挥和安全运行。

（7）落实应急预案。政府有关部门应加强对项目投资经营主体应对自然灾害等突发事件的指导，监督投资经营主体完善和落实各类应急预案。在发生危及或可能危及公共利益、公共安全等紧急情况时,政府可采取应急管制措施。

(8)完善退出机制。政府有关部门应建立健全社会资本退出机制,在严格清产核资、落实项目资产处理和建设与运行后续方案的情况下,允许社会资本退出,妥善做好项目移交接管,确保水利工程的顺利实施和持续安全运行,维护社会资本合法权益,保证公共利益不受侵害。

(9)加强后评价和绩效评价。开展社会资本参与重大水利工程项目后评价和绩效评价,建立健全评价体系和方式方法,根据评价结果,依据合同约定对价格或补贴等进行调整,提高政府投资决策水平和投资效益,激励社会资本通过管理、技术创新提高公共服务质量和水平。

(10)加强风险管理。各级财政部门要做好财政承受能力论证,根据本地区财力状况、债务负担水平等合理确定财政补贴、政府付费等财政支出规模,项目全生命周期内的财政支出总额应控制在本级政府财政支出的一定比例内,减少政府不必要的财政负担。

知识链接

水利部《水利工程建设项目管理规定(试行)》(水建〔1995〕128 号);水利部《关于印发〈水利基本建设投资计划管理暂行办法〉的通知》(水规计〔2003〕344 号);《中共中央国务院关于加快水利改革发展的决定》(中发〔2011〕1 号);《国务院关于投资体制改革的规定》(国发〔2004〕20 号);水利部《关于水利工程建设项目代建制管理的指导意见》(水建管〔2015〕91 号);《国务院关于创新重点领域投融资机制鼓励社会投资的指导意见》(国发〔2014〕60 号);国家发展和改革委员会、财政部、水利部《关于鼓励和引导社会资本参与重大水利工程建设运营的实施意见)(发改农经〔2015〕488 号)。

二、水利工程基本建设程序

水利工程建设要严格按基本建设程序进行。根据水利部《水利工程建设项目管理规定》和有关规定,水利工程建设程序一般分为项目建议书(又称预可研)、可行性研究报告、初步设计、施工准备(包括招标设计)、建设实施、生产准备(运行准备)、竣工验收、项目后评价等 8 个阶段。项目建议书、可行性研究报告、初步设计称为前期工作。将项目建议书和可行性研究阶段作为立项过程。

(一)项目建议书

项目建议书编制一般委托有相应资格的工程咨询或设计单位承担。为加强对水利工程建设的监督管理,保障水利工程建设符合流域综合规划和防洪规划的要求,根据《中华人民共和国水法》《中华人民共和国防洪法》《中华人民共和国行政许可法》,水利部决定自 2007 年开始对水利工程建设实行规划同意书制度。水利工程是指水库、拦河闸坝、引(调、提)水工程、堤防、水电站(含航运水电枢纽工程)等在江河、湖泊上开发、利用、控制、调配和保护水资源的各类工程。桥梁、码头、道路、管道等涉河建设工程不用办理规划同意书。

水利工程的项目建议书(项目申请报告、备案材料)在报请审批(核准、备案)时,应当

附具水利部流域管理机构或者县级以上地方人民政府水行政主管部门审查签署的水利工程建设规划同意书。水利部负责水利工程建设规划同意书制度的监督管理,不受理申请和审查签署规划同意书。由流域管理机构负责审查并签署长江、黄河、淮河、海河、珠江、松花江、辽河的干流及其主要一级支流和太湖以及其他跨省(自治区、直辖市)的重要江河上建设的水利工程,省际边界河流(河段)、湖泊上建设的水利工程,国际河流(含跨界、边界河流和湖泊)及其主要支流上建设的水利工程,流域管理机构直接管理的河流(河段)、湖泊上建设的水利工程建设规划同意书,其他水利工程建设规划同意书,由县级以上地方人民政府水行政主管部门按照省(自治区、直辖市)人民政府水行政主管部门规定的管理权限负责审查并签署。水利工程建设规划同意书签署后,水利工程的项目建议书(项目申请报告、备案材料)未获得审批(核准、备案)需要重新编制的,建设单位应当重新申请水利工程建设规划同意书。

(二)可行性研究报告

根据目前管理状况,可行性研究报告由水行政主管部门或项目法人组织编制。根据批准的项目建议书,可行性研究报告应对项目进行方案比较,对技术上是否可行和经济上是否合理进行充分的科学分析与论证。经过批准的可行性研究报告,是项目决策和初步设计的依据。可行性研究报告编制一般委托有相应资格的工程咨询或设计单位承担。可行性研究报告经批准后,不得随意修改或变更。如在主要内容上有重要变动,应经过原批准机关复审同意。

项目可行性报告批准后,应正式成立项目法人,并按项目法人责任制实行项目管理。

(三)初步设计

初步设计时,根据批准的可行性研究报告和必要而准确的勘察设计资料,对设计对象进行通盘研究,进一步阐明拟建工程在技术上的可行性和经济上的合理性,确定项目的各项基本技术参数,编制项目的总概算。初步设计报告编制应委托有项目相应资格的设计单位承担,初步设计报告中设计概算静态总投资原则上不得突破已批准的可行性研究报告估算的静态总投资。由于工程项目基本条件发生变化,引起工程规模、工程标准、设计方案、工程量的改变,其静态总投资超过可行性研究报告相应估算静态总投资在15%以下时,要对工程变化内容和增加投资提出专题分析报告。超过15%以上(含15%)时,必须重新编制可行性研究报告并按原程序报批。初步设计报告经批准后,主要内容不得随意修改或变更,并作为项目建设实施的技术文件基础。在工程项目建设标准和概算投资范围内,依据批准的初步设计原则,一般非重大设计变更、生产性子项目之间的调整,由主管部门批准。在主要内容上有重要变动或修改(包括工程项目设计变更、子项目调整、建设标准调整、概算调整)等,应按程序上报原批准机关复审同意。

(四)施工准备(包括招标设计)

施工准备是指建设项目的主体工程开工前必须完成的各项准备工作,其主要内容包括:

(1)施工现场的征地、拆迁;

(2)完成施工用水、电、通信、道路和场地平整等工程;

(3)必需的生产、生活临时建筑工程;

(4)组织招标设计、咨询、设备和物资采购等服务;

(5)组织建设监理和主体工程招标投标,并择优选定建设监理单位和施工承包队伍。

(五)建设实施

建设实施是指主体工程的建设实施,项目法人按照批准的建设文件,组织工程建设,保证项目建设目标的实现。

(六)生产准备(运行准备)

生产准备工作是项目投产前要进行的一项重要工作,是建设阶段转入生产经营的必要条件。一般应包括以下内容:

(1)生产组织准备。建立生产经营的管理机构及相应管理制度。

(2)招收和培训人员。按照生产运营的要求,配备生产管理人员,并通过多种形式的培训,提高人员素质,使之能满足运营要求。生产管理人员要尽早介入工程的施工建设,参加设备的安装调试,熟悉情况,掌握好生产技术和工艺流程,为顺利衔接基本建设和生产经营阶段做好准备。

(3)生产技术准备。主要包括技术资料汇总、运行技术方案制订、岗位操作规程制定和新技术准备。

(4)生产的物资准备。主要是落实投产运营所需要的原材料、协作产品、工器具、备品备件和其他协作配合条件的准备。

(5)正常的生活福利设施准备。

(七)竣工验收

竣工验收是工程完成建设目标的标志,是全面考核基本建设成果、检验设计和工程质量的重要步骤。竣工验收按照《水利水电建设工程验收规程》(SL 223—2008)进行。

工程竣工后,经过试运行考核,及时组织验收,交付使用。验收前,先由建设、设计、施工三方进行初验,再向上级主管部门提出竣工验收报告,同时要系统整理技术资料,绘制竣工图,分类立卷,移交管理单位保存。建设单位要认真清理所有财产、物资,编制好竣工决算,上报主管部门审查。

竣工验收合格的工程建设项目即可从基本建设转入生产(运行)。

(八)项目后评价

项目后评价是指水利工程建设项目竣工验收后,一般经过1~2年生产(运行)之后,对照项目立项及建设相关文件资料,与项目建成后所达到的实际效果进行对比分析,总结经验教训,提出对策建议。

项目后评价工作必须遵循独立、公正、客观、科学的原则,做到分析合理、评价公正。项目后评价一般按三个层次组织实施,即项目法人的自我评价、项目行业的评价、主管部门(或主要投资方)的评价。

项目后评价主要内容包括:

(1)过程评价——前期工作、建设实施、运行管理等;

(2)经济评价——财务评价、国民经济评价等;

(3)社会影响及移民安置评价——社会影响和移民安置规划实施及效果等;

(4)环境影响及水土保持评价——工程影响区主要生态环境、水土流失问题,环境保护、水土保持措施执行情况，环境影响情况等；

(5)目标和可持续性评价——项目目标的实现程度及可持续性的评价等；

(6)综合评价——对项目实施成功程度的综合评价。

水利工程基本建设程序如图 1-2 所示。

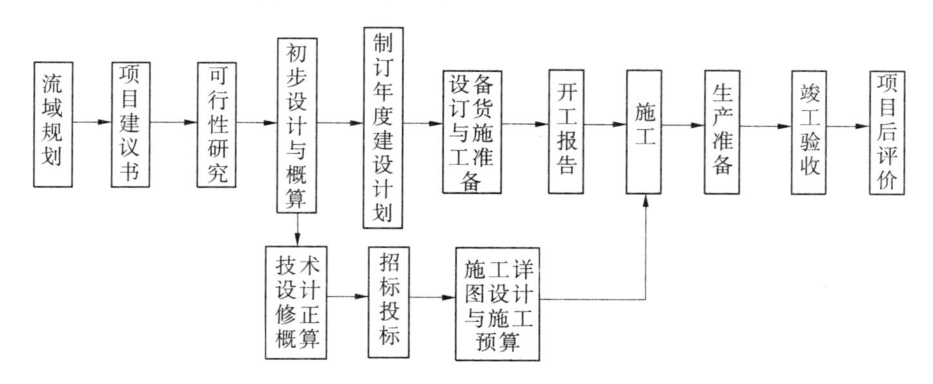

图 1-2　水利工程基本建设程序

知识链接

水利部《水利工程建设项目管理规定》(水建〔1995〕128 号)；《水利水电工程项目建议书编制暂行规定》(水利部水规计〔1996〕608 号)编制；《水利水电工程可行性研究报告编制规程》(电力部、水利部电办〔1993〕112 号)编制；《水利水电工程初步设计报告编制规程》(电力部、水利部电办〔1993〕113 号)编制。

【应用实例 1-1】　某流域上国家投资建设的大型水利工程，工程总投资 5 亿元。工程建设过程如下：

2002 年 3 月 15 日项目建议书经国家发展和改革委员会批准。2002 年 3 月 20 日由法人委托设计公司进行可行性研究。2002 年 5 月 10 日"四通一平"，采用邀请招标。2003 年 8 月 6 日将导流洞邀请招标，同时监理招标。2003 年 10 月 1 日监理进入施工现场，施工单位也随后进入工地。2009 年 9 月 2 日、10 月 21 日、12 月 1 日，大坝、隧洞、溢洪道三个标段分别完工并办理移交证书。2009 年 11 月 1 日工程进行竣工验收。2010 年 11 月 1 日进行项目后评价。试根据以上工程情况回答以下问题。

1. 水利基本建设程序(　　)步骤是正确的。

①项目建议书；②初步设计；③生产准备；④后评价；⑤竣工验收；⑥施工准备；⑦建设实施；⑧可行性研究

A. ①②③④⑤⑥⑦⑧　　B. ①②⑥⑦③④⑤⑧

C. ①⑧②⑥⑦③⑤④　　D. ①⑧③④②⑤⑥⑦

2. (　　)阶段进行招标设计。

A. 初步设计　　B. 施工准备　　C. 建设实施　　D. 招标设计

3. 本工程项目建议书由(　　)委托相应设计单位编制。

A. 咨询公司　B. 业主　C. 政府　D. 投资方

4. 可行性研究批准后(　　)。

A. 可以变更,但应报原审批机关审批

B. 不能随意更改

C. 主要内容能变动,但应报原审批机关审批

D. 次要内容能变动,但应报原审批机关审批

5. 项目法人正式于(　　)批复后成立。

A. 项目建议书　B. 可行性研究　C. 初步设计　D. 招标设计

6. 施工准备阶段包括(　　)。

A. 四通一平　B. 招标设计　C. 技术设计　D. 选择招标代理

E. 选择经理

7. 后评价是在建设项目竣工投产后,经过(　　)生产运营后进行的一次系统的评价。

A. 1 年　B. 1～2 年　C. 2 年　D. 2～3 年

8. 项目后评价应遵循(　　)的原则。

A. 主次　B. 公正　C. 公平　D. 科学

E. 亲信

9. 以下属于后评价内容有(　　)。

A. 影响评价　B. 过程评价　C. 投资评价　D. 可持续发展评价

E. 竣工验收

(参考答案:1. C;2. B;3. C;4. B;5. B;6. ABC;7. B;8. BD;9. AB)

三、水利工程项目划分

一个基本建设项目往往规模大、建设周期长、影响因素复杂,尤其是大中型水利水电工程。因此,为了便于编制基本建设计划和编制工程造价,组织招标投标与施工,进行质量、工期和投资控制,拨付工程款项,实行经济核算和考核工程成本,需对一个基本建设项目系统地逐级划分为若干个各级工程项目。

(一)项目名称

(1)水利水电工程质量检验与评定应进行项目划分。项目按级划分为单位工程、分部工程、单元(工序)工程等三级。

(2)工程中永久性房屋(管理设施用房)、专用公路、专用铁路等工程项目,可按相关行业标准划分和确定项目名称。

(二)项目划分原则

水利水电工程项目划分应结合工程结构特点、施工部署及施工合同要求进行,划分结果应有利于保证施工质量以及施工质量管理。

1. 单位工程项目划分原则

(1)枢纽工程,一般以每座独立的建筑物为一个单位工程。当工程规模大时,可将一个建筑物中具有独立施工条件的一部分划为一个单位工程。

(2)堤防工程,按招标标段或工程结构划分为单位工程。规模较大的交叉联结建筑

物及管理设施以每座独立的建筑物为一个单位工程。

(3)引水(渠道)工程,按招标标段或工程结构划分单位工程。大中型引水(渠道)建筑物以每座独立的建筑物为一个单位工程。

(4)除险加固工程,按招标标段或加固内容,并结合工程量划分单位工程。

2. 分部工程项目划分原则

(1)枢纽工程,土建工程按设计的主要组成部分划分。金属结构及启闭机安装工程和机电设备安装工程按组合功能划分。

(2)堤防工程,按长度或功能划分。

(3)引水(渠道)工程中的河(渠)道按施工部署或长度划分。大中型建筑物按工程结构主要组成部分划分。

(4)除险加固工程,按加固内容或部位划分。

(5)在同一单位工程中,各个分部工程的工程量(或投资)不宜相差太大,每个单位工程中的分部工程数目不宜少于5个。

3. 单元(工序)工程划分原则

(1)按《水利水电工程单元工程施工质量验收评定标准》(SL 631 ~637)(简称《单元工程评定标准》)及《堤防工程施工质量评定与验收规程(试行)》(SL 239 —1999)规定进行划分。

(2)河(渠)道开挖、填筑及衬砌单元工程划分界限宜设在变形缝或结构缝处,长度一般不大于100 m。同一分部工程中各单元工程的工程量(或投资)不宜相差太大。

(3)《单元工程评定标准》中未涉及的单元工程可依据工程结构、施工部署或质量考核要求,按层、块、段进行划分。

(三)项目划分程序

(1)由项目法人组织监理、设计及施工等单位进行工程项目划分,并确定主要单位工程、主要分部工程、重要隐蔽单元工程和关键部位单元工程。项目法人在主体工程开工前将项目划分表及说明书报相应工程质量监督机构确认。

(2)工程质量监督机构收到项目划分书面报告后,应在14个工作日内对项目划分进行确认并将确认结果书面通知项目法人。

(3)工程实施过程中,需对单位工程、主要分部工程、重要隐蔽单元工程和关键部位单元工程的项目划分进行调整时,项目法人应重新报送工程质量监督机构确认。

知识链接

《水利技术标准编写规定》(SL 1—2014);《水利水电工程施工质量检验与评定规程》(SL 176—2007);《水利水电工程单元工程施工质量验收评定标准》(SL 631 ~637)。

【应用实例1-2】 混凝土重力坝项目划分,见表1-1。

表 1-1　混凝土重力坝项目划分

单位工程	分部工程	单元工程	工序
混凝土重力坝	1. 地基开挖与处理	…	…
	2. 地基防渗与排水	…	…
	3. 非溢流坝段	…	…
	4. 溢流坝段	$5^{\#}$坝段▽8.0～4.0 混凝土 788 m^3	…
		$5^{\#}$坝段▽4.5～2.0 混凝土 800 m^3	1. 基础面或混凝土施工缝处理
			2. 模板
			△3. 钢筋
			4. 止水、伸缩缝和排水管安装
			△5. 混凝土浇筑
		$5^{\#}$坝段▽2.0～0.0 混凝土 788 m^3	…
		…	…
	5. 底孔坝段	…	…
	6. 坝体接缝灌浆	…	…
	7. 廊道	…	…
	8. 消能防冲	…	…
	9. 坝顶	…	…
	10. 金属结构及启闭机安装	…	…
	11. 观测设施	…	…

注:1. △表示主要检查项目;

2. 分部、单元工程视工程量及施工部署可分为数个分部、单元工程;

3. 工程验收依据:单位工程、分部工程、单元工程及各工序质量评定表。

任务二　施工准备工作

一、施工准备工作概述

(一)施工准备工作的类型

1. 按工程所处施工阶段分类

按工程所处施工阶段,施工准备工作可分为开工前的施工准备工作和工程作业条件下的施工准备工作。

(1)开工前的施工准备工作:指在拟建工程正式开工前所进行的一切施工准备工作,为工程正式开工创造必要的施工条件,它带有全局性和总体性。若没有这个阶段则工程不能顺利开工,更不能连续施工。

(2)工程作业条件下的施工准备工作：指开工之后，为某一单位工程、某个施工阶段或某个分部工程所做的施工准备工作，它带有局部性和经常性。一般来说，冬、雨季施工准备都属于这种施工准备。

2. 按施工准备工作范围分类

按施工准备工作范围，施工准备工作可分为全局性施工准备工作、单位工程施工条件准备工作、分部工程作业条件准备工作。

(1)全局性施工准备工作：以整个建设项目或建筑群为对象所进行的统一部署的施工准备工作。它不仅要为全局性的施工活动创造有利条件，而且要兼顾单位工程施工条件准备工作。

(2)单位工程施工条件准备工作：以一个建筑物或构筑物为施工对象而进行的施工条件准备工作，不仅为该单位工程在开工前做好一切准备工作，而且要为分部工程作业条件做好施工准备工作。

(3)分部工程作业条件准备工作：以一个分部工程为施工对象而进行的作业条件准备工作，由于对某些施工难度大、技术复杂的分部工程需要单独编制施工作业设计，所以应对其所采用的施工工艺、材料、机具、设备及安全防护设施等分别进行准备。

(二)施工准备工作的条件

根据水利部《关于调整水利工程建设项目施工准备条件的通知》(水建管〔2015〕433号)，水利工程建设项目应当具备以下条件，方可开展施工准备工作：

(1)建设项目可行性研究报告已经批准；

(2)年度水利投资计划已下达；

(3)项目法人已经建立。

(三)施工准备工作的内容

施工准备工作涉及的范围广、内容多，应视该工程本身及其具备条件的不同而不同。一般可归纳为以下六个方面：

(1)调查收集原始资料。包括水利工程建设场址的勘察和技术经济资料的调查。

(2)施工技术资料准备工作。包括熟悉和会审图纸，编制施工图预算，编制施工组织设计。

(3)施工现场准备工作。包括清除障碍物，搞好“四通一平”，测量放线，搭设临时设施。

(4)施工物资准备工作。包括主要材料的准备，模板、脚手架、施工机械、机具的准备。

(5)施工人员、组织准备工作。包括研究施工项目组织管理模式，组建项目经理部，规划施工力量与任务安排。建立健全质量管理体系和各项管理制度，完善技术检测措施，落实分包单位，审查分包单位资质，签订分包合同。

(6)季节性施工准备工作。包括拟订和落实冬、雨季施工措施。

每项工程施工准备工作的内容视该工程本身及其具备的条件不同而有所不同。只有按照施工项目的规划来确定准备工作的内容，并拟订具体的、分阶段的施工准备工作实施计划，才能充分地为施工创造一切必要的条件。

(四)施工准备工作的要求

1. 编制好施工准备工作计划

为了有步骤、有组织、全面地搞好施工准备工作,在进行施工准备工作之前,应编制好施工准备工作计划,其形式如表1-2所示。

表1-2 施工准备工作计划

序号	项目	施工准备工作内容	要求	负责单位	负责人	配合单位	起止日期		备注
							月-日	月-日	

施工准备工作计划是施工组织设计的重要组成部分,应依据施工方案、施工进度计划、资源需要量等进行编制。除用上述表格外,还可以采用网络计划进行编制,以明确各项准备工作之间的关系并找出关键工作,而且可在网络计划上进行施工准备期的调整。

2. 建立严格的施工准备工作责任制

施工准备工作必须有严格的责任制,按施工准备工作计划将责任落实到有关部门和具体人员。项目经理全权负责整个项目的施工准备工作,对准备工作进行统一布置和安排,协调各方面关系,以便按计划要求及时、全面地完成准备工作。

3. 建立施工准备工作检查制度

施工准备工作不仅要有明确的分工和责任、有布置、有交底,在实施过程中还要定期进行检查。其目的在于督促和控制施工准备工作,通过检查发现问题和薄弱环节,并进行分析,找出原因,及时解决,不断协调和调整,把工作落到实处。

4. 严格遵守建设程序,执行开工报告制度

必须遵循基本建设程序,坚持没做好施工准备工作不准开工的原则。主体工程开工应具备以下条件:

(1)项目法人或者建设单位已经设立;

(2)初步设计已经批准,施工详图设计满足主体工程施工需要;

(3)建设资金已经落实;

(4)主体工程施工单位和监理单位已经确定,并分别订立合同;

(5)质量安全监督单位已经确定,并办理了质量安全监督手续;

(6)主要设备和材料已经落实来源;

(7)施工准备和征地移民等工作满足主体工程开工需要。

以上条件具备后,由项目部向监理机构提交开工报验资料,经监理机构审核后方能开工。单位工程开工报告如表1-3所示。

表1-3　单位工程开工报告

申报单位：　　　　　　　　年　月　日　　　　　　　　第　号

工程名称		建筑面积	
结构类型		工程造价	
建设单位		监理单位	
施工单位		技术负责人	
申请开工日期	年　月　日	计划竣工日期	年　月　日

序号	单位工程开工的基本条件	完成情况
1	施工图纸已会审，图纸中存在的问题和错误已得到纠正	
2	施工组织设计或施工方案已经被批准并进行了交底	
3	场内场地平整和障碍物的清理已基本完成	
4	场内外交通道路，施工用水、用电、排水已能满足施工要求	
5	材料、半成品和工艺设计等均能满足连续施工的要求	
6	生产和生活用的临建设施已搭建完毕	
7	施工机械、设备已进场，并经过检验能保证连续施工要求	
8	施工图预算和施工预算已经编审，并已签订工作合同协议	
9	劳动力计划已落实	
10	已办理了施工许可证	

施工单位上级主管部门意见	建设单位意见	质监站意见	监理意见
（签章） 年　月　日	年　月　日	年　月　日	年　月　日

二、施工原始资料收集

调查研究和收集有关施工资料是施工准备工作的重要内容之一，尤其是当施工单位进入一个新的地区时，此项工作显得更加重要，它关系到施工单位全局的部署与安排。通过对原始资料的收集分析，为编制出合理的、符合客观实际的施工组织设计文件提供全面的、系统的、科学的依据，为图纸会审、编制施工图预算和施工预算提供依据，为施工企业管理人员进行经营管理决策提供可靠的依据。

原始资料调查工作应有计划、有目的地进行，事先要拟订明确的、详细的调查提纲，明确调查范围、内容、要求等，调查提纲应根据拟建工程的规模、性质、复杂程度、工程及对工程当地熟悉了解程度而定。原始资料调查内容一般包括建设场址的勘察和技术经济资料的调查，具体内容一般包括以下几个方面。

自然条件调查的主要内容有建设地点的气象、地形地貌、工程地质、水文地质、场地周围环境及障碍物情况。资料主要由气象部门及设计单位提供,主要用作确定施工方法和技术措施、编制施工进度计划和进行施工平面图布置设计的依据。

(一)建设场址的勘察

水利工程建设场址勘察主要是了解建设地点的地形、地貌、地质、水文、气象以及场址周围环境和障碍物的情况等,勘察结果一般可作为确定施工方法和技术措施的依据。

1. 地形地貌勘察

地形地貌勘察要求提供水利工程的规划图、区域地形图(1∶10 000～1∶25 000)、工程位置地形图(1∶1 000～1∶2 000)、水准点及控制桩的位置、现场地形地貌特征、勘察高程及高差等。对于地形简单的施工现场,一般采用目测和步测;对于地形复杂的施工现场,可用测量仪器进行观测,也可向规划部门、建设单位、勘察单位等进行调查。这些资料可作为选择施工用地、布置施工总平面图、场地平整及土方量计算、了解障碍物及其数量的依据。

2. 工程地质勘察

工程地质勘察的目的是查明建设地区的工程地质条件和特征,包括地层构造、土层的类别及厚度、土的性质、承载力及地震级别等。应提供的资料有钻孔布置图,工程地质剖面图,图层的类别、厚度,土壤物理力学指标(包括天然含水量、孔隙比、塑性指数、渗透系数、压缩试验及地基土强度等),地层的稳定性(包括断层滑块、流沙),地基土的处理方法以及基础施工方法等。

3. 水文地质勘察

(1)地下水资料。地下水最高水位、最低水位及时间,水的流速、流向、流量,地下水的水质分析及化学成分分析,地下水对基础有无冲刷、侵蚀影响等。所提供资料有助于选择基础施工方案、选择降水方法以及拟订防止侵蚀性介质的措施。

(2)地面水资料。临近江河湖泊至工地的距离,洪水期、平水期、枯水期的水位、流量及航道深度,水质,最大、最小冻结深度及冻结时间等。调查该资料是为确定临时给水方案、施工运输方式提供依据。

4. 气象资料调查

气象资料一般可向当地气象部门进行调查,调查资料作为确定冬、雨季施工措施的依据。气象资料包括以下几个方面:

(1)降水资料。全年降雨量、降雪量,一日最大降雨量,雨季起止日期,年雷雹日数等。

(2)气温资料。年平均气温、最高气温、最低气温,最冷月、最热月及逐月的平均温度。

(3)气象资料。主导风向、风速、风的频率,全年不小于8级风的天数,并应将风向资料绘成图。

5. 周围环境及障碍物调查

周围环境及障碍物调查包括施工区域现有建筑物、构筑物、沟渠、水井、树木、土堆、电力架空线路等。这些资料要通过实地踏勘,并向建设单位、设计单位等调查取得,可作为现场施工平面布置的依据。自然条件调查表如表1-4所示。

表 1-4　自然条件调查表

序号	项目	调查内容	调查项目
(一)		气象	
1	气温	(1)年平均气温、最高气温、最低气温，最冷月、最热月及逐月的平均温度； (2)冬、夏季室外计算温度	(1)确定防暑降温措施； (2)确定冬季施工措施； (3)估计混凝土、砂浆强度
2	雨雪	(1)雨季起止时间； (2)月平均降雨(雪)量、最大降雨(雪)量、一昼夜最大降雨(雪)量； (3)全年雷暴日数	(1)确定雨季施工措施； (2)确定工地排水、防洪方案； (3)确定防雷设施
3	风	(1)主导风向及频率(风玫瑰图)； (2)不小于 8 级风的全年天数、时间	(1)确定临时设施的布置方案； (2)确定高空作业及吊装的技术、安全措施
(二)		地形、工程地质	
1	地形	(1)区域地形图:1∶1 000～1∶25 000； (2)工程位置地形图:1∶1 000～1∶2 000； (3)该地区城市规划图； (4)经纬坐标桩、水准基桩的位置	(1)选择施工用地； (2)布置施工总平面图； (3)场地平整及土方量计算； (4)了解障碍物及其数量
2	工程地质	(1)钻孔布置图； (2)地质剖面图:土层类别、厚度； (3)物理力学指标:天然含水量、孔隙比、塑性指数、渗透系数、压缩试验及地基土强度； (4)地层的稳定性:断层滑块、流沙； (5)最大冻结深度； (6)地基土破坏情况:枯井、古墓、防空洞及地下构筑物等	(1)土方施工方法的选择； (2)地基土的处理方法； (3)基础施工方法； (4)复核地基基础设计； (5)拟订障碍物拆除计划
3	地震	地震等级、烈度大小	确定基础的影响、注意事项
(三)		水文地质	
1	地下水	(1)最高、最低水位及时间； (2)水的流向、流速及流量； (3)水质分析:水的化学成分； (4)抽水试验	(1)基础施工方案选择； (2)降低地下水位的方法； (3)拟订防止侵蚀性介质的措施

续表 1-4

序号	项目	调查内容	调查项目
2	地面水	(1)邻近的江河湖泊至工地的距离； (2)洪水期、平水期、枯水期的水位、流量及航道深度； (3)水质分析； (4)最大、最小冻结深度及冻结时间	(1)确定临时给水方案； (2)确定运输方式； (3)确定水利工程施工方案； (4)确定防洪方案

(二)技术经济资料调查

技术经济资料调查的目的是查明建设地区工业、资源、交通运输、动力资源、生活福利设施等地区经济因素，获得建设地区技术经济条件资料，以便在施工组织中尽可能利用地方资源为工程建设服务，同时可作为选择施工方法和确定费用的依据。

1. 地区的能源调查

能源一般指水源、电源、气源等。能源资料可向当地城建、电力、燃气供应部门及建设单位等进行调查，主要用作选择施工用临时供水、供电和供气的方式，提供经济分析比较的依据。调查内容有：施工现场用水与当地水源连接的可能性、供水距离、接管距离、地点、水压、水质及消费等资料；利用当地排水设施排水的可能性、距离、去向等；可供施工使用的电源位置、引入工地的路径和条件，可满足的容量、电压及电费；建设单位、施工单位自有的发变电设备、供电能力；冬季施工时附近蒸汽的供应量、接管条件和价格；建设单位自有的供热能力；当地或建筑单位可以提供煤气、压缩空气、氧气的能力和其至工地的距离等。水、电、气、热条件调查表如表 1-5 所示。

表 1-5　水、电、气、热条件调查表

序号	项目	调查内容	调查目的
1	供水排水	(1)工地用水与当地现有水源连接的可能性，可供水量、接管地点、管径、材料、埋深、水压、水质及水费，至工地距离，沿途地形地物状况。 (2)自选临时的江河水源的水质、水量、取水方式，至工地距离、沿途地形地物状况；自选临时水井的位置、深度、管径、出水量和水质。 (3)利用永久性排水设施的可能性，施工排水的去向、距离和坡度；有无洪水影响，防洪设施状况	(1)确定生活、生产供水方式。 (2)确定工地排水方案和防洪方案。 (3)拟订供排水设施的施工进度计划
2	供电通信	(1)当地电源位置，引入的可能性，可供电的容量、电压、导线截面和电费，引入方向，接线地点，至工地距离，沿途地形地物状况。 (2)建设单位和施工单位自有发、变电设备的型号，台数和容量。 (3)利用邻近通信设施的可能性，电话、电报局等至工地的距离，可能增设通信设备、线路的情况	(1)确定供电方案。 (2)确定通信方案。 (3)拟订供电、通信设施的施工进度计划

续表 1-5

序号	项目	调查内容	调查目的
3	供气供热	(1)蒸汽来源,可供蒸汽量,接管地点、管径、埋深,至工地距离,沿途地形地物状况,蒸汽价格。 (2)建设、施工单位自有锅炉的型号、台数和能力,所需燃料及水质标准。 (3)当地或建设单位可能提供的压缩空气、氧气的能力,至工地的距离	(1)确定生产、生活供热的方案。 (2)确定压缩空气、氧气的供应计划

2. 建设地区的交通调查

建设地区的交通运输方式一般有铁路、公路、水路、航空等。交通资料可向当地交通运输部门进行调查。收集交通运输资料包括调查主要材料及构件运输通道的情况,包括道路,街巷,途经桥涵的宽度、高度,允许载重量和转弯半径限制等资料。当有超长、超高、超宽或超重的大型构件、大型起重机械和生产工艺设备需整体运输时,还要调查沿途架电线、天桥的高度,并与有关部门商议避免大件运输业务、选择运输方式、提供经济分析比较的依据。交通运输条件调查表如表 1-6 所示。

表 1-6 交通运输条件调查表

序号	项目	调查内容	调查目的
1	铁路	(1)邻近铁路专用线、车站至工地的距离及沿途运输条件。 (2)站场卸货长度,起重能力和储存能力。 (3)装卸单个货物的最大尺寸、重量的限制	选择运输方式,拟订运输计划
2	公路	(1)主要材料产地至工地的公路等级、路面构造、路宽及完好情况,允许最大载重量;途经桥梁涵等级、允许最大尺寸、最大载重量。 (2)当地专业运输机构及附近村镇能提供的装卸、运输能力,运输工具的数量及运输效率;运费、装卸费。 (3)当地有无汽车修配厂,其修配能力和至工地的距离	
3	航运	(1)货源、工地至邻近河流码头、渡口的距离,道路情况。 (2)洪水期、平水期、枯水期时通航的最大船只及吨位,取得船只的可能性。 (3)码头的装卸能力、最大载重量,增设码头的可能性。 (4)渡口的渡船能力,同时可载汽车数,每日次数,提供能力。 (5)运费、渡口费、装卸费	

3. 主要材料及地方资源情况调查

该项调查的内容包括三大材料(钢材、木材和水泥)的供应能力、质量、价格、运费情况,地方资源如石灰石、石膏石、碎石、卵石、河沙、矿渣、粉煤灰等能否满足水利工程建筑

施工的要求，开采、运输和利用的可能性及经济合理性。这些资料可向当地计划、经济等部门进行调查，作为确定材料供应计划、加工方式、储存和堆放场地及建造临时设施的依据。建设地区附近有无建筑机械化基地、机械租赁站及修配厂，有无金属结构及配件加工厂，有无商品混凝土搅拌站和预制构件厂等。这些资料可用作确定预制件、半成品及成品等货源的加工供应方式、运输计划和规划临时设施。当地材料调查表如表1-7所示。主要材料设备调查表如表1-8所示。

表1-7　当地材料调查表

序号	材料名称	产地	储藏量	质量	开采量	出厂价	供应能力	运距	单位运价
1									
⋮									

表1-8　主要材料设备调查表

序号	项目	调查内容	调查目的
1	三种材料	(1)钢材订货的规格、型号、数量和到货时间； (2)木材订货的规格、等级、数量和到货时间； (3)水泥订货的品种、等级、数量和到货时间	(1)确定钢材加工堆放； (2)确定木材加工场地； (3)确定水泥储存方式
2	特殊材料	(1)需要的品种、规格、数量； (2)试制、加工和供应情况	(1)制订供应计划； (2)确定储存方式
3	主要设备	(1)主要工艺设备的名称、规格、供货单位； (2)供应时间、批次、到货时间	(1)确定堆放场地； (2)制订防雨措施

4.社会劳动力和生活设施情况调查

该项调查的内容包括当地能提供的劳动力人数、技术水平、来源和生活安排，建设地区已有的可供施工期间使用的房屋情况，当地主副食、日用品供应，文化教育、消防治安。这些资料是制订劳动力安排计划、建立职工生活基地、确定临时设施的依据。社会资源利用调查表如表1-9所示。

表1-9　社会资源利用调查表

序号	项目	调查内容	调查目的
1	社会劳动力	(1)少数民族地区的风俗习惯； (2)当地能提供劳动力的人数、技术水平和来源； (3)上述人员的生活安排	(1)拟订劳动力计划； (2)布置临时设施
2	房屋设施	(1)在工地居住的单身人数和户数； (2)能作为施工用的现有的房屋幢数、每幢面积、结构特征、总面积、位置，以及水、电、暖、卫生设备状况； (3)上述建筑物的适宜用途，做宿舍、食堂、办公室的可能性	(1)确定原有房屋为施工服务的可能性； (2)布置临时设施

续表 1-9

序号	项目	调查内容	调查目的
3	生活服务	(1)主副食品供应、日用品供应、文化教育、消防治安等机构能为施工提供的支持能力; (2)邻近医疗单位至工地的距离,可能就医的情况; (3)周围是否存在有害气体污染情况,有无地方病	布置职工生活基地

三、施工技术准备工作

技术资料的准备是施工准备工作的基础。由于任何技术的差错或隐患都可能引起人身安全和质量事故,造成生命、财产和经济的巨大损失,所以必须认真做好技术准备工作。其主要内容包括熟悉与会审图纸、编制施工组织设计、编制施工图预算和施工预算等。

(一)熟悉与会审图纸

1. 熟悉与会审图纸的目的

(1)能够在工程开工之前,使工程技术人员充分了解和掌握设计图纸的设计意图、结构与构造特点和技术要求。

(2)通过审查发现图纸中存在的问题和错误并加以改正,为工程施工提供一份准确、齐全的设计图纸。

(3)保证能按设计图纸的要求顺利施工,生产出符合设计要求的最终建筑产品。

2. 审查图纸的内容

(1)设计图纸是否符合国家有关规划及技术规范的要求。

(2)核对设计图纸及说明书是否完整、明确,设计图纸与说明等其他各组成部分之间有无矛盾和错误,内容是否一致,有无遗漏。

(3)总图的建筑物坐标位置与单位工程建筑平面图是否一致。

(4)核对主要轴线、几何尺寸、坐标、标高、说明等是否一致,有无错误和遗漏。

(5)基础设计与实际地质情况是否相符,建筑物与地下构筑物及管线之间有无矛盾。

(6)主体建筑材料在各部分有无变化,各部分的构造做法。

(7)施工图中的各项技术要求是否切实可行,是否存在不便施工和不能施工的技术要求。

(8)是否与招标图纸一致,如不一致是否有设计变更。

(9)施工图纸是否经设计单位和监理机构正式签署。

(10)建筑施工与安装在配合上存在哪些技术问题,能否合理解决。

(11)设计中所选用的各种材料、配件、构件等能否满足设计规划的需要。

(12)工程中采用的新工艺、新结构、新材料的施工技术要求及技术措施。

(13)对设计技术资料的合理化建议及其他问题。

3. 审查图纸的程序

1）自审

自审指施工企业组织技术人员熟悉和审查图纸。自审记录包括对设计图纸的疑问和有关建议。

2）会审

会审由建设单位主持，设计单位和施工单位参加。先由设计单位进行图纸技术交底，各方面提出意见，经充分协商后，统一认识，形成图纸会审纪要，由设计单位正式行文，参加单位共同会签、盖章，作为设计图纸的修改文件。

3）现场签证

现场签证指在工程施工过程中，发现施工条件与设计图纸的条件不符，或图纸仍有错误，或因材料的规格、质量不能满足设计要求等，需要对设计图纸进行及时修改，应遵循设计变更的签证制度，进行图纸的施工现场签证。对于一般问题，经设计单位同意，即可办理手续进行修改；对于重大问题，须经建设单位、设计单位和施工单位协商，由设计单位修改，向施工单位签发设计变更单方可有效。

4. 熟悉技术规范、规程和有关技术规定

技术规范、规程是国家制定的建设法规，是实践经验的总结，在技术管理上具有法律效用。建筑施工中常用的技术规范、规程主要有：

（1）建筑安装工程质量检验评定标准；

（2）施工操作规程；

（3）建筑工程施工及验收规范；

（4）设备维修及维修规程；

（5）安全技术规程；

（6）上级技术部门颁发的其他技术规范和规定。

（二）编制施工组织设计

施工组织设计是指导施工现场全部生产活动的技术经济文件。它既是施工准备工作的重要组成部分，又是做好其他施工准备工作的依据；它既要体现建设计划和设计的要求，又要符合施工活动的客观规律，对建设项目的全过程起到战略部署和战术安排的双重作用，作为组织和指导施工的主要依据。承包人应在施工组织设计中编制安全技术措施和施工现场临时用电方案，对基坑支护与降水工程、土石方开挖工程、模板工程、超重吊装工程、脚手架工程、拆除爆破工程、围堰工程和其他危险性较大工程，应编制专项施工方案报监理人审批。对高边坡、深基坑、地下工程、高大模板工程施工方案，还应组织专家进行论证、审查。

（三）编制施工图预算和施工预算

施工图预算是技术准备工作的主要组成部分之一，是按照施工图确定的工程量、施工组织设计所拟订的施工方法、建筑工程预算定额及其取费标准，由施工单位主持，在拟建工程开工前的施工准备工作期编制的确定建筑安装工程造价的经济文件。它是施工企业签订工程承包合同、工程结算、银行拨款及进行企业经济核算的依据。

施工预算是根据施工图预算、施工图纸、施工组织设计或施工方案、施工定额等文件，

综合企业和工程实际情况编制的。施工预算在工程确定承包关系以后进行。它是企业内部经济核算和班组承包的依据,因而是企业内部使用的一种预算。

施工图预算与施工预算存在很大区别:施工图预算是甲、乙双方确定预算造价、发生经济联系的技术经济文件,施工预算是施工企业内部经济核算的依据。将“两算”进行对比,是促进施工企业降低物资消耗、增加积累的重要手段。

四、施工生产准备工作

(一)施工现场准备工作

施工现场准备工作主要为工程施工创造有利的施工条件。其主要内容为“四通一平”、测量放线、临时设施的搭设等。

1.“四通一平”

“四通一平”是在建筑工程的用地范围内,接通施工用水、用电、道路、通信和平整场地的总称。

1)平整场地

首先,通过测量,按建筑总平面图中确定的标高计算出挖土及填土的数量,设计土方调配方案,组织人力或机械进行平整工作。若拟建场内有旧建筑物,则须拆除。其次,清理地面的各种障碍物,对地下管道、电缆等要采取可靠的拆除或保护措施。

2)路通

施工现场的道路是组织大量物资进场的运输动脉。为了保证各种建筑材料、施工机械、永久设备和构件按计划到场,必须按施工平面图要求修通道路。为了节省工程费用,应尽可能利用已有道路或结合永久性道路。在结合永久性道路时,为使施工时不损坏路面,可先做路基,施工完毕后再做路面。

3)水通

施工现场的水通包括给水与排水。施工用水包括生产、生活和消防用水,其布置应按施工平面图的规划进行安排。施工用水设施应尽量利用永久性给水线路。临时管线的铺设既要满足用水点的需要和使用方便,又要尽量缩短管线。施工现场要做好有组织的排水系统,否则会影响施工的顺利进行。

4)电通

施工现场的电通包括生产用电和生活用电。根据生产、生活用电的电量选择配电变压器,与供电部门或建设单位联系,按施工组织要求布设线路和变配电设备。当工程建设初期,工程距电网距离较远或供电系统供电不足时,应考虑在现场建立发电系统以保证施工的顺利进行。

2.测量放线

施工现场测量放线的任务是把图纸上所设计好的建筑物、构筑物及管线等测到地面或实物上,并用各种标志表现出来,作为施工的依据。在土石方开挖前,按设计单位提供的总平面图及给定的永久性经纬坐标控制网和水准控制基桩进行场区施工测量,设置场区永久性坐标、水准基桩和建立场区工程测量控制网。在进行测量放线前,应做好以下几项准备工作:

(1)了解设计意图,熟悉并校核施工图纸。

(2)对测量仪器进行检验和校正。

(3)校核红线桩与水准点。

(4)制订测量放线方案。测量放线方案主要包括平面控制、标高控制、±0.00以下施测、±0.00以上施测、沉降观测和竣工测量等项目,测量放线方案依据施工图纸要求和施工方案确定。

建筑物定位放线是确定整个工程平面图位置的关键环节,在施测中必须保证精度、杜绝错误,否则其后果将难以处理。建筑物的定位放线一般通过设计图中平面控制轴线确定建筑物的轮廓位置,经自检合格后,提交有关部门和建设单位(监理人员)验线,以保证定位的准确性。沿红线的建筑物,还要由规划部门验线,以防止建筑物超、压红线。

3.临时设施的搭设

现场需要的临时设施应按施工组织设计要求实施,对于指定的施工用地周围应用围墙(栏)围挡起来。围挡的形式和材料应符合文明施工管理的有关规定和要求,并在主要出入口设置"五牌一图"等。各种生产(仓库、混凝土生产系统、预制构件场、机修站、生产作业棚等)、生活(办公室、宿舍、食堂等)用的临时设施,严格按批准的施工组织设计规定的数量、标准、面积、位置等组织实施,不得乱搭乱建,并尽可能做到以下几点:

(1)利用原有建筑物减少临时设施的数量,以节约投资。

(2)适用、经济、就地取材,尽量采用移动式、装配式临时建筑。

(3)节约用地,少占农田。

(二)生产资料准备工作

生产资料准备工作是指对工程施工中必需的劳动手段(施工机械、机具等)和劳动对象(材料、构件、配件等)的准备。该项工作应根据施工组织设计的各种资源需要量计划,分别落实货源、组织运输和安排储备。其主要内容有以下三方面。

1.建筑材料的准备

建筑材料包括"六大主材",即钢材、水泥、木材、粉煤灰、油料(汽油、柴油)、火工品(炸药、雷管等)。为保证工程顺利施工,材料准备有如下要求。

1)编制材料需要量计划,签订供货合同

根据施工预算的工料分析,按施工进度计划的使用要求、材料储备定额和消耗定额及材料名称、规定、使用时间进行汇总,编制材料需要量计划。同时,根据不同材料的供应情况,随时注意市场行情,及时组织货源,签订订货合同,保证采购供应计划的准确可靠。

2)材料的储备和运输

材料的储备和运输要按工程进度分期、分批进场。现场储备过多会增加保管费用、占用流动资金,过少则难以保证施工的连续进行。对于使用量少的材料,尽可能一次进场。

3)材料的堆放和保管

现场材料应按施工平面布置图的位置及材料的性质、种类,选用不同的堆放方式进行合理堆放,避免材料的混淆及二次搬运。进场后的材料要依据材料的性质妥善保管,避免材料变质或损坏,以保持材料的原有数量和原有的使用价值。

2. 施工机械和周转性材料的准备

施工机械包括在施工中确定选用的各种土石方机械、钻孔机械、钢筋加工机械、混凝土拌和和运输机械、灌浆机械、垂直与水平运输机械、吊装机械等。在进行施工机械的准备工作时,应根据采用的施工方案和施工进度安排施工强度,确定施工机械的数量和进场时间,确定施工机械的供应方法和进场后的存放地点及方式,并提出施工机械需要量计划,以便企业内平衡或对外签约租借机械。

周转性材料主要指模板和脚手架。此类材料施工现场使用量大、堆放场地面积大、规格多、对堆放场地的要求高,应按施工组织设计的要求分规格、型号整齐码放,以便使用和维修。

3. 预制构件和配件的加工准备

在工程施工中需要大量的钢筋混凝土构件、木构件、金属构件、水泥制品等,应在图纸会审后提出预制加工单,确定加工方案、供应渠道及进场后的储备地点和方式。现场预制的大型构件,应依据施工组织设计做好规划,提前加工预制。此外,对于采用商品混凝土的现浇工程,要依施工进度计划的要求确定需要量计划,主要内容有商品混凝土的品种、规格、数量、需要时间、送货方式、交货地点,并提前与生产单位签订供货合同,以保证施工顺利进行。

(三)人力资源准备

1. 施工项目管理的组织

水利工程项目的实施除项目法人外,还有设计单位、施工单位、供货单位和工程管理咨询单位以及有关的政府与安全监督部门等,项目组织应注意表达项目法人以及项目的参与单位有关的各工作部门之间的组织关系。

从施工单位所组织的施工项目部的组织结构进行分解,并用图的方式表示,就形成项目组织结构图。项目组织结构图反映一个组织系统中各组成部门(组成元素)之间的组织关系(指令关系)。在组织结构图中,矩形框表示工作部门,上级工作部门对其直接下属工作部门的指令关系用单向箭线表示。常用的组织结构模式包括职能组织结构(见图1-3)、线性(项目式)组织结构(见图1-4)和矩阵组织结构(见图1-5)等。

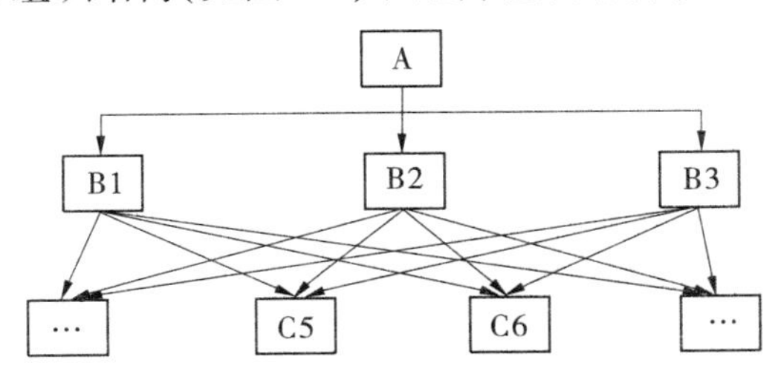

图1-3　职能组织结构

职能组织结构的A为项目负责人;B为职能部门,可以按专业和管理目标分别设置,如质量管理部、安全管理部、财务管理部、技术管理部、合同管理部;C为现场作业队或施工班组,一般按工种划分。

职能组织结构是在同一个组织单位里,把具有相同职业特点的专业人员组织在一

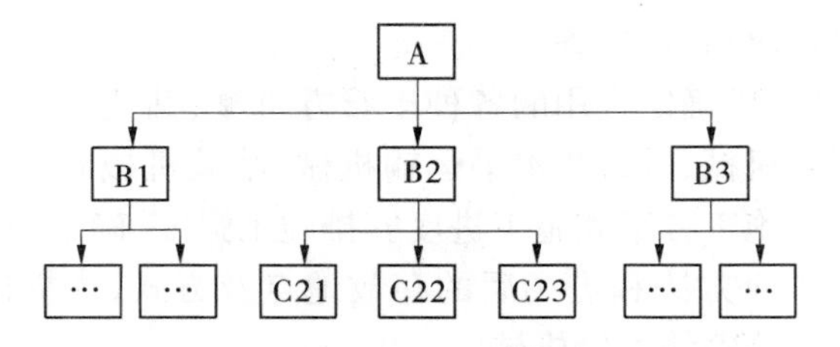

图 1-4　线性(项目式)组织结构

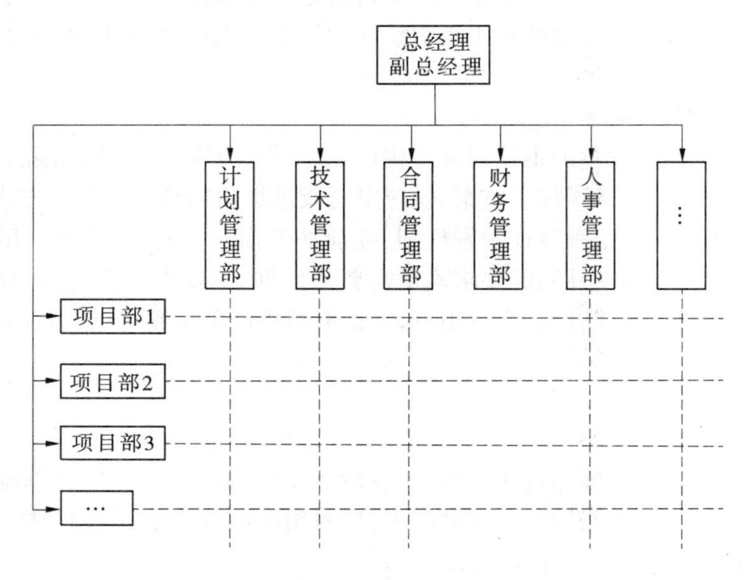

图 1-5　矩阵组织结构

起，为项目服务。该组织模式专业分工强，其工作的注意力集中于本部门。职能部门技术人员的作用可以得到充分的发挥，同一部门的技术人员易于交流知识和经验，使得项目获得部门内所有知识和技术的支持，对创造性地解决项目的技术问题很有帮助；技术人员可以同时服务于多个项目；职能部门为保持项目的连续性发挥了重要作用。但职能部门工作的注意力集中在本部门的利益上，项目的利益往往得不到优先考虑；项目团体中的职能部门往往只关心本部门的利益而忽略了项目的总目标，造成部门之间协调困难。

职能组织结构经常用于企业为某些专门问题，如开发新产品、设计公司信息系统进行技术革新等。

线性组织结构的 B 通常是专业队伍，C 为各个工段(班组)。该组织模式经常被称为直线式组织，在项目组织中，所有人员都按项目要求划分，由项目经理管理一个特定的项目团体，在没有项目职能部门经理的参与情况下，项目经理可以全面地控制项目，并对项目目标负责。该组织模式的项目经理对项目全权负责，结构简单，易于操作，在进度、质量、成本等方面控制也较为灵活。但对项目经理的要求较高，需要具备各方面知识和技术的全能式人物；由于项目各阶段的工作中心不同，会使项目团队各个成员的工作闲忙不一，一方面影响了组织成员的积极性，另一方面也造成了人才的浪费；项目组织中各部门之间有比较明确的界限，不利于各部门的沟通。

线性组织常用于专业性不强的中小型项目，也常见于一些涉外及大型项目的公司，如建筑业项目，这类项目成本高、时间跨度大，项目组织成员长时间合作，沟通容易，而且项目组成员具备较高的知识结构。

矩阵式组织可以克服上述两种形式的不足，它基本由职能式和项目式组织重叠而成，加强了各职能部门的横向联系。具有较大的机动性和适应性；把上下、左右集权与分权实行最优的组合，有利于解决复杂难题，适宜于国际工程事业部管理情况、大型综合项目中，或有多个项目同时开展的企业等。

2. 施工项目负责人

1）对施工项目负责人的要求

施工项目负责人，是指参加全国一级或二级建造师水利水电工程专业考试并通过，经注册取得职业资格，同时经安全考核合格，具有有效安全考核合格证（B 证），并具有一定数量类型工程经历，受施工企业法定代表人委托对工程项目施工过程全面负责的项目管理者，是施工企业法定代表人在工程项目上的代表人。

根据水利部关于招标投标及住房和城乡建设部水利水电工程建造师执业范围划分的有关要求，项目负责人应当由本单位的水利水电工程专业注册建造师担任。属于本单位人员必须同时满足以下条件：

（1）聘任合同必须由投标人单位与之签订；

（2）与投标人单位有合法的工资关系；

（3）投标人单位为其办理社会保险关系，或具有其他有效证明其为本单位人员身份的文件。

2）施工项目负责人的职责

施工项目负责人在承担水利工程项目施工的管理过程中，应当按照施工企业与建设单位签订的工程承包合同，与本企业法定代表人签订项目承包合同，并在企业法定代表人授权范围内，行使组织项目管理班子；以企业法定代表人的代表身份处理与所承担的工程项目有关的外部关系，受托签署有关合同；指挥工程项目建设的生产经营活动，调配并管理进入工程项目的人力、资金、物资、施工设备等生产要素；选择施工作业队伍；进行合理的经济分配以及企业法定代表人授权的其他管理权力。

施工项目负责人不仅要考虑项目的利益，还应服从企业的整体利益。项目负责人的任务包括项目的行政管理和项目管理两方面。具体岗位职责如下：

（1）加强工程管理，确保工程按质按期完成，并最大限度地降低工程成本、节约投资。

（2）项目负责人在施工企业工程部经理的领导下，主要负责对工程现场的施工组织管理。通过施工过程中对项目部、施工队伍的现场组织管理以及与甲方、监理、总包各方的协调，从而实现工程总目标。

（3）认真贯彻执行公司的各项管理规章制度，逐级建立健全项目部各项规章制度。

（4）项目负责人是建筑施工企业的基层领导者和施工生产的指挥者，对工程的全面工作负有直接责任。

（5）项目负责人应对项目工程进行组织管理、计划管理、施工及技术管理、质量管理、资源管理、安全文明施工管理、外联协调管理、竣工交验管理。

(6)组织做好工程施工准备工作,对工程现场施工进行全面管理,完成公司下达的施工生产任务及各项主要工程技术经济指标。

(7)组织编制工程施工组织设计,组织并进行施工技术交底。

(8)组织编制工程施工进度计划,做好工程施工进度实施安排,确保工程施工进度按合同要求完成。

(9)抓好工程施工质量及材料质量的管理,保证工程施工质量,争创优质工程,树立公司形象,对用户负责。

(10)对施工安全生产负责,重视安全施工,抓好安全施工教育,加强现场管理,保证现场施工安全。

(11)组织落实施工组织设计中安全技术措施,组织并监督工程施工中安全技术交底和设备设施验收制度的实施。

(12)对施工现场定期进行安全生产检查,发现施工生产中的不安全问题,组织制订措施并及时解决。对上级提出的安全生产与管理方面的问题要定时、定人、定措施予以解决。

(13)发生质量、安全事故,要做好现场保护与抢救工作并及时上报,组织配合事故的调查,认真落实制订的防范措施,吸取事故教训。

(14)重视文明施工、环境保护和职业健康工作开展,积极创建文明施工、环境保护及职业健康,创建文明工地。

(15)勤俭办事,反对浪费,厉行节约,加强对原材料机具、劳动力的管理,努力降低工程成本。

(16)建立健全和完善用工管理手续,外包队使用必须及时向有关部门申报。严格用工制度与管理,适时组织上岗安全教育,对外包队的健康与安全负责,加强劳动保护工作。

(17)组织处理工程变更洽商,组织处理工程事故及问题纠纷协调、组织工程自检、配合甲方阶段性检查验收及工程验收,组织做好工程撤场善后处理。

(18)组织做好工程资料台账的收集、整理、建档、交验规范化管理。

(19)树立"公司利益第一"的宗旨,维护公司的形象与声誉,洁身自律,杜绝一切违法行为。

(20)协助配合公司其他部门进行相关业务工作。

(21)完成施工企业交办的其他工作。

3.施工项目部的建立

1)建立施工项目领导机构

根据工程规模、结构特点和复杂程度,确定施工项目领导机构的人选和名额;遵循合理分工与密切协作、因事设职与因职选人的原则,建立有施工经验、有开拓精神和工作效率高的施工项目领导机构。除项目负责人和技术负责人外,还应配备一定数量的施工员、质检员、材料员、资料员、安全员、造价员等职业岗位人员。各岗位人员应各负其责,负责施工技术管理工作。其中,项目负责人、技术负责人、财务负责人、质量管理人员、安全管理人员必须为本单位人员。

水利部建设与管理部门和中国水利工程协会规定了相应的考核办法及管理办法。项

目负责人、安全管理人员以及安全部门负责人必须取得有效的安全考核合格证。

2)建立精干的施工队伍

根据施工项目部的组织方式，确定合理的劳动组织，建立相应的专业或混合工作队或班组，并建立岗位责任制和考核办法。垂直运输机械作业人员、安装拆卸工、爆破作业人员、起重信号工、登高架设作业人员等特种作业人员，必须按照国家有关规定经过专门的安全作业培训，并取得特种作业操作资格证书后，方可上岗作业。

按照开工日期和劳动需要量计划，组织工人进场，安排好职工生活，并进行项目部和班组二级安全教育，以及防火和文明施工等教育。

3)做好技术交底工作

为落实施工计划和技术责任制，应按管理系统逐级进行交底。交底内容通常包括：工程施工进度计划和月、旬作业计划；各项安全技术措施、降低成本措施和质量保证措施；质量标准和验收规范要求；设计变更和技术核定事项等。以上内容都应详细交底，必要时进行现场示范。例如，进行三级、特级、悬空高处作业时，应事先制订专项安全技术措施。施工前，向所有施工人员进行技术交底。

4)建立健全各项规章制度

建立健全各项规章制度，规章制度主要包括：项目管理人员岗位责任制度，项目技术管理制度，项目质量管理制度，项目安全管理制度，项目计划、统计与进度管理制度，项目成本核算制度，项目材料和机械设备管理制度，项目现场管理制度，项目分配与奖励制度，项目例会及施工日志制度，项目分包及劳务管理制度，项目组织协调制度，以及项目信息管理制度。

(四)冬、雨季施工的准备工作

1. 冬季施工准备工作

1)合理安排冬季施工项目

水利工程施工周期长，且多为露天作业，冬季施工条件差、技术要求高。因此，在施工组织设计中就应合理安排冬季施工项目，尽可能保证工程连续施工。尽量把不受冬季影响项目安排在冬季，如地下工程、室内工程等，如果采取措施能解决冬季施工的项目，也可以安排在冬季进行施工。

2)采取有效措施

土方填筑工程可采取保温、防冻措施加强料场管理，加大压实功能以不影响冬季施工，当日最低气温低于 -10 ℃时，采取简易暖棚和保温材料封闭填筑坝面等措施。混凝土工程可采取掺外加剂、高热法、保温法等措施保证冬季施工。

3)加强安全教育

要有冬季施工的防火、防滑安全措施，加强安全教育，做好职工培训工作，避免火灾和其他安全事故的发生。

2. 雨季施工准备工作

1)合理安排雨季施工项目

在施工组织设计中要充分考虑雨季对施工的影响。一般情况下，雨季到来之前，多安排土方、基础等不易在雨季施工的项目。

2)做好现场的排水工作

雨季来临前,在施工现场做好排截水沟,准备好抽水设备,防止场地积水,最大限度地减少因泡水而造成的损失。

3)做好运输道路的维护和物资储备

雨季前检查道路、边坡排水情况,适当提高路面,防止路面凹陷,加强边坡防护和观察。多储备一些物资,减少雨季运输量,节约施工费用。

4)做好机具设备等的保护

对现场各种机具、电器、工棚都要加强检查,特别是脚手架、塔吊、井架等,要采取防倒塌、防雷击、防漏电等一系列技术措施。

5)加强施工管理

认真编制雨季施工的安全措施,加强对职工的安全教育,防止因降雨而造成的围堰、边坡、脚手架等垮塌事故的发生。

【应用实例1-3】 某防洪工程,根据招标文件要求,从2016年10月20日开工到2016年11月20日完工,从2017年3月27日开工到2017年4月30日完工,合同工期共67日历天。

施工准备工作在接到监理工程师开工指令后进行施工前的准备,包括场地准备、料场查勘、测量放线等。计划从2016年10月20～25日完成施工准备工作。施工准备工作计划如表1-10所示。

表1-10　施工准备工作计划

序号	项目名称	工作要求	完成时间	责任人
一	组织机构	项目部组建挂牌	2016年10月20～22日	项目经理
		质量保证体系及岗位职责		项目经理
二	合同交底	施工合同交底	2016年10月20～25日	技术负责人
三	技术准备	1.图纸会审; 2.技术交底; 3.编制施工组织设计; 4.编制项目质量计划; 5.编制作业指导书; 6.编制项目成本计划; 7.单元工程项目划分; 8.检验、试验计划	2016年10月20～24日	工程技术部长
四	内业准备	1.自检资料; 2.ISO 9002质量体系运行资料; 3.各项规章制度; 4.目标责任书; 5.图表上墙	2016年10月20～22日	质量安全部长

续表 1-10

<table>
<tr><th>序号</th><th>项目名称</th><th>工作要求</th><th>完成时间</th><th>责任人</th></tr>
<tr><td>五</td><td>物资设备</td><td>1. 机械设备到位;
2. 检验、试验、测量设备;
3. 生活和生产物资、器具;
4. 防汛物资;
5. 其他材料</td><td>2016 年 10 月 20 ~ 23 日</td><td>综合部长</td></tr>
<tr><td>六</td><td>人员准备</td><td>1. 项目部人员到位;
2. 劳务队伍人员的岗前技术培训</td><td>2016 年 10 月 20 ~ 23 日</td><td>综合部长</td></tr>
<tr><td rowspan="2">七</td><td rowspan="2">现场准备</td><td>1. 四通一平;
2. 临设搭建;
3. 平面、高程控制布置</td><td>2016 年 10 月 20 ~ 25 日</td><td>工程技术部长</td></tr>
<tr><td>施工面整平</td><td>2016 年 10 月 22 日前</td><td rowspan="2">综合部长</td></tr>
<tr><td>八</td><td>材料准备</td><td>水泥、块石准备联系</td><td>2016 年 10 月 25 日前</td></tr>
<tr><td>九</td><td>场外准备</td><td>外围事宜处理</td><td>2016 年 10 月 25 日前</td><td>综合部长</td></tr>
<tr><td>十</td><td>开工准备</td><td>1. 填报施工人员报验表;
2. 填报机械设备报验表;
3. 填报测量成果;
4. 填报开工申请表</td><td>2016 年 10 月 25 日前</td><td>工程技术部长</td></tr>
</table>

【应用实例 1-4】 施工项目部建立。

背景材料:

清源渠首枢纽工程为大(1)型水利工程,枢纽工程土建及设备安装招标文件按《水利水电工程标准施工招标文件》(2009 年版)编制,该工程由某流域管理机构组建的项目法人负责建设,某施工单位负责施工,在工程施工过程中发生如下事件:

事件 1:施工单位组建项目部如图 1-3 所示。

事件 2:项目负责人需由持有一级建造师职业资格证书和安全生产考核合格证书的人员担任,并具有类似项目业绩;配备了水利五大员等职业岗位人员。各岗位人员各司其职,负责施工技术管理工作。各部门安排了主要负责人。

事件 3:垂直运输机械作业人员、安装拆卸工、爆破作业人员、起重信号工、登高架设作业人员等特种作业人员,按照流域机构要求经安全作业培训后,取得特种作业操作资格证书,持证上岗。

事件 4:按照开工日期和劳动力需要量计划,组织工人进场,并进行了二级安全教育以及防火和文明施工等教育。

问题:

1. 施工单位组建项目部为何种模式? A、B、C 分别代表什么岗位?

2. 指出并改正已列出的对投标资格要求的不妥之处。水利五大员包括哪些?

3. 施工项目部人员必须是本单位的管理人员,包括哪些? 如何界定是本单位人员?

4. 事件3特种作业人员安全作业培训是否有不妥之处? 事件4二级教育为哪二级?

答案:

1. 施工项目部为职能组织结构;A代表项目负责人,B代表职能部门,C代表现场作业队或施工班组。

2. 项目负责人,须由持有一级水利水电建造师职业资格证书和安全生产考核合格证的人员担任,并具有类似项目业绩;水利五大员包括施工员、质检员、材料员、资料员、安全员。

3. 项目负责人、技术负责人、财务负责人、质量管理人员、安全管理人员必须为本单位人员。界定本单位人员的依据是:

(1)聘任合同必须由投标人单位与之签订;

(2)与投标人单位有合法的工资关系;

(3)投标人单位为其办理社会保险关系,或具有其他有效证明其为本单位人员身份的文件。

4. 按照国家规定部门进行安全作业培训。二级教育包括项目部安全教育和班组安全教育。

【课堂自测】

项目一任务二课堂自测练习

任务三 流水施工的基本原理

一、流水施工的基本概念

生产实践已经证明,在所有的生产领域中,流水作业法是组织产品生产的理想方法;流水施工是建筑安装工程施工有效的科学组织方法之一。它建立在分工协作的基础上,但是,由于建筑产品及其生产特点的不同,流水施工与其他产品的流水作业也有所不同。

(一)施工组织的方式比较

在组织多幢同类型房屋或将一幢房屋分成若干个施工区段进行施工时,可以采用依次施工、平行施工和流水施工三种组织方式,它们的特点如下所述。

1. 依次施工组织方式

依次施工组织方式是将拟建工程项目的整个建造过程分解成若干个施工过程,按照一定的施工顺序,前一个施工过程完成后,后一个施工过程才开始施工;或前一个工程完成后,后一个工程才开始施工。它是一种最基本、最原始的施工组织方式。

【应用实例1-5】　拟建4幢相同的建筑物，其编号分别为Ⅰ、Ⅱ、Ⅲ、Ⅳ，它们的基础工程量都相等，而且都是由挖土方、做垫层、砌基础和回填土等四个施工过程组成的，每个施工过程的施工天数均为5 d。其中，挖土方时，工作队由8人组成；做垫层时，工作队由6人组成；砌基础时，工作队由14人组成；回填土时，工作队由5人组成。按照依次施工的组织方式建造，其施工进度计划如图1-6中“依次施工”栏所示。

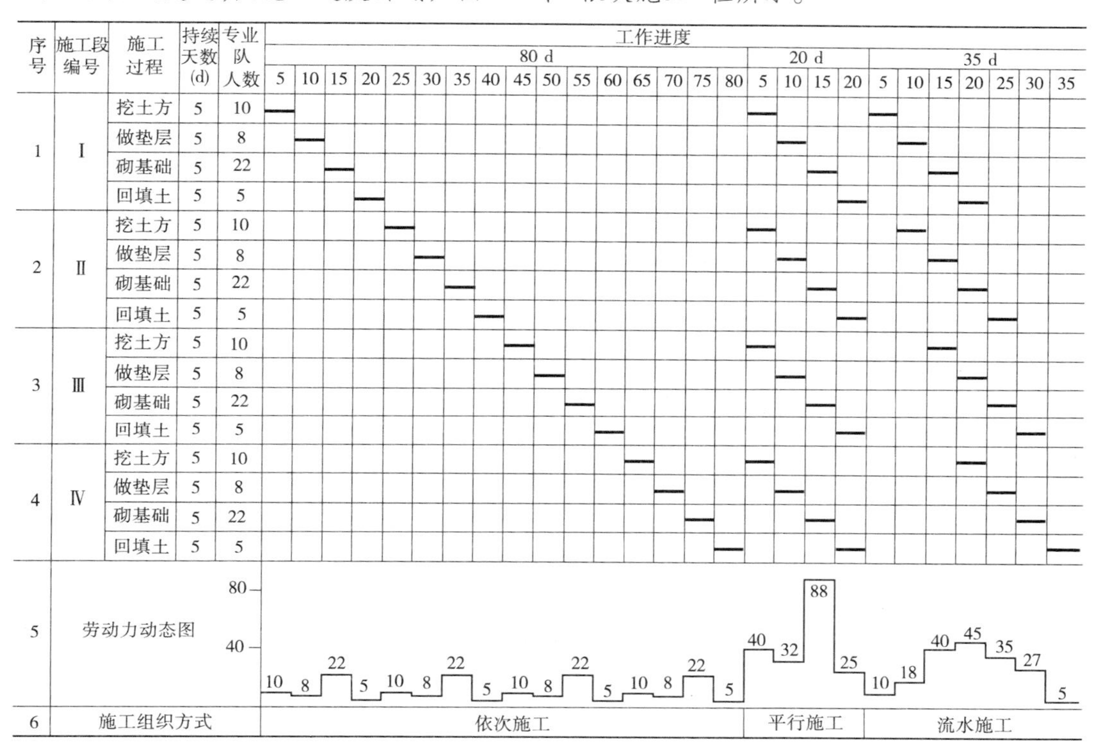

图1-6　施工组织方式

由图1-6可以看出，依次施工组织方式具有以下特点：

(1)由于没有充分地利用工作面去争取时间，所以工期长；

(2)工作队不能实现专业化施工，不利于改进工人的操作方法和施工机具，不利于提高工程质量和劳动生产率；

(3)工作队及工人不能连续作业；

(4)单位时间内投入的资源量比较少，有利于资源供应的组织工作；

(5)施工现场的组织、管理比较简单。

2. 平行施工组织方式

在拟建工程任务十分紧迫、工作面允许以及资源保证供应的条件下，可以组织几个相同的工作队，在同一时间、不同的空间上进行施工，这样的施工组织方式称为平行施工组织方式。

平行施工组织方式的施工进度计划如图1-6中“平行施工”栏所示。

由图1-6可以看出，平行施工组织方式有以下特点：

(1)充分地利用了工作面,争取了时间,可以缩短工期;

(2)工作队不能实现专业化生产,不利于改进工人的操作方法和施工机具,不利于提高工程质量和劳动生产率;

(3)工作队及其工人不能连续作业;

(4)单位时间投入施工的资源量成倍增长,现场临时设施也相应增加;

(5)施工现场组织、管理复杂。

3.流水施工组织方式

流水施工组织方式是将拟建工程项目的整个建造过程按施工和工艺要求分解成若干个施工过程,也就是划分成若干个工作性质相同的分部、单元工程或工序;同时将拟建工程项目在平面上划分成若干个劳动量大致相等的施工段,在竖向上划分成若干个施工层,按照施工过程分别建立相应的专业工作队;各专业工作队按照一定的施工顺序投入施工,完成第一个施工段上的施工任务后,在专业工作队的人数、使用的机具和材料不变的情况下,依次地、连续地投入到下一个施工段,在规定时间内完成同样的施工任务;不同的专业工作队在工作时间上最大限度地、合理地搭接起来;一个施工层全部施工任务全部完成后,专业工作队依次地、连续地投入到下一个施工层,保证拟建工程项目的施工全过程在时间上、空间上有节奏、连续、均衡地进行下去,直到完成全部施工任务。

这种将拟建工程的整个建造过程分解为若干个不同的施工过程,按照施工过程成立相应的专业工作队,采取分段流动作业,并且相邻两专业队最大限度地搭接平行施工的组织方式,称为流水施工组织方式。如果按照流水施工组织方式组织应用实例1-3中的基础工程施工,其施工进度、工期和劳动力需要量动态曲线如图1-6所示。

由图1-6可以看出,流水施工组织方式具有以下特点:

(1)科学地利用了工作面,争取了时间,工期比较合理;

(2)工作队及其工人实现了专业化施工,可使工人的操作技术更加熟练,更好地保证了工程质量,提高了劳动生产率;

(3)专业工作队及其工人能够连续作业,使相邻的专业工作队之间实现了最大限度的、合理的搭接;

(4)单位时间投入施工的资源量较为均衡,有利于资源供应的组织工作;

(5)为文明施工和进行现场的科学管理创造了有利条件。

(二)流水施工的技术经济效果

通过对上述三种施工组织方式的对比分析,不难看出流水施工在工艺划分、时间排列和空间布置上都是一种科学、先进和合理的施工组织方式,必然会给相应的项目经理部带来显著的技术经济效益。主要表现在以下几点:

(1)流水施工的节奏性、均衡性和连续性,减少了时间间歇,使工程项目尽早竣工,能够更好地发挥其投资效益;

(2)工人实现了专业化生产,有利于提高技术水平,工程质量有了保障,也减少了工程项目施工过程中的维修费用;

(3)工人实现了连续作业,便于改善劳动组织、操作技术和施工机具,有利于提高劳动生产率,降低工程成本,增加承建单位利润;

(4)以合理劳动组织和平均先进劳动定额指导施工,能够充分发挥施工机械和操作工人的生产效率;

(5)流水施工高效率可以减少施工中的管理费,资源消耗均衡,减少物资损失,有利于提高承建单位的经济效益。

(三)流水施工分级和表达方式

1. 流水施工分级

根据流水施工组织的范围不同,流水施工通常可分为以下几级。

1)单元工程流水施工(又称细部流水施工)

单元工程流水施工是在一个专业工种内部组织起来的流水施工。在项目施工进度计划表上,它是一条标有施工段或工作队编号的水平进度指示线段或斜向进度指示线段。

2)分部工程流水施工(又称专业流水施工)

分部工程流水施工是在一个分部工程内部、各单元工程之间组织起来的流水施工。在项目施工进度计划表上,它由一组标有施工段或工作队编号的水平进度指示线段或斜向进度指示线段来表示。

3)单位工程流水施工(又称综合流水施工)

单位工程流水施工是在一个单位工程内部、各分部工程之间组织起来的流水施工。在项目施工进度计划表上,它是由若干组分部工程的进度指示线段构成的一张单位工程施工进度计划。

4)群体工程流水施工(又称大流水施工)

群体工程流水施工是在各单位工程之间组织起来的流水施工。反映在项目施工进度计划上,它是一张项目施工总进度计划。

流水施工分级示意图如图1-7所示。

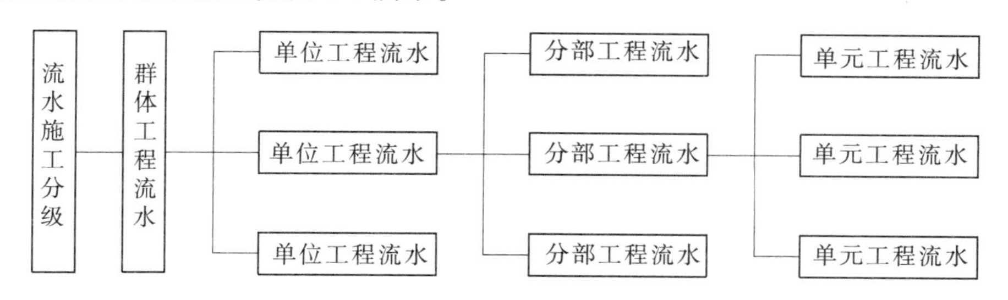

图1-7　流水施工分级示意图

2. 流水施工表达方式

流水施工的表达方式主要有横道图和网络图两种,如图1-8所示。

1)横道图

(1)水平指示图表。

在流水施工水平指示图表(见图1-9)的表达方式中,横坐标表示流水施工的持续时间,纵坐标表示开展流水施工的施工过程或专业工作队的名称、编号和数目,呈梯形分布的水平线段表示流水施工的开展情况。

(2)垂直指示图表。

在流水施工垂直指示图表(见图1-10)的表达方式中,横坐标表示流水施工的持续时

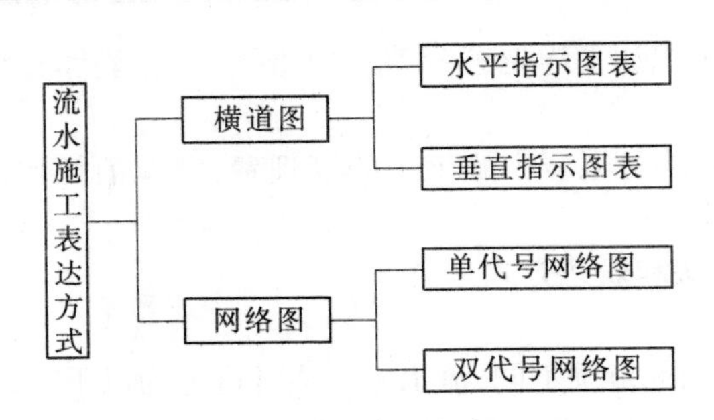

图 1-8　流水施工表达方式示意图

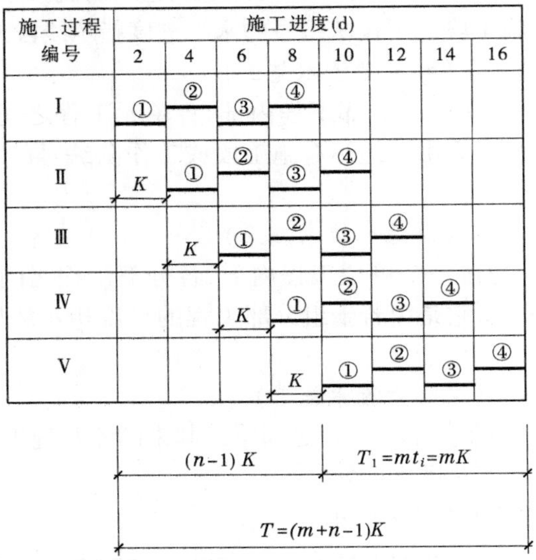

施工过程编号	施工进度(d)							
	2	4	6	8	10	12	14	16
Ⅰ	①	②	③	④				
Ⅱ	K	①	② ③	④				
Ⅲ		K	①	②	③	④		
Ⅳ			K	①	②	③	④	
Ⅴ				K	①	②	③	④

$(n-1)K$　　$T_1=mt_i=mK$

$T=(m+n-1)K$

①～④—施工段的编号；T—流水施工计划总工期；T_1——一个专业工作队或施工过程完成其全部施工段的持续时间；n—专业工作队数或施工过程数；m—施工段数；K—流水步距；t_i—流水节拍；本图中 $t_i=K$；Ⅰ，Ⅱ，Ⅲ，Ⅳ，Ⅴ—专业工作队或施工过程的编号

图 1-9　水平指示图表

间，纵坐标表示开展流水施工所划分的施工段编号，n 条斜线段表示各专业工作队或施工过程开展流水施工的情况。

2）网络图

有关流水施工网络图的表达方式，详见本项目任务四内容。

二、流水参数的确定

在组织拟建工程项目流水施工时，用以表达流水施工在工艺流程、空间布置和时间排列等方面开展状态的参数，称为流水参数。它主要包括工艺参数、空间参数和时间参数等三类。

（一）工艺参数

工艺参数是指在组织流水施工时，用以表达流水施工在施工工艺上开展顺序及其特

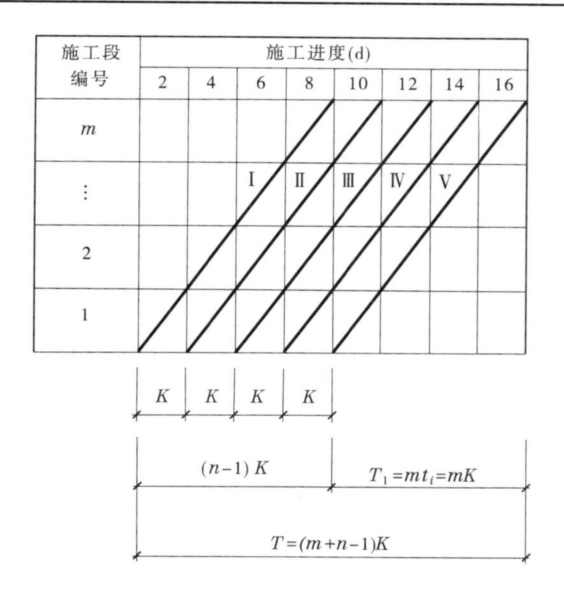

1,2,…,m—施工段的编号;T—流水施工计划总工期;T_1——一个专业工作队或施工过程完成其全部施工段的持续时间;n—专业工作队数或施工过程数;m—施工段数;K—流水步距;t_i—流水节拍;本图中 $t_i=K$;Ⅰ,Ⅱ,Ⅲ,Ⅳ,Ⅴ—专业工作队或施工过程的编号

图 1-10　垂直指示图表

征的参数。具体来说,是指在组织流水施工时,将拟建工程项目的整个建造过程分解为施工过程的种类、性质和数目的总称。通常,工艺参数包括施工过程数和流水强度两种,如图 1-11 所示。

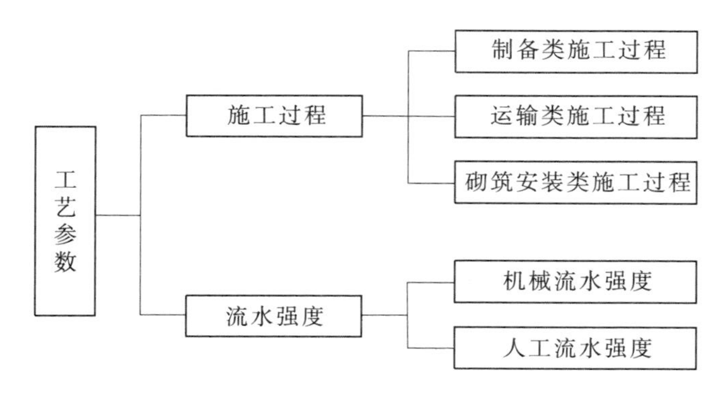

图 1-11　工艺参数分类示意图

1. 施工过程

在水利工程项目施工中,施工过程所包括的范围可大可小,既可以是分部、单元工程,又可以是单位工程。它是流水施工的基本参数之一,根据工艺性质不同,可分为制备类施工过程,运输类施工过程和砌筑、安装类施工过程三种。施工过程的数目一般以 n 表示。

1) 制备类施工过程

制备类施工过程是指为了提高建筑产品的装配化、工厂化、机械化和生产能力而形成的施工过程,如砂浆、混凝土、构配件、制品和门窗框扇等的制备过程。它一般不占有施工对象的空间,不影响项目总工期,因此在项目施工进度表上不表示,只有当其占有施工对象的空间并影响项目总工期时,在项目施工进度表上才列入,如在拟建车间、实验室等场地内预制或组装的大型构件等。

2)运输类施工过程

运输类施工过程是指将建筑材料、构配件、(半)成品、制品和设备等运到项目工地仓库或现场操作使用地点而形成的施工过程。它一般不占有施工对象的空间,不影响项目总工期,通常也不列入项目施工进度计划中,只有当其占有施工对象的空间并影响项目总工期时,才列入项目施工进度计划中,如在结构安装工程中,采取随运随吊方案的运输过程。

3)砌筑、安装类施工过程

砌筑、安装类施工过程是指在施工对象的空间上直接进行加工,最终形成建筑产品的过程,如地下工程、主体工程、结构安装工程、屋面工程和装饰工程等施工过程。它占有施工对象的空间,影响着工期的长短,必须列入项目施工进度表上,而且是项目施工进度表的主要内容。砌筑、安装类施工过程通常按其在项目生产中的作用、工艺性质和复杂程度等不同进行分类,具体分类情况如图1-12所示。

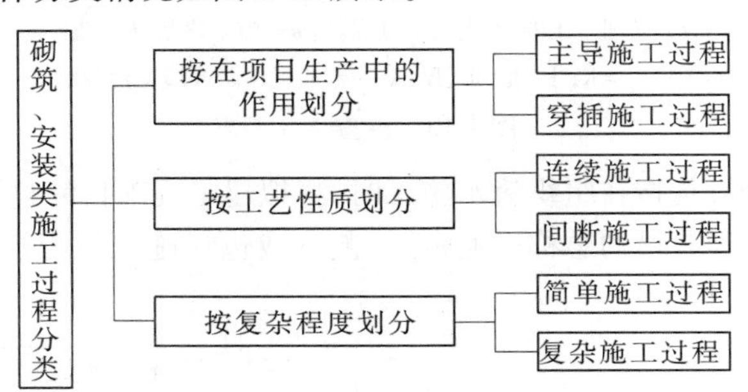

图1-12 砌筑、安装类施工过程分类示意图

4)施工过程数目(n)的确定

(1)依据项目施工进度计划在客观上的作用:在编制控制性施工进度计划时,划分的施工过程较少,一般情况下分解到分部工程;在编制实施性施工进度计划时,划分的施工过程较多,绝大多数要分解到单元工程。

(2)依据采用的施工方案:不同的施工方案,其施工顺序和施工方法不同,施工过程数也就不相同。

(3)依据工程的复杂程度:一般施工工程越复杂,划分的施工过程越多。

(4)依据劳动组织及工程量大小:一般工程量较大、价值较高的主导性施工工程,划分的施工过程数要多些,而一些工艺性质相近、工程量较小的项目可合并。

(5)依据项目的性质和业主对项目建设工期的要求。

在实际划分时,可参照已建类似工程的成果,结合上述原则进行。

2. 流水强度

某施工过程在单位时间内所完成的工程量,称为该施工过程的流水强度。流水强度一般以 V_i 表示,它可由式(1-1)或式(1-2)计算求得。

1)机械操作流水强度

$$V_i = \sum_{i=1}^{x} (R_i S_i) \tag{1-1}$$

式中 V_i——某施工过程 i 的机械操作流水强度；

R_i——投入施工过程 i 的某种施工机械台数；

S_i——投入施工过程 i 的某种施工机械产量定额；

x——投入施工过程 i 的施工机械种类数。

2)人工操作流水强度

$$V_i = R_i S_i \tag{1-2}$$

式中 V_i——某施工过程 i 的人工操作流水强度；

R_i——投入施工过程 i 的专业工作队工人数；

S_i——投入施工过程 i 的专业工作队平均产量定额。

(二)空间参数

在组织流水施工时,用以表达流水施工在空间布置上所处状态的参数,称为空间参数。空间参数主要有工作面、施工段和施工层三种。

1. 工作面

某专业工种的工人在从事建筑产品施工生产加工过程中,所必须具备的活动空间,称为工作面。它的大小是根据相应工种单位时间内的产量定额、建筑安装工程操作规程和安全规程等的要求确定的。工作面确定的合理与否直接影响到专业工种工人的劳动生产效率,因此必须认真加以对待,合理确定。

主要工种工作面可参考表 1-11 选择。

表 1-11 主要工种工作面参考数据

工作项目	每个技工的工作面	说明
砖基础	7.6 m/人	以 3/2 砖计 以 2 砖乘 0.8 计 以 3 砖乘 0.55 计
砌砖墙	8.5 m/人	以 1 砖计 以 3/2 砖乘 0.71 计 以 2 砖乘 0.57 计
毛石墙基	3 m/人	以 60 cm 计
毛石墙	3.3 m/人	以 40 cm 计
混凝土柱、墙基础	8 m^3/人	机拌、机捣
现浇钢筋混凝土柱	2.45 m^3/人	机拌、机捣
现浇钢筋混凝土梁	3.20 m^3/人	机拌、机捣
现浇钢筋混凝土墙	5 m^3/人	机拌、机捣
现浇钢筋混凝土楼板	5.3 m^3/人	机拌、机捣

续表 1-11

工作项目	每个技工的工作面	说明
预制钢筋混凝土柱	3.6 m^3/人	机拌、机捣
预制钢筋混凝土梁	3.6 m^3/人	机拌、机捣
预制钢筋混凝土屋架	2.7 m^3/人	机拌、机捣
预制钢筋混凝土平板、空心板	1.91 m^3/人	机拌、机捣
预制钢筋混凝土大型屋面板	2.62 m^3/人	机拌、机捣
混凝土地坪及面层	40 m^2/人	机拌、机捣
外墙抹灰	16 m^2/人	
内墙抹灰	18.5 m^2/人	
卷材屋面	18.5 m^2/人	
防水水泥砂浆屋面	16 m^2/人	
门窗安装	11 m^2/人	

2. 施工段

为了有效地组织流水施工，通常把拟建工程项目在平面上划分成若干个劳动量大致相等的施工段落，这些施工段落称为施工段。施工段的数目通常以 m 表示，它是流水施工的基本参数之一。

1）划分施工段的目的和原则

一般情况下，一个施工段内只安排一个施工过程的专业工作队进行施工。在一个施工段上，只有前一个施工过程的工作队提供了足够的工作面，后一个施工过程的工作队才能进入该段从事下一个施工过程的施工。施工段的划分应符合以下几方面要求：

（1）专业工作队在各施工段上的劳动量大致相等，其相差幅度不宜超过 10% ~15%。

（2）对于多层或高层建筑物，施工段的数目要满足合理流水施工组织的要求，即 $m \geq n$。

（3）为了充分发挥工人、主导机械的效率，每个施工段要有足够的工作面，使其所容纳的劳动力人数或机械台数能满足合理劳动组织的要求。

（4）为了保证拟建工程项目的结构整体完整性，施工段的分界线应尽可能与结构的自然界线（如沉降缝、伸缩缝等）相一致。如果必须将分界线设在墙体中间，则应将其设在对结构整体性影响小的门窗洞口等部位，以减少留槎，便于修复。

（5）对于多层的拟建工程项目，既要划分施工段又要划分施工层，以保证相应的专业工作队在施工段与施工层之间，组织有节奏、连续、均衡的流水施工。

2）施工段数（m）与施工过程数（n）的关系

（1）当 $m > n$ 时。

【应用实例 1-6】 某局部二层的现浇钢筋混凝土结构建筑物，按照划分施工段的原则：在平面上将它分成四个施工段，即 $m = 4$；在竖向上划分两个施工层，即结构层与施工层相一致；现浇结构的施工过程为绑扎钢筋、支模板和浇筑混凝土，即 $n = 3$；各个施工过程在各施工段上的持续时间均为 2 d,即 $t_i = 2$ d;则流水施工的开展状况如图 1-13 所示。

施工层	施工过程	施工进度(d)									
		2	4	6	8	10	12	14	16	18	20
一	绑扎钢筋	①	②	③	④						
	支模板		①	②	③	④					
	浇筑混凝土			①	②	③	④				
二	绑扎钢筋					①	②	③	④		
	支模板						①	②	③	④	
	浇筑混凝土							①	②	③	④

图 1-13 $m > n$ 时流水施工的开展状况

由图 1-13 可以看出,当 $m > n$ 时,各专业工作队能够连续作业,但施工段有空闲,如图 1-13 中各施工段在第一层浇完混凝土后,均空闲 2 d,即工作面空闲 2 d。这种空闲,可用于弥补由于技术间歇、组织管理间歇和备料等要求所必需的时间。

在项目实际施工中,若某些施工过程需要考虑技术间歇等,则可用式(1-3)确定每层的最少施工段数:

$$m_{\min} = n + \frac{\sum Z}{K} \tag{1-3}$$

式中 $m_{\min}$——每层需划分的最少施工段数;

n——施工过程数或专业工作队数;

$\sum Z$——某些施工过程要求的技术间歇时间的总和;

K——流水步距。

【应用实例 1-7】 应用实例 1-5 中,如果流水步距 $K = 2$ d,当第一层浇筑混凝土结束后,要养护 4 d 才能进行第二层的施工。为了保证专业工作队连续作业,至少应划分多少个施工段?

解:依题意,由式(1-3)可求得

$$m_{\min} = n + \frac{\sum Z}{K} = 3 + \frac{6}{2} = 6(\text{段})$$

按 $m = 6$,$n = 3$ 绘制的流水施工进度图表如图 1-14 所示。

(2)当 $m = n$ 时。

在应用实例 1-5 中,如果将该建筑物在平面上划分成三个施工段,即 $m = 3$,其余不变,则此时的流水施工开展状况如图 1-15 所示。

由图 1-15 可见,当 $m = n$ 时,各专业工作队能连续施工,施工段没有空闲。这是理想化的流水施工方案,此时要求项目管理者提高管理水平,只能进取,不能停歇。

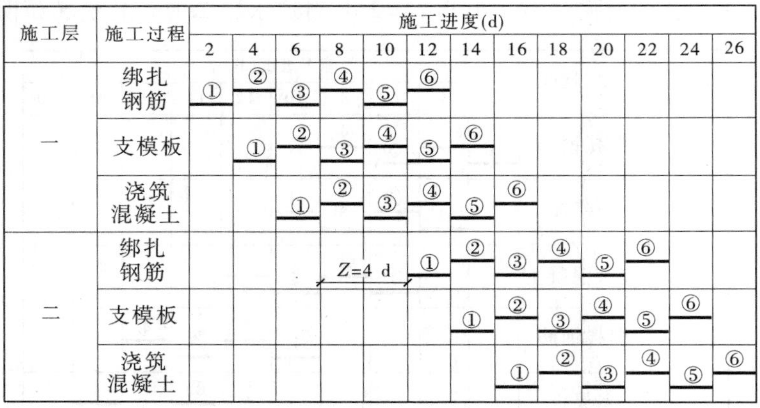

施工层	施工过程	施工进度(d)												
		2	4	6	8	10	12	14	16	18	20	22	24	26
一	绑扎钢筋	①	②	③	④	⑤	⑥							
	支模板		①	②	③	④	⑤	⑥						
	浇筑混凝土			①	②	③	④	⑤	⑥					
二	绑扎钢筋				Z=4 d		①	②	③	④	⑤	⑥		
	支模板							①	②	③	④	⑤	⑥	
	浇筑混凝土								①	②	③	④	⑤	⑥

图 1-14　$m > n$ 时流水施工开展状况

施工层	施工过程	施工进度(d)							
		2	4	6	8	10	12	14	16
一	绑扎钢筋	①	②	③					
	支模板		①	②	③				
	浇筑混凝土			①	②	③			
二	绑扎钢筋				①	②	③		
	支模板					①	②	③	
	浇筑混凝土						①	②	③

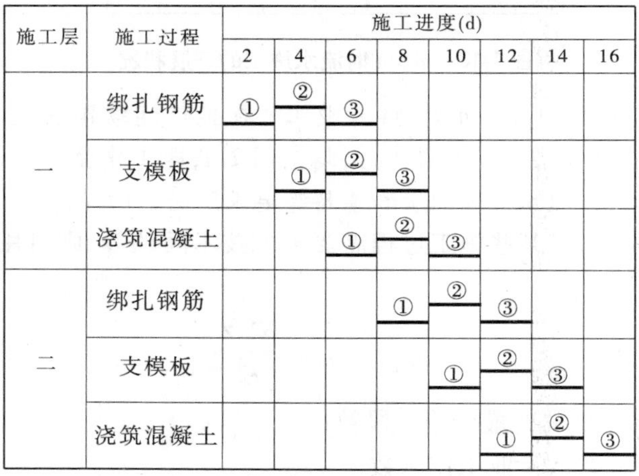

图 1-15　$m = n$ 时流水施工开展状况

(3)当 $m < n$ 时。

在应用实例 1-5 中,如果将其在平面上划分成两个施工段,即 $m = 2$,其他不变,则流水施工开展状况如图 1-15 所示。

由图 1-16 可见,当 $m < n$ 时,专业工作队不能连续作业。施工段没有空闲(特殊情况下施工段也会出现空闲,以致造成大多数专业工作队停工),但因为一个施工段只能供一个专业工作队施工,所以超过施工段数的专业工作队就因无工作面而停工。在图 1-16 中,支模板工作队完成第一层的施工任务后,要停工 2 d 才能进行第二层第一段的施工,其他队组同样也要停工 2 d。因此,工期延长。针对这种情况,对于有数幢同类型的建筑物,可组织建筑物之间的大流水施工来弥补上述停工现象,但对单一建筑物的流水施工是不适宜的,应加以杜绝。

从上面的三种情况可以看出,施工段数的多少直接影响工期的长短,而且要想保证专业工作队能够连续施工,必须满足:

$$m \geqslant n \tag{1-4}$$

施工层	施工过程	施工进度(d)						
		2	4	6	8	10	12	14
一	绑扎钢筋	①	②					
	支模板		①	②				
	浇筑混凝土			①	②			
二	绑扎钢筋				①	②		
	支模板					①	②	
	浇筑混凝土						①	②

图 1-16　$m<n$ 时流水施工开展状况

应该指出，当无层间关系或无施工层（如某些单层建筑物、基础工程等）时，施工段数不受式(1-3)和式(1-4)的限制，可按前面所述划分施工段的原则进行确定。

3. 施工层

在组织流水施工时，为了满足专业工种对操作高度和施工工艺的要求，将拟建工程项目在竖向上划分为若干个操作层，这些操作层称为施工层。施工层一般以 j 表示。

施工层的划分，要按工程项目的具体情况，根据建筑物的高度、楼层来确定。如砌筑工程的施工层高度一般为 1.2 m，室内抹灰、木装饰、油漆、玻璃和水电安装等可按楼层进行施工层划分。

（三）时间参数

在组织流水施工时，用以表达流水施工在时间排列上所处状态的参数，称为时间参数。它包括流水节拍、流水步距、平行搭接时间、技术间歇时间和组织间歇时间等五种。

1. 流水节拍

在组织流水施工时，每个专业工作队在各个施工段上完成相应的施工任务所需要的工作延续时间，称为流水节拍。流水节拍通常以 t_i 表示，它是流水施工的基本参数之一。

流水节拍的大小可以反映出流水施工速度的快慢、节奏感的强弱和资源消耗量的多少。根据其数值特征，流水节拍一般又分为等节拍专业流水、异节拍专业流水和无节奏专业流水等流水施工组织方式。

影响流水节拍数值大小的因素主要有：项目施工时所采取的施工方案，各施工段投入的劳动力人数或施工机械台数、工作班次，以及该施工段工程量的多少。为了避免工作队转移时浪费工时，流水节拍在数值上最好是半个班的整倍数。

1）定额计算法

定额计算法适用于施工工艺和方法均已成熟的通用项目。根据各施工段的工程量、能够投入的资源量（工人数、机械台数和材料量等）、定额指标，按式(1-5)或式(1-6)进行计算：

$$t_i = \frac{Q_i}{S_i R_i N_i} = \frac{P_i}{R_i N_i} \tag{1-5}$$

式中 t_i——某专业工作队在第 i 施工段的流水节拍；

Q_i——某专业工作队在第 i 施工段要完成的工程量；

S_i——某专业工作队在第 i 施工段的计划产量定额；

H_i——某专业工作队在第 i 施工段的计划时间定额；

P_i——某专业工作队在第 i 施工段需要的劳动量或机械台班数量，$P_i = Q_i/S_i$ 或 $Q_i H_i$；

R_i——某专业工作队在第 i 施工段投入的工作人数或机械台数；

N_i——某专业工作队在第 i 施工段的工作班次。

在式(1-5)和式(1-6)中，S_i 和 H_i 最好是本项目经理部的实际水平。

2)工期计算法

对某些施工任务在规定日期内必须完成的工程项目，往往采用倒排进度法。具体步骤如下：

(1)根据工期倒排进度，确定某施工过程的工作延续时间。

(2)确定某施工过程在某施工段上的流水节拍。若同一施工过程的流水节拍不等，则用估算法，若流水节拍相等，则可按式(1-6)进行计算：

$$t = \frac{T}{m} \tag{1-6}$$

式中 t——流水节拍；

T——某施工过程的工作持续时间；

m——某施工过程划分的施工段数。

当施工段数确定后，流水节拍大，则工期相应的就长。因此，从理论上讲，希望流水节拍越小越好。但实际上由于受工作面的限制，每一施工过程在各施工段上都有最小的流水节拍，其数值可按式(1-7)计算：

$$t_{\min} = \frac{A_{\min}\mu}{S} \tag{1-7}$$

式中 $t_{\min}$——某施工过程在某施工段的最小流水节拍；

$A_{\min}$——每个工人所需的最小工作面；

μ——单位工作面工程量含量；

S——产量定额。

式(1-7)计算出的数值，应取整数或半个工日的整倍数，根据工期计算的流水节拍，应大于最小流水节拍。

2. 流水步距

在组织流水施工时，相邻两个专业工作队在保证施工顺序和工程质量、满足连续施工的条件下，相继投入第一个施工段开始施工的时间间隔，称为流水步距。流水步距以 $K_{j,j+1}$ 表示。注意，此时流水步距不包含间歇时间和搭接时间在内。如果施工段不变，流水步距越大，则工期越长；反之，工期就越短。

流水步距数目等于 $n-1$ 个参加流水施工的施工过程数，确定流水步距的原则如下：

(1)流水步距要保证各专业工作队都能连续作业；

(2)保持相邻两个施工过程的先后顺序；

(3)流水步距要保证相邻两个专业工作队，在开工时间上最大限度地、合理地搭接；

(4)K 取半天整数倍；

(5)保持施工过程之间足够的技术、组织时间。

3. 平行搭接时间

在组织流水施工时，有时为了缩短工期，在工作面允许的条件下，如果前一个专业工作队完成部分施工任务后，能够提前为后一个专业工作队提供工作面，使后者提前进入前一个施工段，两者在同一施工段上平行搭接施工，这个搭接的时间称为平行搭接时间，通常以 $C_{j,j+1}$ 表示。

4. 技术间歇时间

在组织流水施工时，除要考虑相邻专业工作队之间的流水步距外，有时根据建筑材料或现浇构件等的工艺性质，还要考虑合理的工艺等待时间，这个等待时间称为间歇时间，如混凝土浇筑后的养护时间、砂浆抹面和油漆面的干燥时间等。技术间歇时间以 $Z_{j,j+1}$ 表示。

5. 组织间歇时间

在流水施工中，由于施工技术或施工组织的原因，在流水步距以外增加的间歇时间，称为组织间歇时间，如墙体砌筑前的墙身位置弹线时间，施工人员、机械转移时间，回填土前地下管道检查验收时间等。组织间歇时间以 $G_{j,j+1}$ 表示。

在组织流水施工时，项目经理部对技术间歇时间和组织间歇时间，可根据项目施工中的具体情况分别考虑或统一考虑。但二者的概念、作用和内容是不同的，必须结合具体情况分别考虑或统一考虑。但二者的概念、作用和内容是不同的，必须结合具体情况灵活处理。

三、专业流水基本方式

专业流水是指在项目施工中，为生产某一建筑产品或其组成部分的主要专业工种，按照流水施工基本原理组织项目施工的一种组织方式。常用的专业流水方式有等节拍专业流水、异节拍专业流水和无节奏专业流水等几种形式。

(一)等节拍专业流水

等节拍专业流水是指在组织流水施工时，所有的施工过程在各个施工段上的流水节拍彼此相等，也称为固定节拍流水或全等节拍流水。

1. 基本特点

(1)流水节拍彼此相等。如有 n 个施工过程，流水节拍为 t_i，则 $t_1=t_2=\cdots=t_{n-1}=t_n=t$(常数)。

(2)流水步距彼此相等，而且等于流水节拍(此时的 K 值不包含间歇时间及搭接时间，其他专业流水也相同)，即 $K_{1,2}=K_{2,3}=\cdots=K_{n-1,n}=K$(常数)。

(3)每个专业工作队都能够连续施工，施工段没有空闲。

(4)专业工作队数(n_1)等于施工过程数(n)。

等节拍专业流水施工一般只适用于施工对象结构简单、工程规模较小、施工过程数不多的房屋工程或线性工程，如道路工程、管道工程等。由于等节拍专业流水施工的流水节拍和流水步距是定值，局限性较大，且建筑工程多数施工较为复杂，因此在实际建筑工程中采用这种组织方式并不多见，通常只用于一个分部工程的流水施工。

2.组织步骤

(1)确定项目施工起点流向，分解施工过程(n)。

(2)确定施工顺序，划分施工段(m)。

(3)根据等节拍专业流水要求，确定流水节拍数值。

(4)确定流水步距，$K=t$。

(5)计算流水施工的总工期，按式(1-8)进行计算：

$$T=(m+n-1)\cdot K+\sum Z_{j,j+1}+\sum G_{j,j+1}-\sum C_{j,j+1} \tag{1-8}$$

式中　T——流水施工总工期；

m——施工段数；

n——施工过程数；

K——流水步距；

j——施工过程编号，$1\leqslant j\leqslant n$；

$Z_{j,j+1}$——j与$j+1$两施工过程间的技术间歇时间；

$G_{j,j+1}$——j与$j+1$两施工过程间的组织间歇时间；

$C_{j,j+1}$——j与$j+1$两施工过程间的平行搭接时间。

(6)绘制流水施工指示图表。

【应用实例1-8】　某分部工程由4个单元工程组成，划分成5个施工段，流水节拍均为3 d，无技术间歇、组织间歇，试确定流水步距，计算工期，并绘制流水施工进度表。

解：由已知条件$t_i=t=3$ d可知，本分部工程宜组织等节拍专业流水。

(1)确定流水步距。

由等节拍专业流水的特点知：$K=t=3$ d。

(2)计算工期。

由式(1-8)得：

$$T=(m+n-1)\cdot K=(5+4-1)\times 3=24(\text{d})$$

(3)绘制流水施工进度表，如图1-17所示。

(二)异节拍专业流水

在进行等节拍专业流水施工时，有时由于各施工过程的性质、复杂程度不同，可能会出现某些施工过程所需要的人数或机械台数超出施工段上工作面所能容纳数量的情况。这时，只能按施工段所能容纳的人数或机械台数确定这些施工过程的流水节拍，这就可能使某些施工过程的流水节拍与其他施工过程的流水节拍不相等，从而形成异节拍专业流水。

例如，拟兴建四幢大板结构房屋，施工过程为基础工程、结构安装、室内装修和室外工程，每幢为一个施工段，经计算，各施工过程的流水节拍如表1-12所示。

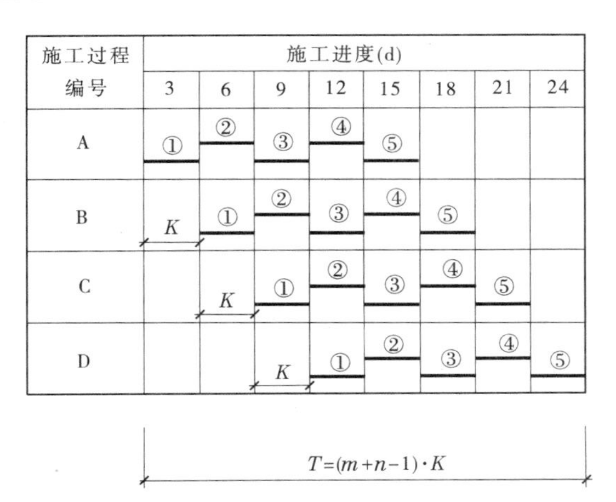

图 1-17　等节拍专业流水施工进度

表 1-12　各施工过程的流水节拍

施工过程	基础工程	结构安装	室内装修	室外工程
流水节拍(d)	5	10	10	5

从表 1-12 可知,这是一个异节拍专业流水,其进度计划如图 1-18 所示。

施工过程	施工进度(周)											
	5	10	15	20	25	30	35	40	45	50	55	60
基础工程	①	②	③	④								
结构安装	$K_{Ⅰ,Ⅱ}$		①		②		③		④			
室内装修		$K_{Ⅱ,Ⅲ}$			①		②		③		④	
室外工程						$K_{Ⅲ,Ⅳ}$			①	②	③	④

图 1-18　异节拍专业流水

异节拍专业流水是指在组织流水施工时,如果同一个施工过程在各施工段上的流水节拍彼此相等,不同施工过程在同一施工段上的流水节拍彼此不等而互为倍数的流水施工方式,也称为成倍节拍专业流水。有时,为了加快流水施工速度,在资源供应满足的前提下,对流水节拍长的施工过程,组织几个同工种的专业工作队来完成同一施工过程在不同施工段上的任务,从而就形成了一个工期最短的、类似于等节拍专业流水的等步距的异节拍专业流水施工方案。这里主要讨论等步距的异节拍专业流水。

1. 基本特点

(1)同一施工过程在各施工段上的流水节拍彼此相等,不同的施工过程在同一施工段上的流水节拍彼此不同,但互为倍数关系。

(2)流水步距彼此相等,且等于流水节拍的最大公约数。

(3)各专业工作队都能够保证连续施工,施工段没有空闲。

(4)专业工作队数大于施工过程数,即 $n_1 > n$。

2. 组织步骤

(1)确定施工起点流向,分解施工过程(n)。

(2)确定施工顺序,划分施工段(m)。

(3)按异节拍专业流水确定流水节拍。

(4)按式(1-9)确定流水步距:

$$K_b = \text{最大公约}\{t_1, t_2, \cdots, t_n\} \tag{1-9}$$

(5)按式(1-10)和式(1-11)确定专业工作队数:

$$b_j = \frac{t_j}{K_b} \tag{1-10}$$

$$n_1 = \sum_{j=1}^{n} b_j \tag{1-11}$$

式中　t_j——施工过程 j 在各施工段上的流水节拍;

b_j——施工过程 j 所要组织的专业工作队数;

j——施工过程编号,$1 \leqslant j < n$。

(6)按式(1-12)计算确定计划总工期:

$$T = (n_1 - 1) \cdot K_b + m^{zh} \cdot t^{zh} + \sum Z_{j,j+1} + \sum G_{j,j+1} - \sum C_{j,j+1} \tag{1-12}$$

式中　m^{zh}——最后一个施工过程的最后一个专业工作队所要通过的施工段数;

t^{zh}——最后一个施工过程的流水节拍;

其他符号含义同前。

(7)绘制流水施工进度表。

3. 应用举例

【应用实例 1-9】　对于表 1-12,若要求缩短工期,在工作面、劳动力和资源供应允许的条件下,各增加一个安装和装修工作队,就组成了等步距异节拍专业流水,试组织流水施工,并绘制流水施工进度表。

解:(1)求流水步距。

$$K_b = \text{最大公约数}\{5, 10, 10, 5\} = 5(\text{d})$$

(2)求专业工作队数。

$$b_1 = b_4 = \frac{5}{5} = 1(\text{个})$$

$$b_2 = b_3 = \frac{10}{5} = 2(\text{个})$$

$$n_1 = \sum_{j=1}^{4} b_j = 1 + 2 + 2 + 1 = 6(\text{个})$$

(3)计算工期。

$$T = (n_1 - 1) \cdot K_b + m^{zh} \cdot t^{zh} = (6 - 1) \times 5 + 5 \times 4 = 45(\text{d})$$

(4)绘制流水施工进度表如图 1-19 所示。

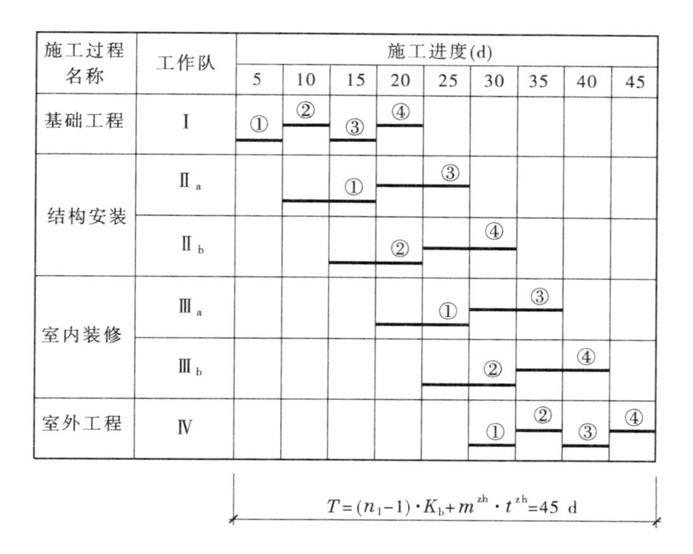

图 1-19　流水施工进度

（三）无节奏专业流水

在项目实际施工中，通常每个施工过程在各个施工段上的工程量彼此不等，各专业工作队的生产效率相差较大，导致大多数的流水节拍也彼此不相等，不可能组织成等节拍专业流水或异节拍专业流水。在这种情况下，往往利用流水施工的基本概念，在保证施工工艺、满足施工顺序要求的前提下，按照一定的计算方法，确定相邻专业工作队之间的流水步距，使其在开工时间上最大限度地、合理地搭接起来，形成每个专业工作队都能连续作业的流水施工方式，称为无节奏专业流水，也叫作分别流水。它是流水施工的普遍形式。

1. 基本特点

(1)每个施工过程在各个施工段上的流水节拍不尽相等。

(2)在多数情况下，流水步距彼此不相等，而且流水步距与流水节拍之间存在着某种函数关系。

(3)各专业工作队都能连续施工，个别施工段可能有空闲。

(4)专业工作队数等于施工过程数，即 $n_1=n$。

2. 组织步骤

(1)确定施工起点流向，分解施工过程。

(2)确定施工顺序，划分施工段。

(3)按相应的公式计算各施工过程在各个施工段上的流水节拍。

(4)按潘特考夫斯基法确定相邻两个专业工作队之间的流水步距。潘特考夫斯基法也称“最大差法”，又称累加数列法。此法通常在计算无节奏专业流水施工时较为简捷。其计算步骤如下：

①根据专业工作队在各施工段上的流水节拍，求累加数列；

②根据施工顺序，对所求相邻的两累加数列错位相减；

③根据错位相减的结果，确定相邻专业工作队之间的流水步距，即相减结果中数值最

大者。

(5)按式(1-13)计算流水施工的计划工期:

$$T = \sum_{j=1}^{n-1} K_{j,j+1} + \sum_{i=1}^{m} t_i^{zh} + \sum Z_{j,j+1} + \sum G_{j,j+1} - \sum C_{j,j+1} \tag{1-13}$$

式中 T——流水施工的计划工期;

$K_{j,j+1}$——j 与 $j+1$ 两专业工作队之间的流水步距;

t_i^{zh}——最后一个施工过程在第 i 个施工段上的流水节拍;

$\sum Z_{j,j+1}$——相邻两专业工作队 j 与 $j+1$ 之间的技术间歇时间;

$\sum G_{j,j+1}$——相邻两专业工作队 j 与 $j+1$ 之间的组织间歇时间;

$\sum C_{j,j+1}$——相邻两专业工作队 j 与 $j+1$ 之间的平行搭接时间。

(6)绘制流水施工进度表。

3. 应用举例

【应用实例1-10】 某项目经理部拟承建一工程,该工程有Ⅰ、Ⅱ、Ⅲ、Ⅳ、Ⅴ等五个施工过程。施工时在平面上划分成四个施工段,每个施工过程在各个施工段上的流水节拍如表1-13所示。规定施工过程Ⅱ完成后,其相应施工段至少养护2 d;施工过程Ⅳ完成后,其相应施工段要留有1 d的准备时间。为了尽早完工,允许施工过程Ⅰ与Ⅱ之间搭接施工1 d,试编制流水施工方案。

表1-13 各个施工段上的流水节拍 (单位:d)

施工段	施工过程编号				
	Ⅰ	Ⅱ	Ⅲ	Ⅳ	Ⅴ
①	3	1	2	4	3
②	2	3	1	2	4
③	2	5	3	3	2
④	4	3	5	3	1

解:根据题设条件,该工程只能组织无节奏专业流水。

(1)求流水节拍的累加数列。

Ⅰ: 3 5 7 11

Ⅱ: 1 4 9 12

Ⅲ: 2 3 6 11

Ⅳ: 4 6 9 12

Ⅴ: 3 7 9 10

(2)确定流水步距。

采用潘特考夫斯基法确定相邻专业工作队之间的流水步距为

$$\begin{array}{rrrrrr} & 3 & 5 & 7 & 11 & \\ - & & 1 & 4 & 9 & 12 \\ \hline & 3 & 4 & 3 & 2 & -12 \end{array}$$

$$K_{\text{I},\text{II}} = \max\{3,4,3,2,-12\} = 4(\text{d})$$

$$\begin{array}{rrrrrr} & 1 & 4 & 9 & 12 & \\ - & & 2 & 3 & 6 & 11 \\ \hline & 1 & 2 & 6 & 6 & -11 \end{array}$$

$$K_{\text{II},\text{III}} = \max\{1,2,6,6,-11\} = 6(\text{d})$$

$$\begin{array}{rrrrrr} & 2 & 3 & 6 & 11 & \\ - & & 4 & 6 & 9 & 12 \\ \hline & 2 & -1 & 0 & 2 & -12 \end{array}$$

$$K_{\text{III},\text{IV}} = \max\{2,-1,0,2,-12\} = 2(\text{d})$$

$$\begin{array}{rrrrrr} & 4 & 6 & 9 & 12 & \\ - & & 3 & 7 & 9 & 10 \\ \hline & 4 & 3 & 2 & 3 & -10 \end{array}$$

$$K_{\text{IV},\text{V}} = \max\{4,3,2,3,-10\} = 4(\text{d})$$

(3)确定计划工期。由题给条件可知，$Z_{\text{II},\text{III}} = 2$ d，$G_{\text{IV},\text{V}} = 1$ d，$C_{\text{I},\text{II}} = 1$ d，代入式(1-13)得：

$$T = (4+6+2+4)+(3+4+2+1)+2+1-1 = 28(\text{d})$$

(4)绘制流水施工进度表，如图1-20所示。

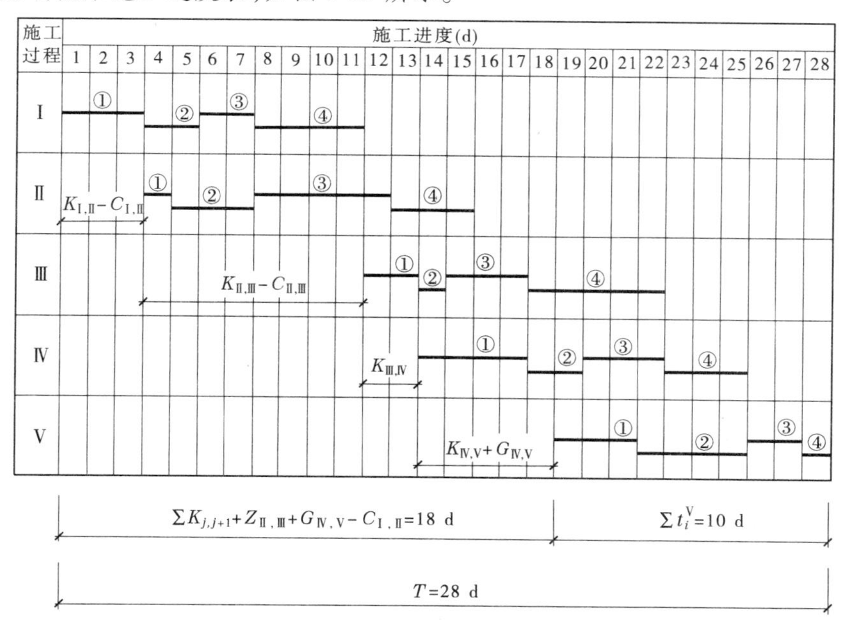

图1-20　应用实例1-10的流水施工进度

【应用实例1-11】　某工程由A、B、C、D等四个施工过程组成，施工顺序为：A→B→C→D，各施工过程的流水节拍为：$t_A = 2$ d，$t_B = 4$ d，$t_C = 4$ d，$t_D = 2$ d。在劳动力相对固定的条件下，试确定流水施工方案。

解：本应用实例从流水节拍特点看，可组织异节拍专业流水，但因劳动力不能增加，无法做到等步距。为了保证专业工作队连续施工，按无节奏专业流水方式组织施工。

(1)确定施工段数。为使专业工作队连续施工，取施工段数等于施工过程数，即

$$m = n = 4$$

(2)求累加数列。

A：2　4　6　8

B：4　8　12　16

C：4　8　12　16

D：2　4　6　8

(3)确定流水步距。

①$K_{A,B}$：

$$\begin{array}{rrrrrr} & 2 & 4 & 6 & 8 & \\ - & & 4 & 8 & 12 & 16 \\ \hline & 2 & 0 & -2 & -4 & -16 \end{array}$$

$$K_{A,B} = \max\{2,0,-2,-4,-16\} = 2(d)$$

②$K_{B,C}$：

$$\begin{array}{rrrrrr} & 4 & 8 & 12 & 16 & \\ - & & 4 & 8 & 12 & 16 \\ \hline & 4 & 4 & 4 & 4 & -16 \end{array}$$

$$K_{B,C} = \max\{4,4,4,4,-16\} = 4(d)$$

③$K_{C,D}$：

$$\begin{array}{rrrrrr} & 4 & 8 & 12 & 16 & \\ - & & 2 & 4 & 6 & 8 \\ \hline & 4 & 6 & 8 & 10 & -8 \end{array}$$

$$K_{C,D} = \max\{4,6,8,10,-8\} = 10(d)$$

(4)计算工期。由式(1-13)得：

$$T = (2 + 4 + 10) + 2 \times 4 = 24(d)$$

(5)绘制流水施工进度表如图1-21所示。

从图1-21可知，当同一施工段上不同施工过程的流水节拍不相同，而互为整倍数关系时，如果不组织多个同工种专业工作队完成同一施工过程的任务，流水步距必然不等，只能用无节奏专业流水的形式组织施工，如果以缩短流水节拍长的施工过程，达到等步距流水，就要在增加劳动力没有问题的情况下，检查工作面是否满足要求；如果延长流水节拍短的施工过程，工期就要延长。

因此，到底采取哪一种流水施工的组织形式，除要分析流水节拍的特点外，还要考虑工期要求和项目经理部自身的具体施工条件。

任何一种流水施工的组织形式，仅仅是一种组织管理手段，其最终目的是实现企业目标——工程质量好、工期短、成本低、效益高和安全施工。

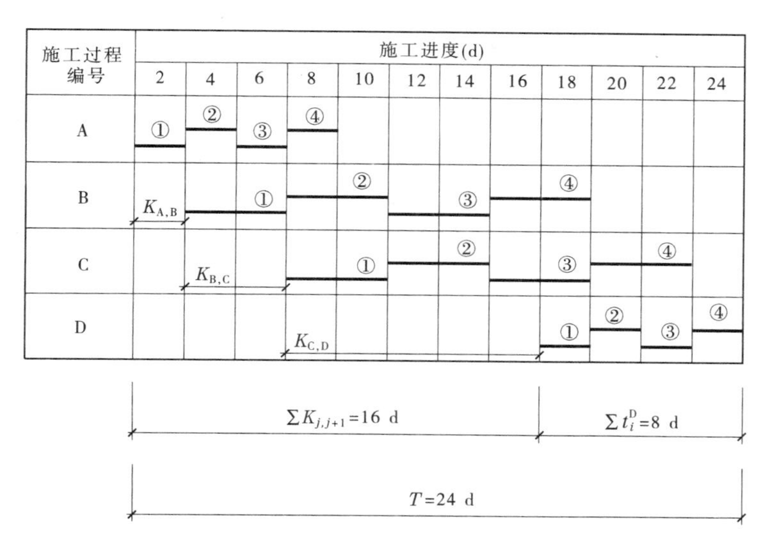

图 1-21　应用实例 1-11 的流水施工进度

【课堂自测】

项目一任务三课堂自测练习

任务四　网络计划技术

一、网络计划技术概述

在水利工程编制的各种进度计划中，常常采用网络计划技术。网络计划技术是 20 世纪 50 年代后期发展起来的一种科学的计划管理和系统分析的方法，在水利工程中应用网络计划技术，对于缩短工期、提高效益和工程质量都有着重要意义。

早期的进度计划大多采用横道图的形式。1956 年，美国杜邦化学公司的工程技术人员和数学家共同开发了关键线路法（简称 CPM）；1958 年，美国海军军械局针对舰载洲际导弹项目研究，开发了计划评审技术（简称 PERT）。这两种方法也是至今在水利工程中最常见的网络计划技术。1965 年，华罗庚将网络计划技术引入我国，得到了广泛的重视和研究。尤其是在 20 世纪 70 年代后期，网络计划技术广泛应用于工业、农业、国防以及科研计划与管理中，许多网络计划技术的计算和优化软件也随之产生并得到应用，都取得了较好的效果。

采用网络计划技术的大体步骤：收集原始资料，绘制网络图；组织数据，计算网络参数；根据要求，对网络计划进行优化控制；在实施过程中，定期检查、反馈信息、调整修订。它借助网络图的基本理论对项目的进展及内部逻辑关系进行综合描述和具体规划，有利于计划系统优化、调整和计算机的应用。

(一)网络计划技术的基本原理

网络图:是网络计划的基础,它由箭线(用一端带有箭头的实线或虚线表示)和节点(用圆圈表示)组成,是用来表示一项工程或任务进行顺序的有向、有序的网状图。

网络计划:用网络图表达任务构成、工作顺序,并加注工作时间参数的进度计划。网络计划的时间参数可以帮我们找到工程中的关键工作和关键线路,方便我们在具体实施中对资源、费用等进行调整。

网络计划技术:利用网络计划对工作任务进行安排和控制,不断优化、控制、调整网络计划,以保证实现预定目标的计划管理技术。它应贯穿于网络计划执行的全过程。

(二)网络计划的基本类型

1. 按性质分类

1)肯定型网络计划

各工作之间的逻辑关系以及工作持续时间都是肯定的网络计划,称肯定型网络计划。肯定型网络计划包括关键线路法网络计划和搭接网络计划。

2)非肯定型网络计划

各工作之间的逻辑关系和工作持续时间两者中任一项或多项不肯定的网络计划,称非肯定型网络计划。非肯定型网络计划包括计划评审技术、图示评审技术、决策网络计划和风险评审技术。

在本书中,只介绍肯定型网络计划。

2. 按工作和事件在网络图中的表示方法分类

1)单代号网络计划

单代号网络计划指以单代号网络图表示的网络计划。单代号网络图是以节点及其编号表示工作,以箭线表示工作之间的逻辑关系的网状图,也称节点式网络图。

2)双代号网络计划

双代号网络计划指以双代号网络图表示的网络计划。双代号网络图以箭线及其两端节点的编号表示工作,以节点衔接表示工作之间的逻辑关系的网状图(见图1-22)。

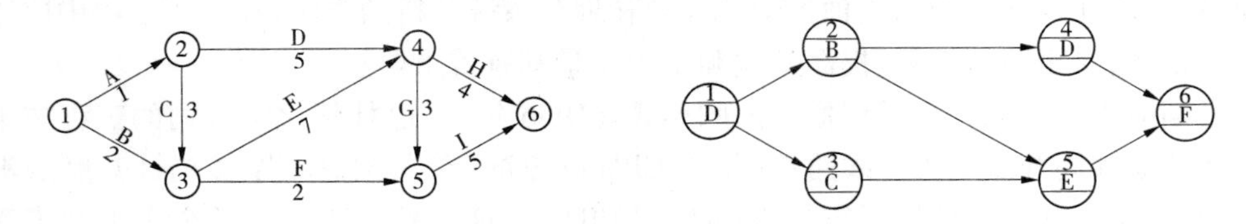

图1-22　双代号网络图和单代号网络图

3. 按有无时间坐标分类

1)时标网络计划

时标网络计划指以时间坐标为尺度绘制的网络计划。在网络图中,工作箭线的水平投影长度与工作的持续时间长度成正比。

2)非时标网络计划

非时标网络计划指不以时间坐标为尺度绘制的网络计划。在网络图中,工作箭线的

长度与其持续时间的长度无关,可按需要绘制。

4. 按网络计划包含范围分类

1)局部网络计划

局部网络计划指以一个建筑物或构筑物中的一部分,或以一个施工段为对象编制的网络计划。

2)单位工程网络计划

单位工程网络计划指以一个单位工程为对象编制的网络计划。

3)综合网络计划

综合网络计划指以一个单项工程或一个建设项目为对象编制的网络计划。

5. 按目标分类

1)单目标网络计划

单目标网络计划指只有一个终点节点的网络计划,即网络计划只有一个最终目标。

2)多目标网络计划

多目标网络计划指终点节点不只一个的网络计划,即网络计划有多个独立的最终目标。

这两种网络计划都只有一个起点节点,即网络图的第一个节点。本书中只涉及单目标网络计划。

(三)网络计划的优点

水利工程进度计划编制的方法主要有横道图和网络图两种,横道图计划的优点是编制容易、简单、明了、直观、易懂,缺点是不能明确反映出各项工作之间错综复杂的逻辑关系。随着计算机在水利工程中应用的不断扩大,网络计划得到进一步的普及和发展。网络计划技术与横道图计划相比较,具有明显优点,主要表现在以下几点:

(1)利用网络图模型,各工作项目之间关系清楚,明确表达出各项工作的逻辑关系。

(2)通过网络图时间参数计算,能确定出关键工作和关键线路,可以显示出各个工作的机动时间,从而可以进行合理的资源分配、降低成本、缩短工期。

(3)通过对网络计划的优化,可以从多个方案中找出最优方案。

(4)运用计算机辅助手段,方便网络计划的优化调整与控制等。

二、双代号网络计划的编制

(一)双代号网络图

双代号网络图是应用较为普遍的一种网络计划形式。在双代号网络图中,用有向箭线表示工作,工作的名称写在箭线的上方,工作所持续的时间写在箭线的下方,箭尾表示工作的开始,箭头表示工作的结束。箭头和箭尾衔接的地方画上圆圈并编上号码,用箭头与箭尾的号码(i、j、k)作为工作的代号(见图1-23)。

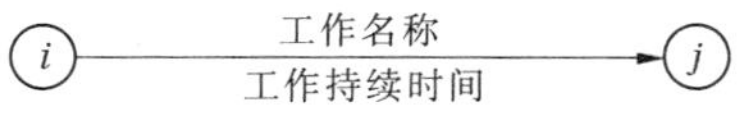

$$ (i) \xrightarrow[\text{工作持续时间}]{\text{工作名称}} (j) $$

图1-23　双代号网络工作表示方法

1. 基本要素

双代号网络图由箭线、节点和线路三个基本要素组成,其具体含义如下。

1) 箭线

(1)在双代号网络图中,一条箭线表示一项工作,工作也称活动,是指完成一项任务的过程。工作既可以是一个建设项目、一个单项工程,也可以是一个分项工程乃至一个工序。

(2)箭线有实箭线和虚箭线两种。实箭线表示该工作需要消耗的时间和资源(如支模板、浇筑混凝土等),或者该工作仅是消耗时间而不消耗资源(如混凝土养护、抹灰干燥等技术间歇);虚箭线表示该工作是既不消耗时间也不消耗资源的工作——虚工作,用以反映一些工作与另外一些工作之间的逻辑连接或逻辑间断关系,其表示方法如图 1-24 所示。由于需工作持续时间为零,也称"零箭线"。

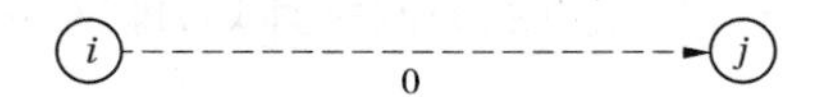

图 1-24 双代号网络图虚工作表示方法

(3)箭线长短不代表工作时间长短,可以任意画,箭线可以是直线、折线或斜线,但其进行方向均应从左向右;在有时间坐标限制的网络图中,箭线长度必须根据工作持续时间按照坐标比例绘制。

(4)双代号网络图中,工作之间的相互关系如图 1-25 所示。通常被研究的对象称为本工作(i—j 工作)。紧排本工作之前的工作称为该工作的紧前工作,工作与其紧前工作之间可能会有虚工作存在。紧排本工作之后的工作称为该工作的紧后工作,工作与其紧后工作之间也可能会有虚工作存在。平行工作:可以与本工作同时进行的工作即为该工作的平行工作。

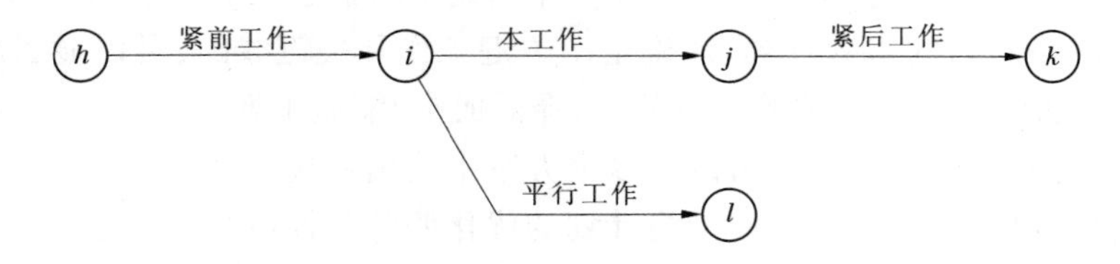

图 1-25 双代号网络图工作间的关系

在双代号网络图中,没有紧前工作的工作称为起始工作,没有紧后工作的工作称为结束工作,本工作之前的所有工作称为先行工作,本工作之后的所有工作称为后续工作。

2) 节点

(1)网络图中表示工作或工序的开始、结束或连接关系的圆圈称为节点。节点表示前道工序和后道工序的开始。一项计划的网络图中的节点有起点节点、中间节点、终点节点三类。网络图的第一个节点为起点节点,表示一项计划的开始;网络图的最后一个节点称为终点节点,表示一项计划的结束;其余都称为中间节点,任何一个中间节点即是前道工序的终点节点,又是后道工序的起点节点,如图 1-26 所示。

(2)节点只是一个"瞬间",它既不消耗时间,也不消耗资源。

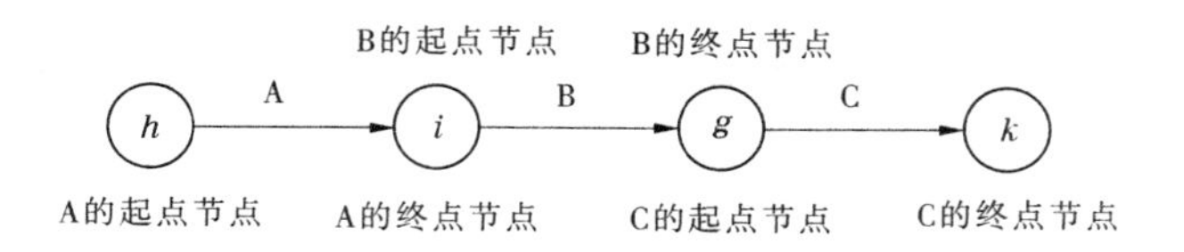

图 1-26 节点示意图

(3)网络图中的每个节点都要编号。编号的方法是:从起点节点开始,从小到大,自左向右,从上到下,用阿拉伯数字表示。编号原则是:每个箭尾节点的号码 i 必须小于箭头节点的号码 $j(i<j)$,编号可以连续,也可隔号不连续,但所有节点的编号不能重复。

3)线路

从起点节点出发,沿着箭头方向直至终点节点,中间由一系列节点和箭线构成的若干条"通道",称为线路。如图 1-27 中从开始①至结束⑥共有三条线路。完成某条线路的全部工作所需的总持续时间,即该条线路上全部工作的工作历时之和,称为该线路的计算工期。一般网络图有许多条线路,可依次用该线路上的节点代号来记述,其中持续时间最长的一条线路称为关键线路(至少有一条关键线路),该关键线路的计算工期即为该计划的计算工期,位于关键线路上的工作称为关键工作。其余线路称为非关键线路,位于非关键线路上的工作称为非关键工作。

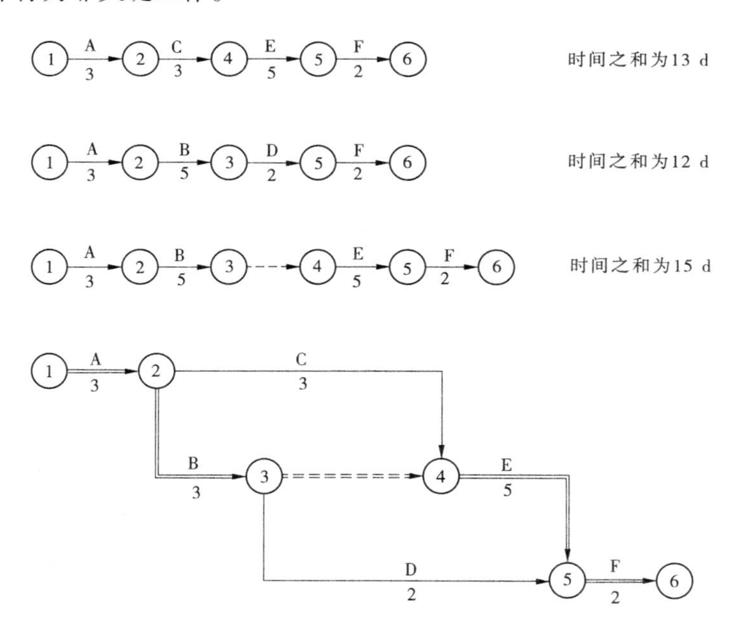

图 1-27 线路图

在网络图中,关键线路要用双箭线、粗箭线或彩色箭线表示,关键线路控制着工程计划的进度,决定着工程计划的工期。在计划执行中,注意关键线路并不是一成不变的。在一定条件下,关键线路和非关键线路可以相互转化。

2. 逻辑关系

网络图中的逻辑关系是指表示一项工作与其他有关工作之间相互联系与制约的关

系，即各个工作在工艺上、组织管理上所要求的先后顺序关系。项目之间的逻辑关系取决于工程项目的性质和轻重缓急、施工组织、施工技术等许多因素。逻辑关系包括工艺关系和组织关系。

1）工艺关系

工艺关系即由施工工艺决定的施工顺序关系。这种关系是确定的、不能随意更改的，如土坝坝面作业的工艺顺序为铺土、平土、晾晒或洒水、压实、刨毛等。这些在施工工艺上都有必须遵循的逻辑关系，不能违反。

2）组织关系

组织关系即由施工组织安排决定的施工顺序关系。这种关系是工艺没有明确规定先后顺序关系的工作，考虑到其他因素的影响而人为安排的施工顺序关系。例如，采用全段围堰明渠导流时，要求在截流以前完成明渠施工、截流备料、戗堤进占等工作。由组织关系所决定的衔接顺序一般是可以改变的。

在网络图中，各工序之间的逻辑关系上的关系是变化多端的。表 1-14 所列的是双代号网络图与单代号网络图中常见的一些逻辑关系及其表示方法，工序名称均以字母来表示。

表 1-14　双、单代号网络图中常见的各种工序之间的逻辑关系及表示方法

序号	双代号表示方法	工序之间的逻辑关系	单代号表示方法
1	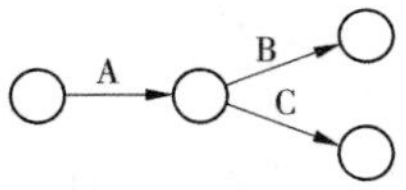 A B C	A完成后同时进行B和C	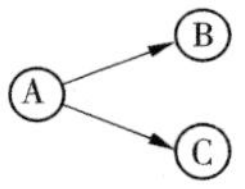 A B C
2	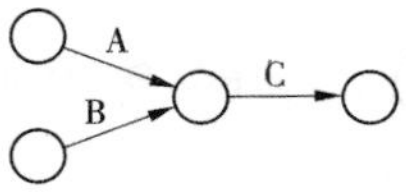 A B C	A、B均完成后进行C	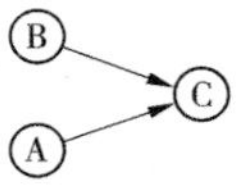 B C A
3	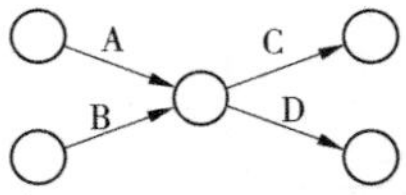 A B C D	A、B均完成后同时进行C、D	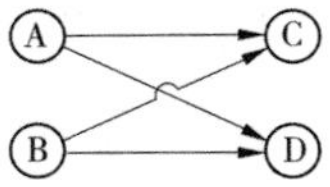 A C B D
4	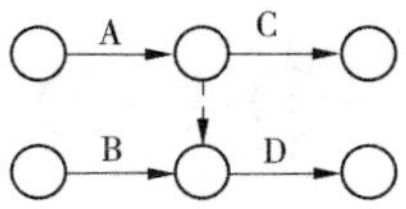 A C B D	A完成后进行C； A、B均完成后进行D	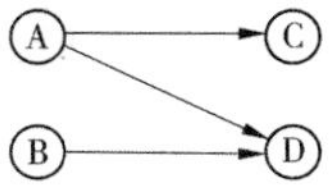 A C B D
5	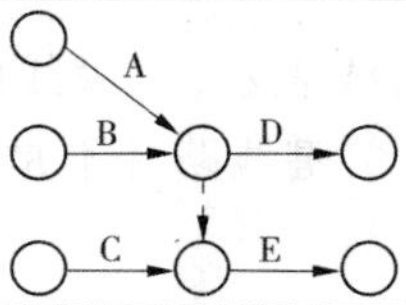 A B D C E	A、B均完成后进行D； A、B、C均完成后进行E	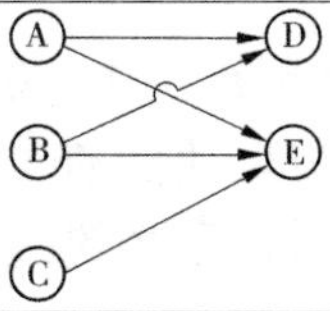 A D B E C

续表 1-14

序号	双代号表示方法	工序之间的逻辑关系	单代号表示方法
6	A C B D E	A、B均完成后进行C; B、D均完成后进行E	A C B D E
7	A D B E C	A、B、C均完成后进行D; B、C均完成后进行E	A D B C E
8	A C D B E	A完成后进行C; A、B均完成后进行D; B完成后进行E	A C D B E
9	A_1 B_1 A_2 B_2 A_3 B_3	A、B两道工序分三个施工段施工 A_1完成后进行A_2、B_1; A_2完成后进行A_3; A_2、B_1均完成后进行B_2; A_3、B_2均完成后进行B_3	A_1 B_1 A_2 B_2 A_3 B_3

(二)双代号网络图的绘制

1. 绘制原则

(1)双代号网络图必须正确表达已定的逻辑关系。

(2)在双代号网络图中,严禁出现循环回路。所谓循环回路,是指从网络图中的某一节点出发,顺着箭线方向又回到了原来出发点的线路。绘制时尽量避免逆向箭线,逆向箭线容易造成循环回路,如图 1-28 所示。

图 1-28　循环回路示意

(3)双代号网络图中,应只有一个起点节点和一个终点节点,如图 1-29 所示。

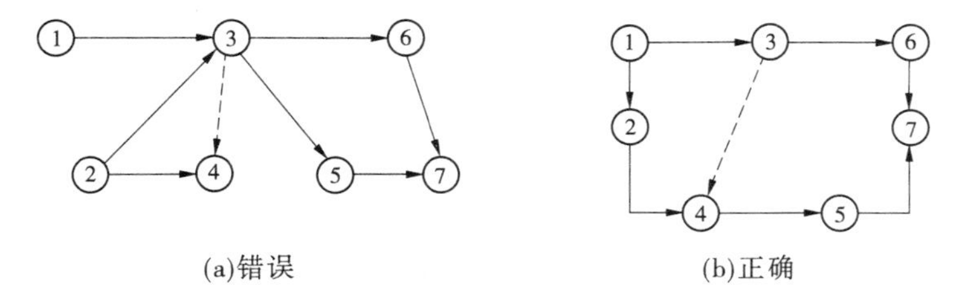

图 1-29　节点绘制规则示意图

(4)网络图中不允许出现双向箭线和无箭头箭线(见图 1-30)。进度计划是有向图,沿着方向进行施工,箭线的方向表示工作的进行方向,箭尾表示工作的开始,箭头表示工作的结束。双向箭头或无箭头的连线将使逻辑关系含糊不清。

(a)双向箭头连接　(b)无箭头的连线

图 1-30　双向箭线和无箭头箭线

(5)在双代号网络图中,严禁出现没有箭头节点或没有箭尾节点的箭线。

没有箭尾节点的箭线,不能表示它所代表的工作在何时开始;没有箭头节点的箭线,不能表示它所代表的工作何时完成,如图 1-31 所示。

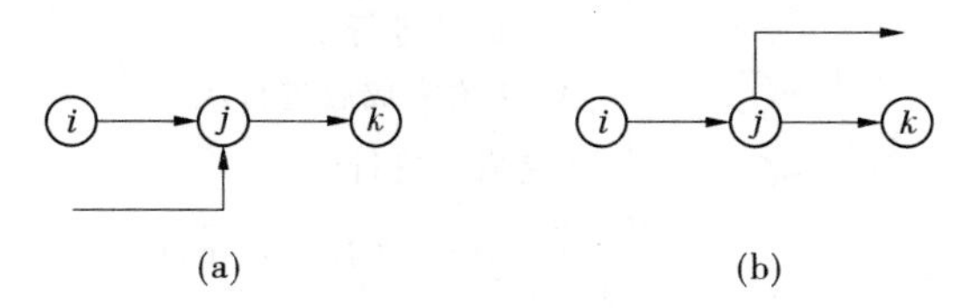

(a)　(b)

图 1-31　没有箭头节点或没有箭尾节点的箭线

(6)在双代号网络图中,严禁出现节点代号相同的箭线,如图 1-32 所示。

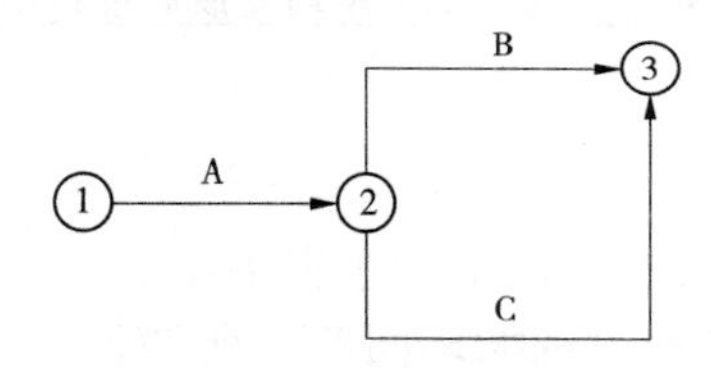

图 1-32　相同编号节点、箭线

(7)在绘制网络图中,应尽可能避免箭线交叉,若不可能避免,应采用过桥法和指向法来表示,如图 1-33 所示。

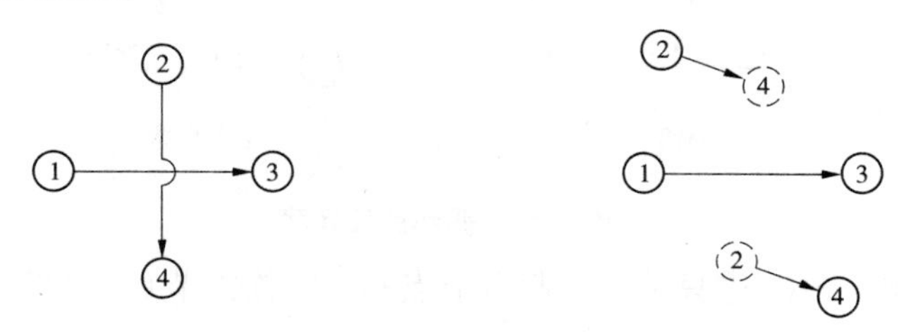

图 1-33　箭线交叉表示方法

(8)当网络图的起点节点有多条外向箭线或终点节点有多条内向箭线时,为使图形简洁,可采用母线法绘制,但应满足一项工作用一条箭线和相应的一对节点表示(见图 1-34)。

2. 绘制方法和步骤

1)绘制方法

为使双代号网络图绘制简洁、美观,宜用水平箭线和垂直箭线表示。在绘制之前,先

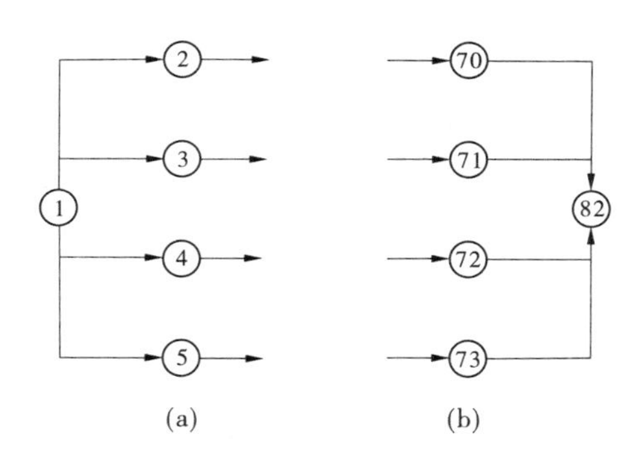

图 1-34　母线画法

确定出各个节点的位置号，再按照节点位置及逻辑关系绘制网络图。

如图 1-35 所示，节点位置号确定方法如下：

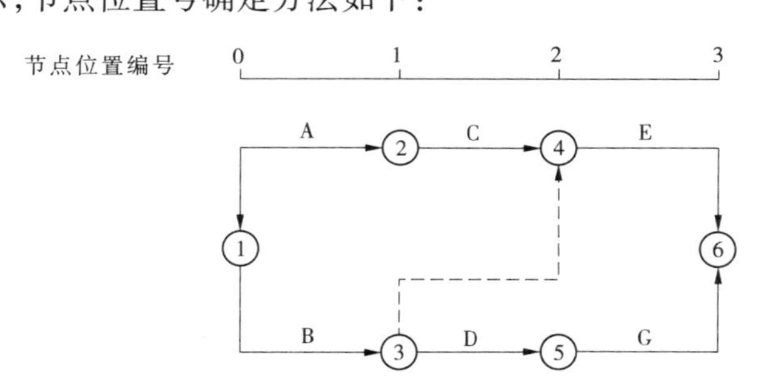

图 1-35　网络图与节点位置坐标关系

(1)无紧前工作的工作，起点节点位置号为 0；

(2)有紧前工作的工作，起点节点位置号等于其紧前工作的起点节点位置号的最大值加 1；

(3)有紧后工作的工作，终点节点位置号等于其紧后工作的起点节点位置号的最小值；

(4)无紧后工作的工作，终点节点位置号等于网络图中除无紧后工作的工作外，其他工作的终点节点位置号最大值加 1。

2)绘制步骤

(1)根据已知的紧前工作确定紧后工作；

(2)确定出各工作的起点节点位置号和终点节点位置号；

(3)根据节点位置号和逻辑关系绘出网络图。

在绘制时，若工作之间没有出现相同的紧后工作或者工作之间只有相同的紧后工作，则肯定没有虚箭线；若工作之间既有相同的紧后工作，又有不同的紧后工作，则肯定有虚箭线；到相同的紧后工作用虚箭线，到不同的紧后工作则无虚箭线。

3. 绘制双代号网络图示例

【应用实例 1-12】　根据表 1-15 中各工作的逻辑关系，绘制双代号网络图。

表 1-15　某分部工程中各工作的逻辑关系

工作	A	B	C	D	E	F	G
紧前工作	无	无	无	B	B	C,D	F

解:(1)列出关系表,确定紧后工作和各工作的节点位置号,如表 1-16 所示。

表 1-16　各工作逻辑关系

工作	A	B	C	D	E	F	G
紧前工作	无	无	无	B	B	C,D	F
紧后工作	无	D,E	F	F	无	G	无
起点节点位置号	0	0	0	1	1	2	3
终点节点位置号	4	1	2	2	4	3	4

(2)根据表 1-16 定的节点位置号,绘出网络图,如图 1-36 所示。

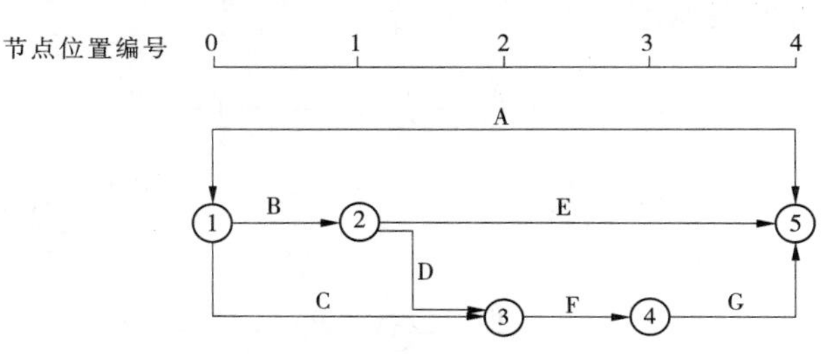

图 1-36　应用实例 1-12 网络图

(三)双代号网络计划时间参数计算

双代号网络图时间参数计算的目的主要有三个:一是计算工期,做到工程进度安排心中有数;二是确定网络计划的关键工作、关键线路,以便在工程施工中抓住主要矛盾;三是为网络计划的执行、优化和调整提供明确的时间参数。

双代号网络计划时间参数的计算方法很多,一般常用的有按工作计算法和按节点计算法进行计算;在计算方式上又有分析计算法、表上计算法、图上计算法、矩阵计算法和电算法等。本任务只介绍按工作、节点计算法在图上进行计算的方法,由于各种方法在本质上都是一样的,学会工作图上计算法和节点图上计算法,其他方法可以举一反三。

1. 时间参数的概念及其符号

1)工作持续时间(D_{i-j})

工作持续时间是对一项工作规定的从开始到完成的时间。在双代号网络计划中,工作 $i—j$ 的持续时间用 D_{i-j} 表示。

2)工期(T)

工期泛指完成任务所需的时间,一般有以下三种:

(1)计算工期。根据网络计划时间参数计算出来的工期,用 T_c 表示。

(2)要求工期。任务委托人所要求的工期,用 T_r 表示。

(3)计划工期。在计算工期和要求工期的基础上综合考虑需要和可能确定的工期,用 T_p 表示。网络计划的计划工期 T_p 应按照下列情况分别确定:

当已规定了要求工期 T_r 时，$T_p \leq T_r$；

当未规定要求工期时，可令计划工期等于计算工期，$T_p = T_c$。

3）节点最早时间和最迟时间

ET_i：节点最早时间，表示以该节点为起点节点的各项工作的最早开始时间；

LT_i：节点最迟时间，表示以该节点为终点节点的各项工作的最迟完成时间。

4）工作的六个时间参数

ES_{i-j}：工作 i—j 的最早开始时间，指在紧前工作约束下，工作有可能开始的最早时刻，即工作 i—j 之前的所有紧前工作全部完成后，工作 i—j 有可能开始的最早时刻。

EF_{i-j}：工作 i—j 的最早完成时间，指在紧前工作约束下，工作有可能完成的最早时刻，即工作 i—j 之前的所有紧前工作全部完成后，工作 i—j 有可能完成的最早时刻。

LS_{i-j}：工作 i—j 的最迟开始时间，指在不影响整个任务按期完成的前提下，工作 i—j 必须开始的最迟时刻。

LF_{i-j}：工作 i—j 的最迟完成时间，指在不影响整个任务按期完成的前提下，工作 i—j 必须完成的最迟时刻。

TF_{i-j}：工作 i—j 的总时差，指在不影响总工期的前提下，本工作可以利用的机动时间。

FF_{i-j}：工作 i—j 的自由时差，指在不影响其紧后工作最早开始时间的前提下，本工作可以利用的机动时间。

2. 工作图上计算法

按工作图上计算法计算网络计划中各时间参数，其计算结果应直接标注在箭线的上方，如图 1-37 所示。

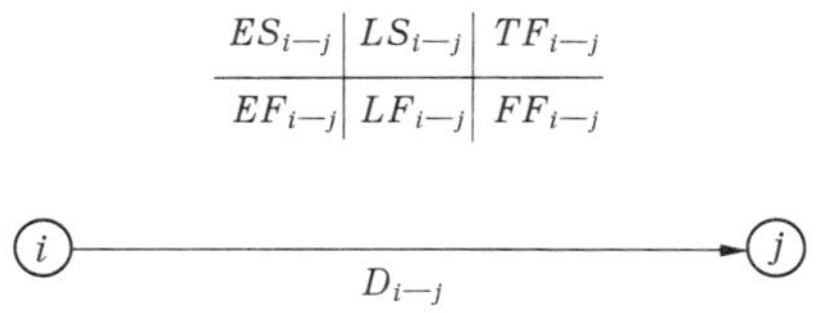

ES_{i-j}	LS_{i-j}	TF_{i-j}
EF_{i-j}	LF_{i-j}	FF_{i-j}

i ⟶ j

D_{i-j}

图 1-37　按工作计算时间参数标注形式

1）工作图上计算法的计算步骤

（1）工作最早开始时间和最早完成时间的计算。

从定义可知，工作最早开始时间参数受到紧前工作的约束，故其计算顺序应从左向右，从起点节点开始，顺着箭线方向依次逐项计算，一直到终点节点。

当网络计划没有规定开始时间时，从起点节点出发的工作的最早开始时间为零。如网络计划起点节点的编号为 1，则

$$ES_{i-j} = 0 \quad (i = 1) \tag{1-14}$$

每个工作最早完成时间等于工作的最早开始时间加上其持续时间，即

$$EF_{i-j} = ES_{i-j} + D_{i-j} \tag{1-15}$$

除以起点节点起始的工作外，每个工作的最早开始时间等于各紧前工作的最早完成时间 EF_{h-i} 的最大值，即

$$ES_{i-j} = \max[EF_{h-i}] \tag{1-16}$$

或

$$ES_{i-j} = \max[ES_{h-i} + D_{h-i}] \tag{1-17}$$

(2)确定计算工期 T_c。

计算工期等于以网络计划的终点节点为箭头节点的各个工作的最早完成时间的最大值。当网络计划终点节点的编号为 n 时,计算工期为

$$T_c = \max[EF_{i-n}] \tag{1-18}$$

当无要求工期的限制时,取计划工期等于计算工期,即 $T_p = T_c$。

(3)工作最迟开始时间和最迟完成时间的计算。

从定义可知,工作最迟时间参数受到紧后工作的约束,故其计算顺序应从右向左,从终点节点起,逆着箭线方向依次逐项计算,一直到起点节点。

以网络计划的终点节点($j = n$)结束的工作的最迟完成时间等于计划工期 T_p,即

$$LF_{i-n} = T_p \tag{1-19}$$

每个工作的最迟开始时间等于工作最迟完成时间减去其持续时间,即

$$LS_{i-j} = LF_{i-j} - D_{i-j} \tag{1-20}$$

除以终点节点结束的工作外,每个工作的最迟完成时间等于各紧后工作的最迟开始时间 LS_{j-k} 的最小值,即

$$LF_{i-j} = \min[LS_{j-k}] \tag{1-21}$$

或

$$LF_{i-j} = \min[LF_{j-k} - D_{j-k}] \tag{1-22}$$

(4)计算工作总时差。

总时差等于其最迟开始时间减去最早开始时间,或等于最迟完成时间减去最早完成时间,即

$$TF_{i-j} = LS_{i-j} - ES_{i-j} \tag{1-23}$$

或

$$TF_{i-j} = LF_{i-j} - EF_{i-j} \tag{1-24}$$

(5)计算工作自由时差。

当工作 $i—j$ 有紧后工作 $j—k$ 时,其自由时差应为

$$FF_{i-j} = ES_{j-k} - EF_{i-j} \tag{1-25}$$

或

$$FF_{i-n} = ES_{j-k} - ES_{i-j} - D_{i-j} \tag{1-26}$$

以网络计划的终点节点($j = n$)结束的工作,其自由时差 FF_{i-n} 应按网络计划的计划工期 T_p 确定,即

$$FF_{i-n} = T_p - EF_{i-n} \tag{1-27}$$

(6)关键工作和关键线路的确定。

当 $T_p = T_c$ 时,总时差为正值或零,总时差等于零的工作为关键工作;当 $T_p > T_c$ 或 $T_p < T_c$ 时,总时差为正值或负值,总时差最小的工作为关键工作。

自始至终全部由关键工作组成的线路为关键线路,即线路上总的工作持续时间最长的线路为关键线路。网络图上的关键线路可用双线、粗线或彩色线标注。

2)工作图上计算法示例

【应用实例 1-13】 已知网络计划如图 1-38 所示,若计划工期等于计算工期,试计算各项工作的六个时间参数并确定关键线路,标注在网络计划上。

解:(1)计算各项工作的最早开始时间和最早完成时间。

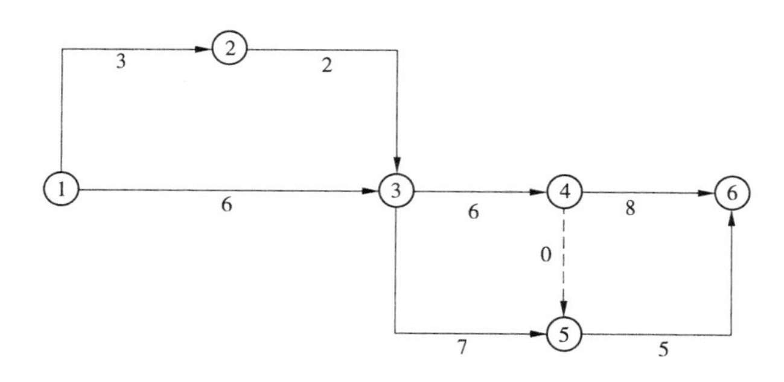

图 1-38　某双代号网络计划

从起点节点(1 节点)开始顺着箭线方向依次逐项计算到终点节点(6 节点)。

以网络计划起点节点开始的各工作的最早开始时间为零,在图 1-38 中有

$$ES_{1-2} = ES_{1-3} = 0$$

计算各项工作的最早开始时间和最早完成时间,有

$$EF_{1-2} = ES_{1-2} + D_{1-2} = 0 + 3 = 3$$

$$EF_{1-3} = ES_{1-3} + D_{1-3} = 0 + 6 = 6$$

$$ES_{2-3} = EF_{1-2} = 3$$

$$EF_{2-3} = ES_{2-3} + D_{2-3} = 3 + 2 = 5$$

$$ES_{3-4} = ES_{3-5} = \max[EF_{1-3}, EF_{2-3}] = \max[6, 5] = 6$$

$$EF_{3-4} = ES_{3-4} + D_{3-4} = 6 + 6 = 12$$

$$EF_{3-5} = ES_{3-5} + D_{3-5} = 6 + 7 = 13$$

$$ES_{4-6} = ES_{4-5} = EF_{3-4} = 12$$

$$EF_{4-6} = ES_{4-6} + D_{4-6} = 12 + 8 = 20$$

$$EF_{4-5} = 12 + 0 = 12$$

$$ES_{5-6} = \max[EF_{3-5}, EF_{4-5}] = \max[13, 12] = 13$$

$$EF_{5-6} = ES_{5-6} + D_{5-6} = 13 + 5 = 18$$

将以上计算结果标注在图 1-39 中的相应位置。

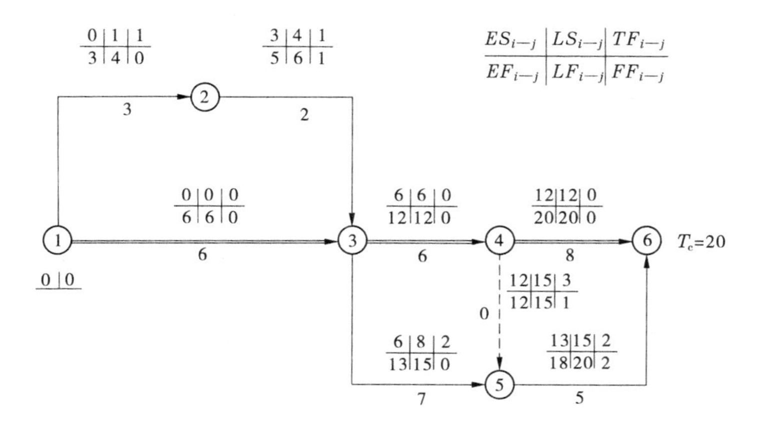

图 1-39　某双代号网络计划工作图上计算法

(2)确定计算工期 T_c 及计划工期 T_p。

计算工期为

$$T_c = \max[EF_{5-6}, EF_{4-6}] = \max[18, 20] = 20$$

已知计划工期等于计算工期,则有

$$T_p = T_c = 20$$

(3)计算各项工作的最迟开始时间和最迟完成时间。

从终点节点(6 节点)开始逆着箭线方向依次逐项计算到起点节点(1 节点)。

以网络计划终点节点结束的工作的最迟完成时间等于计划工期,则有

$$LF_{4-6} = LF_{5-6} = 20$$

计算各项工作的最迟开始时间和最迟完成时间,则有

$$LS_{4-6} = LF_{4-6} - D_{4-6} = 20 - 8 = 12$$

$$LS_{5-6} = LF_{5-6} - D_{5-6} = 20 - 5 = 15$$

$$LF_{3-5} = LF_{4-5} = LS_{5-6} = 15$$

$$LS_{3-5} = LF_{3-5} - D_{3-5} = 15 - 7 = 8$$

$$LS_{4-5} = LF_{4-5} - D_{4-5} = 15 - 0 = 15$$

$$LF_{3-4} = \min[LS_{4-5}, LS_{4-6}] = \min[15, 12] = 12$$

$$LS_{3-4} = LF_{3-4} - D_{3-4} = 12 - 6 = 6$$

$$LF_{1-3} = LF_{2-3} = \min[LS_{3-4}, LS_{3-5}] = \min[6, 8] = 6$$

$$LS_{1-3} = LF_{1-3} - D_{1-3} = 6 - 6 = 0$$

$$LS_{2-3} = LF_{2-3} - D_{2-3} = 6 - 2 = 4$$

$$LF_{1-2} = LS_{2-3} = 4$$

$$LS_{1-2} = LF_{1-2} - D_{1-2} = 4 - 3 = 1$$

将以上计算结果标注在图 1-39 中的相应位置。

(4)计算各项工作的总时差 TF_{i-j}。

可以用工作的最迟开始时间减去最早开始时间或用工作的最迟完成时间减去最早完成时间,则有

$$TF_{1-2} = LS_{1-2} - ES_{1-2} = 1 - 0 = 1$$

$$TF_{1-2} = LF_{1-2} - EF_{1-2} = 4 - 3 = 1$$

$$TF_{1-3} = LS_{1-3} - ES_{1-3} = 0 - 0 = 0$$

$$TF_{2-3} = LS_{2-3} - ES_{2-3} = 4 - 3 = 1$$

$$TF_{3-4} = LS_{3-4} - ES_{3-4} = 6 - 6 = 0$$

$$TF_{3-5} = LS_{3-5} - ES_{3-5} = 8 - 6 = 2$$

$$TF_{4-5} = LS_{4-5} - ES_{4-5} = 15 - 12 = 3$$

$$TF_{4-6} = LS_{4-6} - ES_{4-6} = 12 - 12 = 0$$

$$TF_{5-6} = LS_{5-6} - ES_{5-6} = 15 - 13 = 2$$

将以上计算结果标注在图 1-39 中的相应位置。

(5)计算各项工作的自由时差 FF_{i-j}。

各工作自由时差等于紧后工作的最早开始时间减去本工作的最早完成时间,即

$$FF_{1-2} = ES_{2-3} - EF_{1-2} = 3 - 3 = 0$$

$$FF_{1-3}=ES_{3-4}-EF_{1-3}=6-6=0$$
$$FF_{2-3}=ES_{3-5}-EF_{2-3}=6-5=1$$
$$FF_{3-4}=ES_{4-6}-EF_{3-4}=12-12=0$$
$$FF_{3-5}=ES_{5-6}-EF_{3-5}=13-13=0$$
$$FF_{4-5}=ES_{5-6}-EF_{4-5}=13-12=1$$
$$FF_{4-6}=T_p-EF_{4-6}=20-20=0$$
$$FF_{5-6}=T_p-EF_{5-6}=20-18=2$$

将以上计算结果标注在图1-39中的相应位置。

(6)确定关键工作及关键线路。

在图1-39中,最小的总时差是0,所以凡是总时差为0的工作均为关键工作,即关键工作是1—3、3—4、4—6。

全由关键工作组成的关键线路是1—3—4—6。关键线路用双箭线进行标注,如图1-39所示。

(7)时差分析。

首先,分析关键工作,可知其总时差等于0,自由时差也都等于0,即关键工作没有任何机动时间。其次,分析非关键工作,可知其总时差大于0,自由时差可大于0(如工作2—3、4—5、5—6)也可等于0(如工作1—2、3—5),即自由时差为总时差的一部分,其值小于或等于总时差。总时差不仅用于本工作,而且与前后工作都有关系,它为一条线路或线段所共有,而自由时差对后续工作没有影响,利用某项工作的自由时差时,其后续工作仍可按最早可能开始的时间开始。当以关键线路上的节点为终点节点的工作时,其自由时差与总时差相等(如工作2—3、5—6)。

3. 节点图上计算法

按节点图上计算法计算网络计划中各时间参数,其计算结果应直接标注在节点的上方,如图1-40所示。图1-40按工作计算时间参数标注形式。

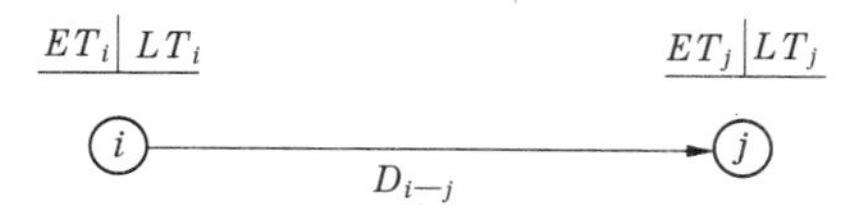

图1-40　按工作计算时间参数

1)节点图上计算法的计算步骤

(1)节点最早时间的计算。

节点最早时间参数应从左向右,从起点节点开始顺着箭线方向依次逐项计算,一直到终点节点。

当网络计划没有规定开始时间时,起点节点的最早时间为零。如网络计划起点节点的编号为1,则

$$ET_i=0\quad(i=1)\tag{1-28}$$

除起点节点外,每个节点的最早时间等于各内向箭线的箭尾节点最早时间与箭线持续时间之和的最大值,即

$$ET_j = \max[ET_i + D_{i-j}] \tag{1-29}$$

(2)确定计算工期。

计算工期等于网络计划的终点节点最早时间。当网络计划终点节点的编号为 n 时，计算工期为

$$T_c = ET_n \tag{1-30}$$

当无要求工期的限制时，取计划工期等于计算工期，即 $T_p = T_c$。

(3)节点最迟时间的计算。

节点最迟时间参数应从右向左，从终点节点起逆着箭线方向依次逐项计算，一直到起点节点。

终点节点 n 的最迟时间等于计划工期 T_p，即

$$LT_n = T_p \tag{1-31}$$

除终点节点外，每个节点的最迟时间等于各外向箭线的箭头节点的最迟时间与箭线持续时间之差的最小值，即

$$LT_i = \min[LT_j - D_{i-j}] \tag{1-32}$$

(4)计算工作总时差。

总时差等于工作箭头节点最迟时间减去箭尾节点最早时间再减去工作持续时间，即

$$TF_{i-j} = LT_j - ET_i - D_{i-j} \tag{1-33}$$

(5)计算工作自由时差。

自由时差等于工作箭头节点最早时间减去箭尾节点最早时间再减去工作持续时间，即

$$FF_{i-j} = ET_j - ET_i - D_{i-j} \tag{1-34}$$

(6)工作的最早、最迟时间参数。

工作的最早开始时间、最早完成时间参数是与工作箭尾节点的最早时间对应的，即

$$ES_{i-j} = ET_i \tag{1-35}$$

$$EF_{i-j} = ET_i + D_{i-j} \tag{1-36}$$

工作的最迟开始时间、最迟完成时间参数是与工作箭头节点的最迟时间对应的，即

$$LF_{i-j} = LT_j \tag{1-37}$$

$$LS_{i-j} = LT_j - D_{i-j} \tag{1-38}$$

(7)关键工作和关键线路的确定。

关键工作和关键线路的确定与工作图计算法的确定原则是一致的。

2)节点图上计算法示例

【应用实例1-14】 已知网络计划如图1-38所示，若计划工期等于计算工期，试用节点图上计算法计算各时间参数并确定关键线路，标注在网络计划上。

解：(1)节点最早时间的计算。

$$ET_1 = 0$$

$$ET_2 = 0 + 3 = 3$$

$$ET_3 = \max[(0 + 6), (3 + 2)] = 6$$

$$ET_4 = 6 + 6 = 12$$

$$ET_5 = \max[(12+0),(6+7)] = 13$$
$$ET_6 = \max[(12+8),(13+5)] = 20$$

将以上计算结果标注在图 1-41 中的相应位置。

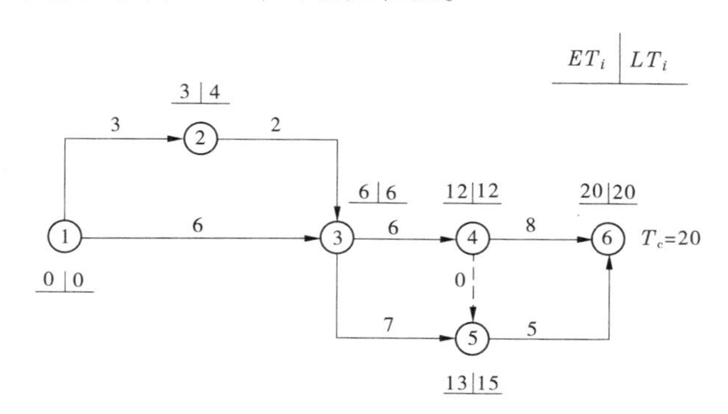

图 1-41　某双代号网络计划节点图上计算法

(2)确定计算工期 T_c。

$$T_c = ET_6 = 20$$

(3)节点最迟时间的计算。

已知计划工期等于计算工期,即

$$LT_6 = T_p = 20$$
$$LT_5 = 20 - 5 = 15$$
$$LT_4 = \min[(20-8),(15-0)] = 12$$
$$LT_3 = \min[(12-6),(15-7)] = 6$$
$$LT_2 = 6 - 2 = 4$$
$$LT_1 = \min[(4-3),(6-6)] = 0$$

将以上计算结果标注在图 1-41 中的相应位置。

(4)计算工作时间参数。

按式(1-33)~式(1-38)计算工作的总时差、自由时差,工作最早开始、完成时间,工作最迟开始、完成时间。计算结果如图 1-41 所示。

(四)标号法确定关键线路

在前面网络图计算中,是以总时差最小的工作为关键工作,而自始至终全部由关键工作组成的线路为关键线路。实际上,只要计算节点最早时间参数并标出源节点编号,就可寻找到网络图中持续时间最长的线路,即关键线路和关键工作,这种方法称为节点标号法。

通过节点标号法,不需计算全部时间参数,就可快速确定网络计划的计算工期和关键线路,便于在网络计划编制中对网络计划进行调整优化。

1. 节点标号法的计算步骤

1)计算节点的最早时间

按式(1-28)、式(1-29),从左向右计算各节点的最早时间 ET_i。

2)标出源节点号

除起点节点外,每个节点标出该节点 ET_i 是由哪一个节点计算得来的,即标出源节点号。

3)确定计算工期

计算工期等于网络计划的终点节点最早时间,即式(1-30)。

4)确定关键线路和关键工作

从网络计划终点节点开始,从右向左,逆箭线方向,按源节点号到达起点节点的线路就是网络图中持续时间最长的线路,即关键线路,在关键线路上的工作为关键工作。在网络图上,关键线路可用双线、粗线或彩色线标注。

2.节点标号法的计算示例

【应用实例1-15】 已知网络计划如图1-42所示,试用节点标号法确定计算工期和关键线路,标注在网络计划上。

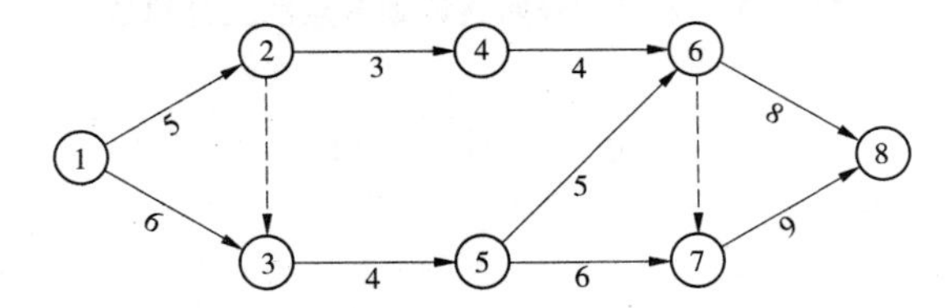

图1-42　某双代号网络计划

解:(1)节点最早时间的计算。

$ET_1 = 0$

$ET_2 = 0 + 5 = 5$,源节点号:①

$ET_3 = \max[(0 + 6),(5 + 0)] = 6$,源节点号:①

$ET_4 = 5 + 3 = 8$,源节点号:②

$ET_5 = 6 + 4 = 10$,源节点号:③

$ET_6 = \max[(8 + 4),(10 + 5)] = 15$,源节点号:⑤

$ET_7 = \max[(15 + 0),(15 + 6)] = 16$,源节点号:⑤

$ET_8 = \max[(15 + 8),(16 + 9)] = 25$,源节点号:⑦

将以上计算结果标注在图1-43中的相应位置。

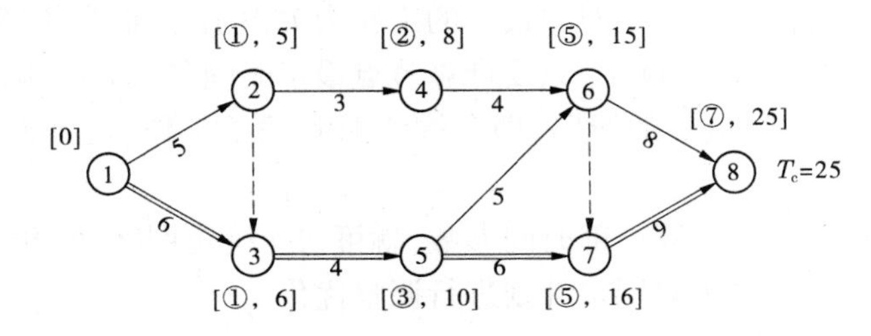

图1-43　某双代号网络计划节点标号法示例

(2)确定计算工期。

$$T_c = ET_8 = 25$$

(3)确定关键线路和关键工作。

从终点节点 8 开始,逆箭线方向,按源节点号到达起点节点 1 的线路为 8—7—5—3—1,即为关键线路。该线路上的 1—3、3—5、5—7、7—8 为关键工作。

关键线路用双线表示,如图 1-43 所示。

(五)双代号时标网络计划的概念

1.双代号时标网络计划的概念

一般双代号网络计划都是不带时标的,工作持续时间与箭线长短无关。虽然绘制较方便,但因为没有时标,看起来不太直观,不像建筑工程中常用的横道图可从图上直接看出各项工作的开始时间和完成时间,并可按天统计资源需要量,编制资源需要量计划。

双代号时标网络计划是综合应用一般双代号网络计划和横道图的时间坐标原理,吸取二者的优点,以水平时间坐标为尺度编制的双代号网络计划。

2.双代号时标网络计划的特点

(1)时标网络计划兼有网络计划与横道计划的优点,它能够清楚地表明计划的时间进程,表达清晰。

(2)时标网络计划能在图上直接显示出各项工作的开始时间与完成时间、工作的自由时差及关键线路,而不必通过计算才能得到时间参数。

(3)在时标网络计划中可以统计每一个单位时间对资源的需要量,可绘出资源动态图,并方便进行资源优化和调整。

(4)由于箭线受到时间坐标的限制,当计划发生变化时,对网络图的修改比较麻烦,往往要重新绘图,但可利用计算机绘制网络图解决这一问题。

3.双代号时标网络计划的一般规定

(1)时标网络计划必须以水平时间坐标为尺度表示工作时间,时间坐标的时间单位应根据需要在编制网络计划之前确定,可为季、月、周、天等。

(2)时标网络计划应以实箭线表示工作,以虚箭线表示虚工作,以波形线表示工作的自由时差。

(3)时标网络计划中所有符号在时间坐标上的水平投影位置都必须与其时间参数相对应,节点中心必须对准相应的时标位置。

(4)虚工作必须以垂直方向的虚箭线表示(不能从右向左),有自由时差时加波形线表示。

4.双代号时标网络计划的编制

时标网络计划宜按各个工作的最早开始时间编制。在编制时标网络计划之前,应先按已确定的时间单位绘制出时标计划表,如表 1-17 所示。

表 1-17　时标计划表

日历												
(时间单位)	1	2	3	4	5	6	7	8	9	10	11	12
时标网络计划												

（六）时标网络计划的绘制方法

时标网络计划的绘制方法有间接绘制法和直接绘制法两种。

1.间接绘制法

间接绘制法是先计算无时标网络计划草图的时间参数，然后在时标网络计划表中进行绘制的方法。

使用这种方法时，首先，应对无时标网络计划进行计算，算出其最早时间；其次，按每项工作的最早开始时间将其箭尾节点定位在时标表上；最后，用规定线型绘制出工作及其自由时差，形成网络计划。绘制时，一般先绘制出关键线路，再绘制非关键线路。

绘制步骤如下：

（1）先绘制网络计划图，计算工作最早时间并标注在网络图上；

（2）在时标表上，按最早开始时间确定每项工作的起点节点位置号，节点的中心线必须对准时标刻度线；

（3）按工作的时间长度画出相应工作的实线部分，使其水平投影长度等于工作时间，由于虚工作不占用时间，所以应以垂直虚线表示；

（4）用波形线把实线部分与其紧后工作的起点节点连接起来，以表示自由时差。

间接绘制法也可以用标号法确定出双代号网络图的关键线路。绘制时按照工作时间长度，先绘出双代号网络图关键线路，再绘制非关键线路，完成时标网络计划的绘制。

【应用实例1-16】 已知网络计划的有关资料如表1-18所示，试用间接绘制法绘制时标网络计划。

表1-18 网络计划有关资料

工作	A	B	C	D	E	G	H
持续时间	9	4	2	5	6	4	5
紧前工作	无	无	无	B	B、C	D	D、E

解：（1）确定出节点位置号，如表1-19所示。

表1-19 逻辑关系表

工作	A	B	C	D	E	G	H
持续时间	9	4	2	5	6	4	5
紧前工作	无	无	无	B	B、C	D	D、C
紧后工作	无	D、E	E	G、H	H	无	无
起点节点位置号	0	0	0	1	1	2	2
终点节点位置号	3	1	1	2	2	3	3

（2）绘出双代号网络计划，并用标号法确定出关键线路，如图1-44所示。

（3）在时间坐标上，绘制出双代号网络计划关键线路，如图1-45所示。

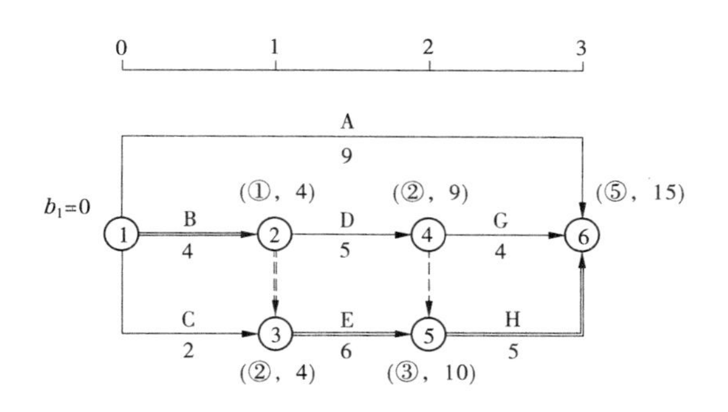

图 1-44　双代号网络计划

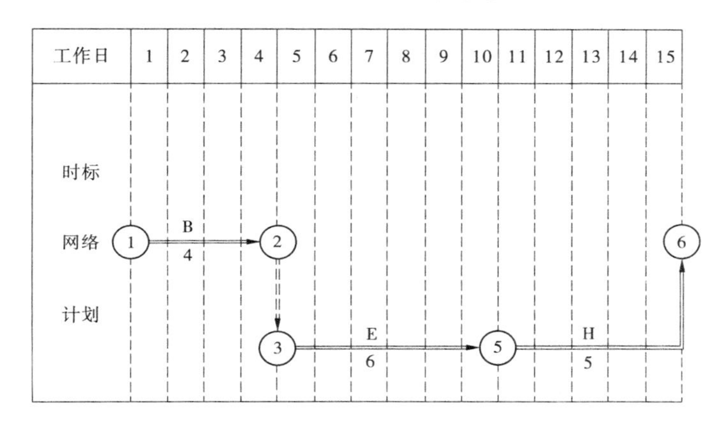

图 1-45　画出时标网络计划的关键线路

(4)绘出双代号网络计划非关键线路,完成时标网络计划绘制,如图 1-46 所示。

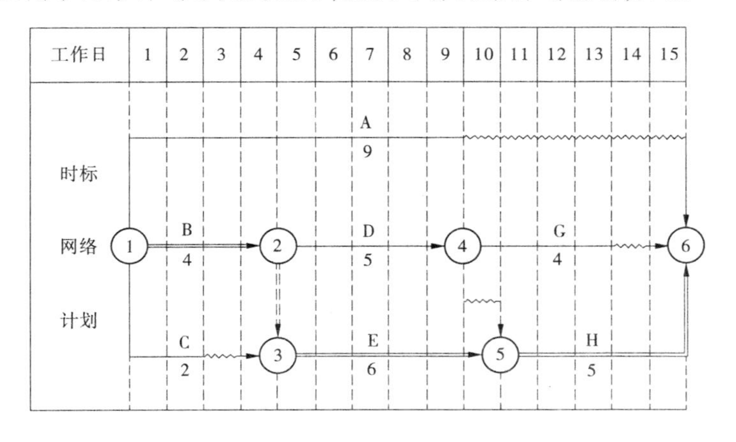

图 1-46　完成时标网络计划

2.直接绘制法

直接绘制法是不经时间参数计算而直接按无时标网络计划图绘制出时标网络计划。

绘制步骤如下:

(1)将起点节点定位在时标计划表的起始刻度上;

(2)按工作持续时间在时标计划表上绘制出以网络计划起点节点为起点节点的工作的箭线；

(3)其他工作的起点节点必须在其所有紧前工作都绘出以后，定位在这些紧前工作最早完成时间最大值的时间刻度上，某些工作的箭线长度不足以到达该节点时，用波形线补足，箭头画在波形线与节点连接处；

(4)用上述方法自左至右依次确定其他节点位置，直至网络计划终点节点定位，绘图完成。

【应用实例 1-17】 已知网络计划的资料如表 1-19 所示，试用直接绘制法绘制时标网络计划。

解：(1)将网络计划起点节点定位在时标表的刻度上，起点节点的标号为①(见图 1-47)。

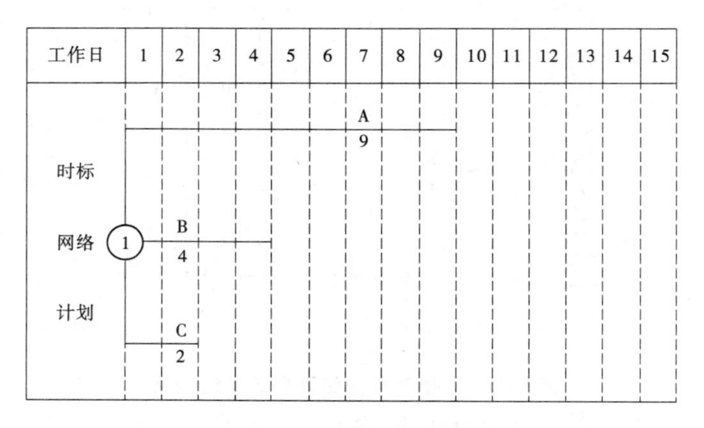

图 1-47 绘制第一步

(2)绘出工作 A、B、C(见图 1-47)。

(3)绘出 D、E(见图 1-48)。

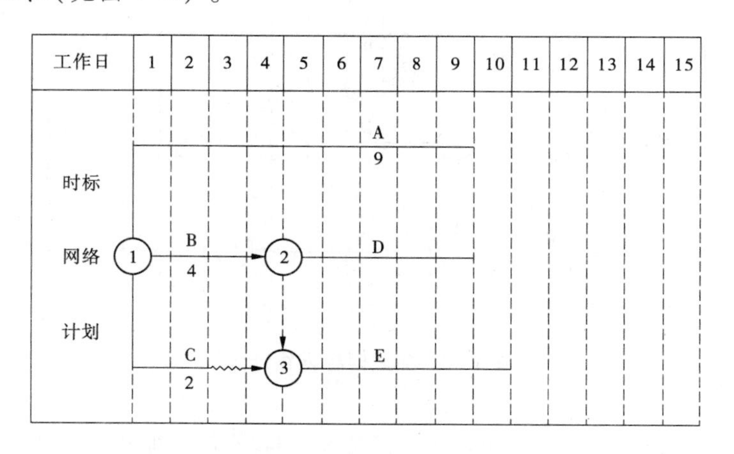

图 1-48 绘制第二步

(4)绘出 G、H(见图 1-49)。

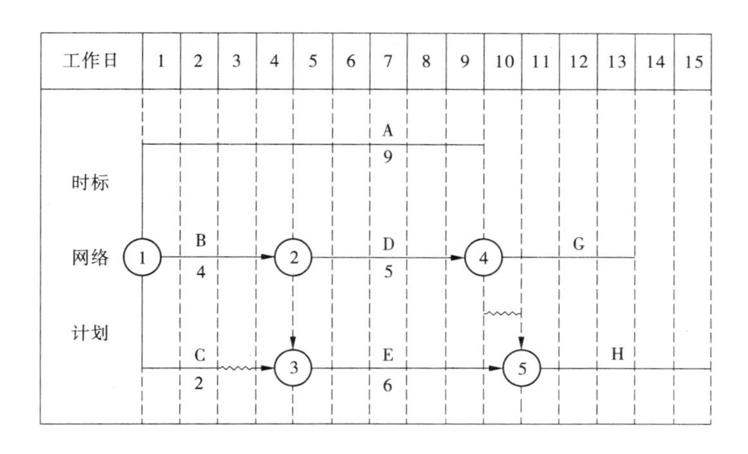

图 1-49　绘制第三步

(5)绘出网络计划终点节点⑥(见图 1-50)。

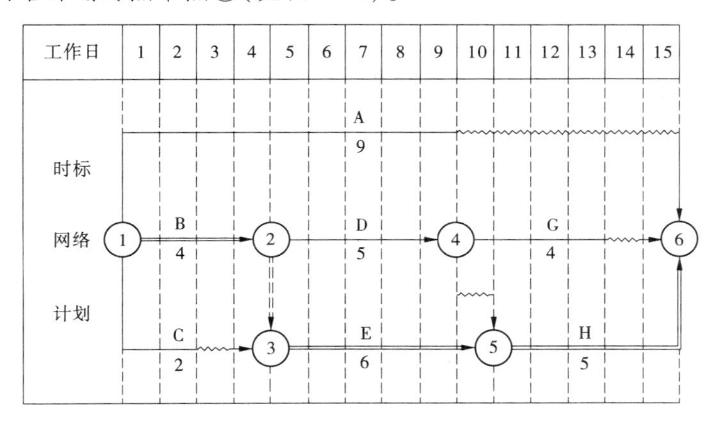

图 1-50　第四步绘制完成时标网络计划

(6)在图上用双线箭线标注出关键线路。

3.时标网络计划关键线路的判定和时间参数的确定

1)关键线路的判定

时标网络计划关键线路应自右至左,逆向进行观察,凡自始至终没有波形线的线路,即为关键线路。

判断是否为关键线路仍然是根据这条线路上各项工作是否有总时差。在这里,根据是否有自由时差来判断是否有总时差。因为有自由时差的线路必有总时差,而波形线即表示工作的自由时差。如图 1-50 所示,关键线路为①—②—③—⑤—⑥。

2)时间参数的确定

(1)最早时间。

①工作最早开始时间。

每条实箭线左端箭尾节点中心所对应的时标值,即为该工作的最早开始时间。

②最早完成时间。

如果箭线右端无波形线，则该箭线右端节点（j 节点）中心所对应的时标值为该工作的最早完成时间；如果箭线右端有波形线，则实箭线右端末所对应的时标值即为该工作的最早完成时间。

（2）自由时差。

在该工作的箭线中，波形线部分在坐标轴上的水平投影长度即为自由时差的数值。

（3）总时差。

时标网络计划中的总时差的计算应自右至左逆向进行，且符合下列规定：

①以终点节点（$j=n$）为箭头节点的工作的总时差应按网络计划的计划工期计算确定，即

$$TF_{i-n} = T_p - EF_{i-n} \tag{1-39}$$

②其他工作的总时差等于其紧后工作 $j-k$ 总时差的最小值与本工作的自由时差之和，即

$$TF_{i-j} = \min[TF_{j-k}] + FF_{i-j} \tag{1-40}$$

（4）最迟时间。

时标网络计划中工作的最迟开始时间和最迟完成时间可按下式计算：

$$LS_{i-j} = ES_{i-j} + TF_{i-j} \tag{1-41}$$

$$LF_{i-j} = EF_{i-j} + TF_{i-j} = LS_{i-j} + D_{i-j} \tag{1-42}$$

三、单代号网络图

（一）单代号网络图的组成

单代号网络图也是由节点和箭线构成的，但其符号意义与双代号网络图不完全相同。在单代号网络图中，箭线表示相邻工作之间的逻辑关系，一个节点表示一项工作，一般用圆圈或矩形表示。一个节点代号就表示一个工作，故称单代号网络图。

单代号网络图与双代号网络图在形式上是不同的，但其本质、原理是相同的。

1.单代号网络图的基本要素

1）箭线

单代号网络图中的箭线表示紧邻工作之间的逻辑关系，既不占用时间也不消耗资源。箭线应自左向右画成水平直线、折线或斜线，箭头方向表示工作的行进方向。

工作之间的逻辑关系包括工艺关系和组织关系，在网络图中均表现为工作之间的先后顺序。

2）节点（工作）

单代号网络图中的每一个节点表示一项工作，节点宜用圆圈或矩形表示。节点所表示的工作名称、持续时间和编号等应标注在节点内，如图 1-51 所示。

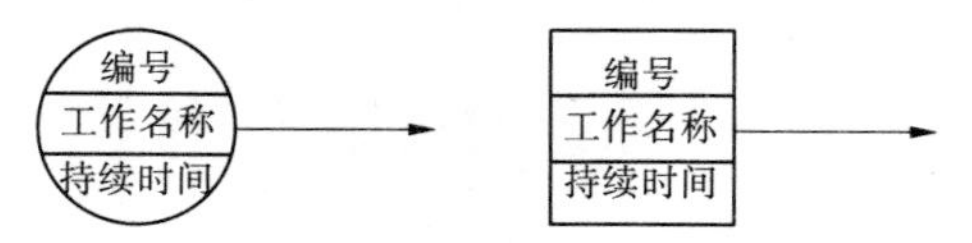

图 1-51　单代号网络图中工作表示法

单代号网络图中的节点必须编号。编号标注在节点内，其号码可间断，但严禁重复，箭线的箭尾节点编号应小于箭头节点的编号，一项工作必须有唯一的一个节点及相应的一个编号。

3）线路

单代号网络图与双代号网络图的线路含义是相同的，即从起点节点开始，沿箭头方向顺序通过一系列箭线与节点，最后达到终点节点的通路称为线路。线路上各项工作持续时间最长的一条线路称为关键线路，其余线路称为非关键线路。

2.单代号网络图的特点

单代号网络图与双代号网络图相比，具有以下特点：

（1）工作之间的逻辑关系容易表达，且不用虚箭线，故绘图较简单；

（2）网络图便于检查和修改；

（3）由于工作的持续时间表示在节点之中，表达不够形象直观；

（4）箭线可能产生较多的交叉现象。

（二）单代号网络图的绘制

1.单代号网络图的绘图规则

（1）单代号网络图必须正确表达已定的逻辑关系。

（2）单代号网络图中，严禁出现循环回路。

（3）单代号网络图中，严禁出现双向箭头或无箭头的连线。

（4）单代号网络图中，严禁出现没有箭尾节点的箭线和没有箭头节点的箭线。

（5）绘制网络图时，箭线不宜交叉，若交叉不可避免，可采用过桥法或指向法绘制。

（6）单代号网络图只应有一个起点节点和一个终点节点，当网络图中有多个起点节点或多个终点节点时，应在网络图的两端分别设置一个虚节点，作为该网络图的起点节点（St）和终点节点（Fin），如图1-52所示。

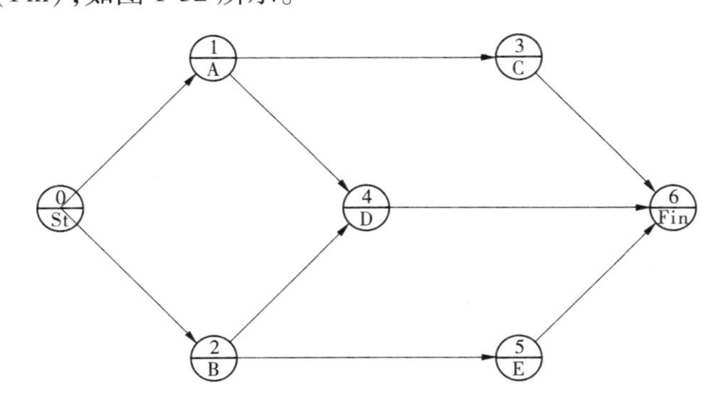

图1-52　单代号网络图的虚节点

2.单代号网络图的绘图示例

【应用实例1-18】　已知单代号网络计划的资料如表1-20所示，试绘制其单代号网络计划图。

表 1-20　某分部工程中各工作的逻辑关系

工作	A	B	C	D	E	F	G
紧前工作	—	—	A	B	A、B	C、D、E	D
紧后工作	C、E	D、E	F	F、G	F	—	—

解:(1)列出关系表,确定节点位置号,见表 1-21。

表 1-21　关系表

工作	A	B	C	D	E	F	G
紧前工作	无	无	A	B	A、B	C、E、D	D
紧后工作	C、E	D、E	F	F	F	无	无
节点位置号	0	0	1	1	1	2	2

(2)根据各节点位置号和逻辑关系绘出的单代号网络图如图 1-53 所示。

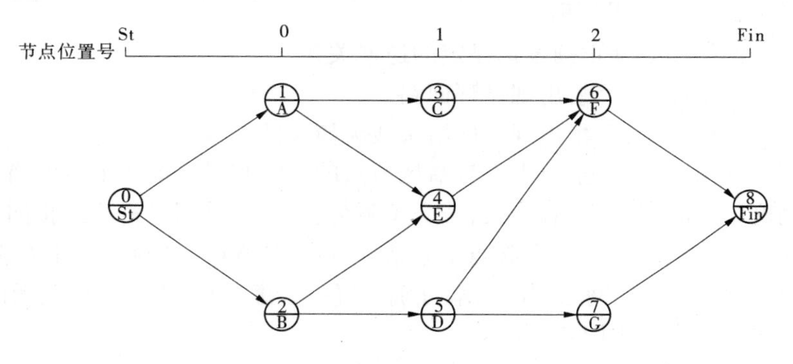

图 1-53　某分部工程单代号网络图

(三)单代号网络图的计算

单代号网络计划时间参数的计算应在确定各项工作的持续时间之后进行。时间参数的计算顺序和计算方法基本上与双代号网络计划时间参数的计算相同,单代号网络图上时间参数的标注形式如图 1-54 所示。

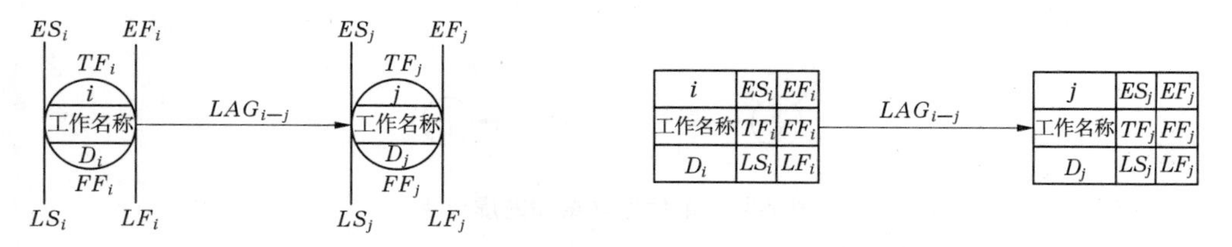

图 1-54　单代号网络图时间参数标注形式

1.单代号网络计划时间参数的计算

1)工作最早开始时间和最早完成时间

单代号网络计划中各项工作的最早开始时间和最早完成时间的计算应从网络计划的

起点节点开始，从左向右顺着箭线方向依次逐项计算。

网络计划的起点节点的最早开始时间为零，如起点节点的编号为1，则

$$ES_1 = 0 \quad (i = 1) \tag{1-43}$$

工作的最早完成时间等于该工作的最早开始时间加上其持续时间，即

$$EF_i = ES_i + D_i \tag{1-44}$$

除起点节点工作外，工作的最早开始时间等于该工作的各个紧前工作的最早完成时间的最值。如工作 j 的紧前工作的代号为 i，则

$$ES_j = \max[EF_i] \tag{1-45}$$

或

$$ES_j = \max[ES_i + D_i] \tag{1-46}$$

2）网络计划的计算工期 T_c

T_c 等于网络计划的终点节点 n 的最早完成时间 EF_n，即

$$T_c = EF_n \tag{1-47}$$

3）相邻两项工作之间的时间间隔 LAG_{i-j}

相邻两项工作 i 和 j 之间的时间间隔 LAG_{i-j} 等于紧后工作 j 的最早开始时间 ES_j 和本工作的最早完成时间 EF_i 之差，即

$$LAG_{i-j} = ES_j - EF_i \tag{1-48}$$

4）工作总时差 TF_i

工作 i 的总时差 TF_i 应从网络计划的终点节点开始，逆着箭线方向依次逐项计算。

网络计划终点节点 n 的总时差 TF_n，如计划工期等于计算工期，其值为零，即

$$TF_n = T_p - EF_n = 0 \tag{1-49}$$

其他工作 i 的总时差 TF_i 等于该工作的各个紧后工作 j 的总时差 TF_j 加该工作与其紧后工作之间的时间间隔 LAG_{i-j} 之和的最小值，即

$$TF_i = \min[TF_j + LAG_{i-j}] \tag{1-50}$$

5）工作自由时差 FF_i

网络计划终点节点 n 的自由时差 FF_n 等于计划工期 T_p 减去该工作的最早完成时间 EF_n，即

$$FF_{i-j} = T_p - EF_n \tag{1-51}$$

其他工作 i 的自由时差 FF_i 等于该工作与其紧后工作 j 之间的时间间隔 LAG_{i-j} 的最小值，即

$$FF_i = \min[LAG_{i-j}] \tag{1-52}$$

6）工作的最迟开始时间和最迟完成时间

网络计划终点节点 n 的最迟完成时间 LF_n 等于网络计划的计算二期 T_P，即

$$LF_n = T_p \tag{1-53}$$

其他工作 i 的最迟完成时间 LF_i 等于该工作的最早完成时间 EF_n 等于网络计划的计算工期 T_p，即

$$LF_i = EF_i + TF_i \tag{1-54}$$

工作 i 的最迟开始时间 LS_i 等于该工作的最早开始时间 ES_i 加上其总时差 TF_i 之和，即

$$LS_i = ES_i + TF_i \tag{1-55}$$

或

$$LS_i = LF_i - D_i \tag{1-56}$$

2.关键工作和关键线路的确定

(1)关键工作:总时差最小的工作是关键工作。

(2)关键线路的确定按以下规定:从起点节点开始到终点节点均为关键工作,且所有工作的时间间隔为零的线路为关键线路。

3.单代号网络计划时间参数计算示例

【应用实例1-19】 已知网络计划如图1-55所示,若计划工期等于计算工期,试计算各项工作的六个时间参数并确定关键线路,标注在网络计划上。

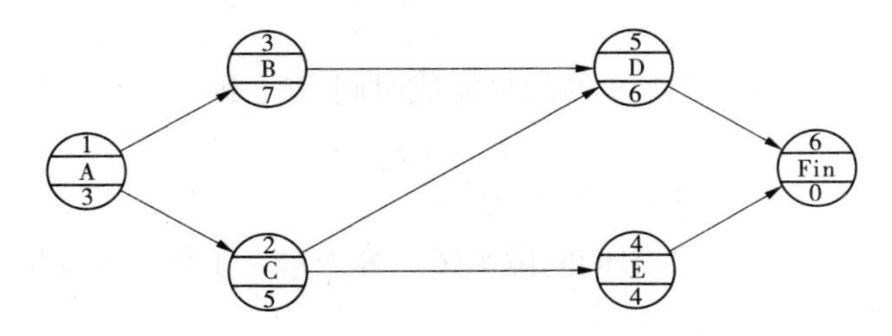

图1-55　某单代号网络计划

解:(1)计算各项工作的最早开始时间和最早完成时间,有

$$ES_1 = 0 \quad EF_1 = ES_1 + D_1 = 0 + 3 = 3$$

$$ES_2 = EF_1 = 3 \quad EF_2 = ES_2 + D_2 = 3 + 5 = 8$$

$$ES_3 = EF_1 = 3 \quad EF_3 = ES_3 + D_3 = 3 + 7 = 10$$

$$ES_4 = EF_2 = 8 \quad EF_4 = ES_4 + D_4 = 8 + 4 = 12$$

$$ES_5 = \max[EF_2, EF_3] = \max[8, 10] = 10 \quad EF_5 = ES_5 + D_5 = 10 + 6 = 16$$

$$ES_6 = \max[EF_4, EF_5] = \max[12, 16] = 16 \quad EF_6 = ES_6 + D_6 = 16 + 0 = 16$$

已知计划工期等于计算工期,故有

$$T_p = T_c = EF_6 = 16$$

(2)计算相邻两项工作之间的时间间隔LAG_{i-j},有

$$LAG_{1-2} = ES_2 - EF_1 = 3 - 3 = 0$$

$$LAG_{1-3} = ES_3 - EF_1 = 3 - 3 = 0$$

$$LAG_{2-4} = ES_4 - EF_2 = 8 - 8 = 0$$

$$LAG_{2-5} = ES_5 - EF_2 = 10 - 8 = 2$$

$$LAG_{3-5} = ES_5 - EF_3 = 10 - 10 = 0$$

$$LAG_{4-6} = ES_6 - EF_4 = 16 - 12 = 4$$

$$LAG_{5-6} = ES_6 - EF_5 = 16 - 16 = 0$$

(3)计算工作的总时差TF_i。

已知计划工期等于计算工期:$T_p = T_c = 16$,故终点节点6的总时差为零,即$TF_6 = 0$。

其他工作总时差为

$$TF_5 = TF_6 + LAG_{5-6} = 0 + 0 = 0$$

$$TF_4 = TF_6 + LAG_{4-6} = 0 + 4 = 4$$
$$TF_3 = TF_5 + LAG_{3-5} = 0 + 0 = 0$$
$$TF_2 = \min[(TF_4 + LAG_{2-4}),(TF_5 + LAG_{2-5})] = \min[(4 + 0),(0 + 2)] = 2$$
$$TF_1 = \min[(TF_2 + LAG_{1-2}),(TF_3 + LAG_{1-3})] = \min[(2 + 0),(0 + 0)] = 0$$

(4)计算工作的自由时差 FF_i。

已知计划工期等于计算工期:$T_p = T_c = 16$,故终点节点 6 的自由时差为
$$FF_6 = T_p - EF_6 = 16 - 16 = 0$$
其他工作自由时差为
$$FF_5 = LAG_{5-6} = 0$$
$$FF_4 = LAG_{4-6} = 4$$
$$FF_3 = LAG_{3-5} = 0$$
$$FF_2 = \min[LAG_{2-4}, LAG_{2-5}] = \min[0,2] = 0$$
$$FF_1 = \min[LAG_{1-2}, LAG_{1-3}] = \min[0,0] = 0$$

(5)计算工作的最迟开始时间 LS_i 和最迟完成时间 LF_i,有

$$LS_1 = ES_1 + TF_1 = 0 + 0 = 0 \qquad LF_1 = EF_1 + TF_1 = 3 + 0 = 3$$
$$LS_2 = ES_2 + TF_2 = 3 + 2 = 5 \qquad LF_2 = EF_2 + TF_2 = 8 + 2 = 10$$
$$LS_3 = ES_3 + TF_3 = 3 + 0 = 3 \qquad LF_3 = EF_3 + TF_3 = 10 + 0 = 10$$
$$LS_4 = ES_4 + TF_4 = 8 + 4 = 12 \qquad LF_4 = EF_4 + TF_4 = 12 + 4 = 16$$
$$LS_5 = ES_5 + TF_5 = 10 + 0 = 10 \qquad LF_5 = EF_5 + TF_5 = 16 + 0 = 16$$
$$LS_6 = ES_6 + TF_6 = 16 + 0 = 16 \qquad LF_6 = EF_6 + TF_6 = 16 + 0 = 16$$

(6)关键工作和关键线路的确定。

根据计算结果,A、B、D 总时差为零,为关键工作;从起点节点 1 开始到终点节点 6 均为关键工作,且所有工作之间时间间隔为零的线路是 1—3—5—6,即 1—3—5—6 为关键线路,用双箭线标示在图 1-56 中。

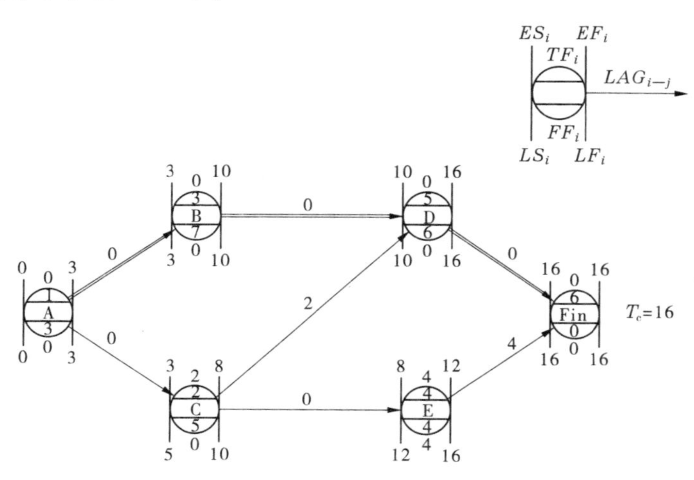

图 1-56　单代号网络计划图上计算法示例

【课堂自测】

项目一任务四课堂的自测练习

项目小结

水利工程建设项目管理实行统一管理、分级管理和目标管理，实行水利部、流域机构和地方水行政主管部门以及项目法人分级、分层次管理的管理体系。水利工程建设程序一般分为项目建议书（又称预可研）、可行性研究报告、初步设计、施工准备（包括招标设计）、建设实施、生产准备（运行准备）、竣工验收、项目后评价等8个阶段；水利水电工程质量评定项目按级别划分为单位工程、分部工程、单元（工序）工程三级。

一般情况下，施工项目管理模式可分为传统项目管理模式、CM管理方式、设计-建造方式、设计-管理方式、BOT方式以及PPP方式。项目组织的组织形式有职能式、项目式和矩阵式三种形式，对于施工项目管理模式要注意互相之间的区别，对组织形式要从优缺点和适应条件把握。

施工项目准备工作包括收集施工原始资料，施工技术准备，施工生产准备（施工现场准备、生产资料准备及人力资源准备）及季节性施工准备工作。

施工组织的三种方式为依次施工、平行施工、流水施工。流水参数的确定如下：

工艺参数：施工过程、流水强度。

空间参数：工作面、施工段、施工层。

时间参数：流水节拍、流水步距、平行搭接时间、技术间歇时间和组织间歇时间。

在水利工程编制的各种进度计划中，常常采用网络计划技术。本项目重点介绍了单代号网络计划和双代号网络计划的绘制、时间参数的计算、调整及优化。

项目技能训练题

一、简答题

1.简述水利工程基本建设程序具体内容。

2.简述水利工程项目划分的具体内容。

3.简述施工准备工作必备的条件及主要内容。

4.简述主体工程开工必备的条件。

5.施工原始资料收集包括哪些主要内容？

6.审查图纸要掌握哪些重点？包括哪些内容？

7.施工场地准备工作包括哪些主要内容？

8.生产资料准备工作包括哪些主要内容？

9.人力资源准备工作包括哪些主要内容?

10.冬、雨季施工的准备工作应如何进行?

二、计算题

1.某分部工程由Ⅰ、Ⅱ、Ⅲ三个施工过程组成,它在平面上划分为6个施工段。各施工过程在各个施工段上的流水节拍均为3 d。施工过程Ⅱ完成后,应有2 d的技术间歇时间才能进行下一过程施工。试编制流水施工方案。

2.某地下工程由挖基槽、做垫层、砌基础和回填土四个单元工程组成,它在平面上划分为6个施工段。各单元工程在各个施工段上的流水节拍依次为挖基槽6 d、做垫层2 d、砌基础4 d、回填土2 d。做垫层完成后,其相应施工段至少应有技术间歇时间2 d。为加快流水施工速度,试编制工期最短的流水施工方案。

3.某现浇钢筋混凝土工程由支模板、绑扎钢筋、浇筑混凝土、拆模板和回填土五个单元工程组成,在平面上划分为6个施工段。各单元工程在各个施工段上的施工持续时间如表1-22所示。在混凝土浇筑后至拆模板必须有养护时间2 d。试编制该工程流水施工方案。

表1-22　施工持续时间　(单位:d)

单元工程名称	施工段					
	①	②	③	④	⑤	⑥
支模板	3	3	2	3	2	3
绑扎钢筋	3	3	4	4	3	3
浇筑混凝土	2	1	2	2	1	2
拆模板	1	2	1	1	2	1
回填土	2	3	2	2	3	2

4.某分部工程包括A、B、C、D、E、F六个分项工程,各工序的相互关系为:①A完成后,B和C可同时开始;②B完成之后D才能开始;③E在C后开始;④在F开始前,E和D都必须完成。试绘制其双代号网络图和单代号网络图。若E改为B和C都结束后才能开始,其余均相同,其双代号和单代号网络图又如何绘制?

5.绘制出下列各工序的双代号网络图和单代号网络图:

工序C和D都紧跟在工序A的后面。

工序E紧跟在工序C的后面,工序F紧跟在工序D的后面。

工序B紧跟在工序E和F的后面。

6.已知网络图的资料如表1-23所示。试绘制其双代号网络图和单代号网络图。

表1-23　某网络图资料

工作名称	A	B	D	E	G	H	M	N	Q
紧前工作	无	无	无	B、C、D	A、B、C	G	H	H	M、N

7.已知网络计划的资料如表1-24所示，试绘出双代号时标网络计划，计算各工作的时间参数并确定出关键线路，用双箭线将其标示在网络计划上。

表1-24　某网络图资料

工作名称	A	B	C	D	E	G	H	I	J	K
持续时间	2	3	5	2	3	3	2	3	6	2
紧前工作	无	A	A	B	B	D	G	E、G	C、E、G	H、I

项目二　水利工程施工组织设计编制

【学习目标】

1.熟悉水利工程施工组织设计的类型和内容;

2.掌握水利工程施工方案编制方法;

3.掌握水利工程施工总进度计划编制方法;

4.掌握水利工程施工总体布置的方法;

5.掌握资源需要量计划的编制方法。

【技能目标】

1.能根据不同建设阶段,确定施工组织设计的内容;

2.能确定各种水利工程施工方案;

3.能制订水利工程施工进度计划;

4.能制订水利工程现场布置方案。

任务一　施工组织设计概述

一个建设项目的施工,可以有不同的施工顺序;每一个施工过程可以采用不同的施工方案;每一种构件可以采用不同的生产方式;每一种运输工作可以采用不同的方式和工具;现场施工机械、各种堆物、临时设施和水、电、线路等可以有不同的布置方案;开工前的一系列施工准备工作可以用不同的方法进行。不同的施工方案,其效果是不一样的。怎样结合工程的性质和规模、工期的长短、工人的数量、机械装备程度、材料供应情况、构件生产方式、运输条件等各种技术经济条件,从经济和技术统一的全局出发,从许多可能的方案中选定最合理的方案,对施工的各项活动做出全面的部署,编制出规划和指导施工的技术经济文件(施工组织设计),这是施工人员开始施工之前必须解决的问题。

一、施工组织设计的概念与作用

施工组织设计是指针对拟建的工程项目,在开工前针对工程本身特点和工地具体情况,按照工程的要求,对所需的施工劳动力、施工材料、施工机具和施工临时设施,经过科学计算、精心对比及合理的安排后编制出的一套在时间上和空间上进行合理施工的战略部署文件。通常由一份施工组织设计说明书、一张工程计划进度表、一套施工现场平面布置图组成。施工组织设计是工程施工的组织方案,是指导施工准备和组织施工的全面性技术经济文件,是现场施工的指导性文件。

施工组织设计在每项建设工程中都具有重要的规划作用、组织作用和指导作用,具体表现在以下几个方面:

(1)施工组织设计是施工准备工作的一项重要内容,同时是指导各项施工准备工作的依据。

(2)施工组织设计可体现实现基本建设计划和设计的要求,可进一步验证设计方案的合理性与可行性。

(3)施工组织设计为拟建工程确定施工方案、施工进度和施工顺序等,是指导开展紧凑、有秩序施工活动的技术依据。

(4)施工组织设计所提出的各项资源需要量计划,直接为物质供应工作提供依据。

(5)施工组织设计对现场所做的规划与布置,为现场的文明施工创造了条件,并为现场管理提供依据。

(6)施工组织设计对施工企业的施工计划起决定和控制性的作用。施工计划是根据施工企业对建筑市场所进行科学预测和中标的结果,结合本企业的具体情况,制订出的企业不同时期应完成的生产计划和各项技术经济指标。施工组织设计是按具体的拟建工程的开竣工时间编制的指导施工的文件。因此,施工组织设计与施工企业的施工计划之间有着极为密切、不可分割的关系。施工组织设计是编制施工企业施工计划的基础;反过来,制订施工组织设计又应服从企业的施工计划,两者是相辅相成、互为依据的。

(7)施工组织设计是统筹安排施工企业生产的投入与产出过程的关键和依据。建筑企业从承担工程任务开始到竣工验收交付使用为止的全部施工过程的计划、组织和控制的基础就是施工组织设计。

(8)通过编制施工组织设计,可以充分考虑施工中可能遇到的困难与障碍,主动调整施工中的薄弱环节,事先予以解决或排除,从而提高了施工的预见性,减少了盲目性,使管理者和生产者做到心中有数,为实现建设目标提供了技术保证。

总之,一个科学的施工组织设计,如能够在工程施工中得到贯彻实施,必然能够统筹安排施工的各个环节,协调好各方面的关系,使复杂的建筑施工过程有序合理地按科学程序顺利进行,从而保证建设项目的各项指标得以实现。

二、施工组织设计的分类与任务

施工组织设计是一个总的概念,根据基本建设各个不同阶段、建设工程的规模、建设项目的类别、工程特点及工程的技术复杂程度等因素,可相应地编制各种类型与不同深度的施工组织设计。施工组织设计的类型,通常按施工组织设计编制的时间和编制的对象来划分,分为施工组织总设计、单位工程施工组织设计和分部工程施工组织设计等三类,如表 2-1 所示。

表 2-1　施工组织设计分类表

建设阶段	对象	类别
设计阶段	工程项目	施工组织总设计
投标阶段	单位工程	单位工程施工组织设计
施工阶段	分部工程	分部工程施工组织设计

(一)施工组织总设计

施工组织总设计是以一个建设项目为编制对象,规划施工全过程中各项活动的技术、经济的全局性、控制性文件。它是整个建设项目施工的战略部署，涉及范围较广，内容比较概括。它一般是在初步设计或扩大初步设计批准后，由总承包单位的总工程师负责，会同建设、设计和分包单位的工程师共同编制的。它也是施工单位编制年度施工计划和单位工程施工组织设计的依据。

施工组织总设计的主要内容包括工程概况、施工部署与施工方案、施工进度计划、施工准备工作及各项资源需要量计划、施工平面图、主要技术组织措施及各项主要技术指标等。

（二）单位工程施工组织设计

单位工程施工组织设计是以单位工程为编制对象，用来指导施工全过程中各项活动的技术、经济的局部性、指导性文件。它是拟建工程施工的战术安排，是施工单位年度施工计划和施工组织总设计的具体化，内容应详细。它是在施工图设计完成后，由工程项目主管工程师负责编制的，可作为编制季度、月度计划和分部工程施工组织设计的依据。

单位工程施工组织设计的主要内容包括工程概况与施工条件、施工方案与施工方法、施工进度计划、施工准备工作及各项资源需要量计划、施工平面图、主要技术（如质量、安全、降低施工费用及冬雨季施工等）组织措施及各项主要技术指标等。

（三）分部工程施工组织设计

分部工程施工组织设计是以分部工程为编制对象，用来指导施工活动的技术、经济文件。它结合施工单位的月、旬作业计划，把单位工程施工组织设计进一步具体化，是专业工程的具体施工设计。一般在单位工程施工组织设计确定了施工方案后，由施工队技术队长负责编制。

分部工程施工组织设计，既是单位施工组织设计中某个分部工程更深、更细的施工设计，又是单独一个分部工程的施工设计。

分部工程施工组织设计的主要内容包括工程概况、施工方案和施工方法、施工机械的选择、施工准备、施工进度表、劳动力及材料和机具设备等的需要量计划、施工平面图及技术（如质量、安全等）组织措施等。

施工组织总设计、单位工程施工组织设计和分部工程施工组织设计，是同一建设项目的不同广度、深度和作用的三个层次，其三者之间的关系如图 2-1 所示。

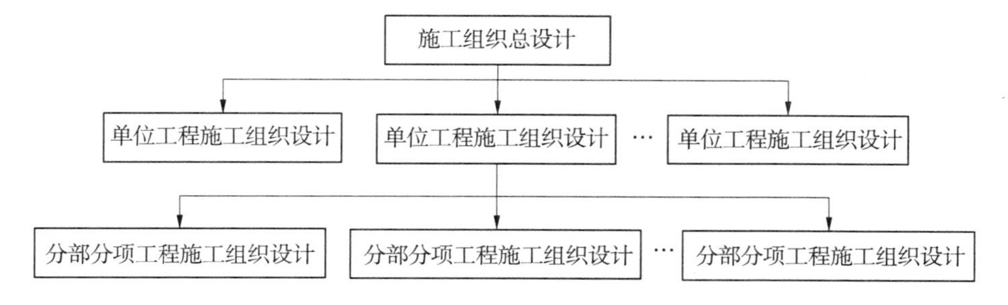

图 2-1　三种施工组织设计间的关系

三、施工组织设计的编制原则和编制依据

（一）施工组织设计的编制原则

编制施工组织设计，应遵循国家关于发展国民经济的总方针和水利水电建设的方针政策，结合工程的实际条件，参照国内外的实践经验，吸取国内外先进技术，通过科学的分析论证，使设计既切合实际又能优化，体现多快好省的要求。根据工程实践证明，编制好施工组织设计，应遵循以下基本原则：

（1）遵守和贯彻国家工程建设的有关法律、法规和规章。必须严格遵守国家制定的施工许可制度、从业资格管理制度、招标投标制度、总承包制度、工程监理制度、建筑安全生产管理制度、工程质量责任制度，竣工验收制度等。保证工程施工过程高效、有序、保质保量地顺利实施。

（2）对项目工程的特点、性质、工程量、工作量以及施工企业的特点进行综合分析，确定本工程施工组织设计的指导方针和主要原则。

（3）符合施工合同约定建设期限和各项技术经济指标的要求。

（4）遵守基本建设程序，切实抓紧时间做好施工准备，合理安排施工顺序，及时形成工程完整的投产能力。

（5）在加强综合平衡，调整好各年的施工强度，改善劳动组织的前提下，努力降低劳动力的高峰系数，做到连续均衡施工。

（6）运用科学的管理方法和先进的施工技术，努力推广应用新技术、新工艺、新材料、新设备，不断提高机械利用率和机械化施工的综合水平，不断降低施工成本，提高劳动生产率。

（7）在经济合理的基础上，充分发挥基地作用，提高工厂化施工程度，减少现场作业，压缩现场施工场地及施工人员数量。

（8）施工现场布置应紧凑合理，便于施工，符合安全、防火、环保和文明施工的要求，提高场地利用率，减少施工用地。

（9）加强质量管理，明确质量目标，消灭质量通病，保证施工质量，不断提高施工工艺水平。

（10）加强职业安全健康和环境保护管理，保证施工安全，实现文明施工。

（11）现场组织机构的设置，管理人员的配备，应力求精简、高效并能满足项目工程施工的需要。

（12）研究冬季、夏季和雨季施工问题，力争全年施工，增加有效工作日。

（13）积极推行计算机信息网络技术在施工管理中的应用，不断提高现代化施工管理水平。

（二）施工组织设计的编制依据

为了保证施工组织总设计的编制工作顺利进行和提高其编制水平及质量，使施工组织总设计更能结合实际、切实可行，并能更好地发挥其指导施工安排、控制施工进度的作用，应以下面资料作为编制依据：

（1）计划批准文件及有关合同的规定。例如，国家（包括国家发展和改革委员会及

部、省、市发展和改革委员会)或有关部门批准的基本建设或技术改造项目的计划、可行性研究报告、工程项目一览表、分批分期施工的项目和投资计划;建设地点所在地区主管部门有关批件;施工单位上级主管部门下达的施工任务计划;招标投标文件及签订的工程承包合同中的有关施工要求的规定;工程所需材料、设备的订货合同以及引进材料、设备的供货合同等。

(2)设计文件及有关规定。例如,批准的初步设计或扩大初步设计,设计说明书。总概算或修正总概算和已经批准的计划任务书等。

(3)建设地区的工程勘察资料和调查资料。勘察资料主要有:地形、地貌、水文、地质、气象等自然条件;调查资料主要有:可能为建设项目服务的建筑安装企业、预制加工企业的人力、设备、技术与管理水平等情况,工程材料的来源与供应情况、交通运输情况以及水电供应情况等建设地区的技术经济条件和当地政治、经济、文化、科技、宗教等社会调查资料。

(4)现行的规范、规程和有关技术标准。主要有施工及验收规范、质量标准、工艺操作规程、HSE强制标准、概算指标、概预算定额、技术规定和技术经济指标等。

(5)类似资料。例如,类似、相似或近似建设项目的施工组织总设计实例、施工经验的总结资料及有关的参考数据等。

四、施工组织设计的基本内容

(一)施工组织设计基本内容

任何施工组织设计必须具有以下相应基本内容:①施工方案;②施工进度计划;③施工现场布置;④资源需要量及其供应。

在这四项基本内容中,3、4项主要用于指导准备工作的进行,为施工创造物质技术条件。人力、物力的需要量是决定施工平面布置的重要因素之一,而施工平面布置又反过来指导各项物质因素在现场的安排。

第1、2项内容则主要指导施工过程的进行,规定整个的施工活动。施工的最终目的是按照国家和合同规定的工期,优质、低成本地完成基本建设工程,保证按期投产和交付使用。因此,进度计划在施工组织设计中具有决定性意义,是决定其他内容的主导因素。从设计的顺序上看,施工方案是根本,是决定其他所有内容的基础。它虽以满足进度的要求作为选择的首要目标,但进度最终也仍然受到它的制约,并建立在这个基础之上。

另外,资源需要量及其供应与现场的平面布置也是施工方案与进度得以实现的前提和保证。因此,进度安排与施工方案的确定必须以合理利用资源需要量及其供应和施工现场布置等客观条件出发,做出合理的选择。

所以,施工组织设计的这几项内容是有机联系在一起的,互相促进,互相制约,密不可分。

(二)水利水电工程施工组织设计内容

在进行水利水电工程初步设计时,要配合选坝工作,从施工导流、场内交通、当地建筑材料、施工场地布置、主体工程施工方案、施工总进度安排等方面,对不同坝址、不同坝型的枢纽方案进行技术经济论证,提出工程总量、施工期限、施工强度、工程费用、劳动力、主要建筑材料、主要施工机械设备、施工动力等估算指标。坝址选定以后，要研究枢纽主要建筑物的施工方案，提出合理方案的推荐意见。由此所构成的施工组织设计，是整个设计文件的一个组成部分。

根据初步设计编制规程和施工组织设计规范，初步设计的施工组织设计应包含以下内容。

1.施工条件分析

施工条件包括工程条件、自然条件、物质资源供应条件以及社会经济条件等，主要有：工程所在地点，对外交通运输，枢纽建筑物及其特性，地形、地质、水文、气象条件，主要建筑材料来源和供应条件，当地水源、电源情况，施工期间通航、过木、过鱼、供水环保等要求，施工用地，居民安置以及与工程施工有关的协作条件等。

2.施工导流

施工导流设计应在综合分析导流条件的基础上，确定导流标准，划分导流时段，明确施工分期，选择导流方案、导流方式的导流建筑物，进行导流建筑物的设计，提出导流建筑物的施工安排，拟订截流、度汛、抗洪、通航、下闸封孔、蓄水措施。

3.主体工程施工

主体工程，包括挡水、泄水、引水、发电、通航等主要建筑物。应根据各自的施工条件，对施工程序、施工方法、施工强度、施工布置、施工进度和施工机械等问题，进行分析比较和选择。必要时，对其中的关键技术问题，如特殊的基础处理，大体积混凝土温控，土石坝合龙等问题，做出专门的设计和论证。

4.施工交通运输

施工交通运输分为对外交通运输和场内交通运输。对外交通运输是在弄清现有对外水陆交通和发展规划的情况下，根据工程对外运输总量、运输强度和重大部件的运输要求，确定对外交通运输方式，选择线路和线路的标准，规划沿线重大设施和与国家干线的连接，并提出场外交通工程的施工进度安排。

5.施工工厂设施和大型临建工程

施工工厂设施，如混凝土骨料开采加工系统，土石料场和土石料加工系统，混凝土拌和和制冷系统，机械修配系统，汽车修配厂，钢筋加工厂，预制构件厂，风、水、电、通信照明系统等，均应根据施工的任务和要求分别确定各自位置、规模、设备容量、生产工艺、工艺设备、平面布置、占地面积、建筑面积和土建安装工程量，并提出土建安装进度和施工分期投产计划。

大型临建工程，如施工栈桥、缆机平台等，需做出专门设计，确定其工程量和施工进度安排。

6.施工总布置

根据施工场区的地形地貌、枢纽主要建筑物的施工方案、各项临建设施的布置要求，对施工场地进行分期分区和分标规划，确定分期分区布置方案和各承包单位的场地范围，对土石方的开挖、堆弃和填筑进行综合平衡。

7.施工总进度

为了合理安排施工总进度，必须仔细分析工程规模、导流程序、对外交通、资源供应、

临建准备等各项控制因素，拟定整个工程，包括准备工程、主体工程和结束工作在内的施工总进度。确定各项目的起讫时间和相互之间的衔接关系。对导流截流、拦洪度汛、封孔蓄水、供水发电等控制环节，工程应达到的形象面貌，需做出专门的论证。对土石方、混凝土等主要工程的施工强度，以及对劳动力、主要建筑材料、主要机械设备的需要量进行综合平衡。

8.主要技术供应计划

根据施工总进度的安排和定额资料的分析，对主要建筑材料和主要施工机械设备，列出总需要量和分年需要量计划。

施工组织设计八个部分的内容虽然各有侧重、自成体系，但密切关联、相辅相成。弄清各部分之间的内在联系、做好施工组织设计、做好现场施工的组织与管理都有重要意义。

施工条件分析是其他各部分设计的基础和前提，只有切实掌握施工条件，才能做好施工组织设计。

施工导流是解决施工全过程的水流控制问题；主体施工方案从技术组织措施上保证主要建筑物的修建；施工总进度对整个施工过程做出时间安排；施工总布置对整个施工现场进行空间规划，各自从不同的角度对施工全局做出部署。因此，在进行这四个部分设计时，必须密切配合、互相协调，以取得相辅相成的效果。

施工交通运输是整个施工的动脉，施工工厂设施和技术供应是施工前方的后勤保障，关系到外来建筑材料、机械设备的供应，关系到工程建设任务的完成，关系到施工进度的实施和施工布置的合理性。

由此可见，施工组织设计各个组成部分是一个整体，必须全面考虑、互相协调、才能得以合理地解决。

水利部《水利水电工程施工组织设计规范》(SL 303—2017)。

任务二　施工方案编制

一、施工方案编制的主要依据

施工方案是对整个建设项目全局做出统筹规划和全面安排，其主要是解决影响建设项目全局的重大战略问题。它是施工组织设计的中心环节，是对整个建设项目带有全局性的总体规划。

施工方案编制的依据主要是：施工图纸、施工现场勘察调查的资料和信息、施工验收规范、质量检查验收标准、安全与技术操作规程、施工机械性能手册、新技术、新设备、新工艺等的资料。

二、施工方案编制的原则

工程项目施工方案的制订通常要遵循以下原则:

(1)从实际出发,切实可行,符合现场的实际情况,有实现的可能性。

制订方案时,在资源、技术上提出的要求应当与当时已有的条件或在一定时间内能争取到的条件相吻合,否则是不可能实现的,因此只有在切实可行的范围内尽量求其先进和快速。这两者是统一的,离开这个原则,再先进的技术、再快的施工速度也会落空。切实可行是关键,也是制订方案的主要方面。

(2)满足合同的工期要求。

按工期要求投入生产,交付使用 ,发挥效益,这对国民经济的发展具有重要意义。所以,在制订施工方案时,必须保证在竣工时间上符合合同要求,并争取提前完成。为此,在施工组织上要统筹安排、均衡施工,在技术上尽可能地采用先进的施工技术、施工工艺、新材料,在管理上采用现代化的管理方法进行动态管理和控制。

(3)确保工程质量和施工安全。

工程建设是百年大计,要求质量第一,保证施工安全是社会的要求。因此,在制订方案时应充分考虑工程质量和施工安全,并提出保证工程质量和施工安全的技术组织措施,使方案完全符合技术规程、操作规范和安全规程的要求。

(4)尽量降低施工成本。

在合同价控制下,尽量降低施工成本,使方案更加经济合理,增加施工生产的盈利。

(5)有利于水土保持、环境保护。

以上几点是一个统一的整体,是不可分割的。现代施工技术的进步以及施工组织的科学化对每个工程都有许多不同的施工方法,那么就存在多种可能的实施方案。因此,用以上几点进行衡量,做多方面的分析比较,选出可能的最优方案。

三、施工方案编制的主要内容

施工方案编制的主要内容有:确定主要的施工方法和组织形式、施工工艺流程、施工机械设备等。对施工方法的确定,要兼顾技术工艺的先进性和经济的合理性;对施工工艺流程的确定,要符合施工的技术规律;对施工机械的选择,应使主要施工机械的性能满足工程的需要,辅助配套机械的性能应与主导施工机械相适应,并能充分发挥主导施工机械的工作效率。

四、组织施工的基本方式

一个水利工程的建设包括很多施工过程,而各个施工过程又有很多的施工方法和组织形式,一般来讲,施工组织方式有三种:依次施工、平行施工和流水施工(详见流水施工组织)。

五、拟订施工程序

(一)在保证工期要求的前提下,尽量实行分期分批施工

为了充分发挥工程建设投资的效果,对于大中型、总工期较长的工程建设项目,一般应当在保证总工期的前提下,实行分期分批建设,既可使各具体项目迅速建成,及早发挥工程效益,又可在全局上实现施工的连续性和均衡性,减少临时工程数量,降低工程成本。

至于如何进行分期分批,则要根据生产工艺要求、工程规模大小、施工难易程度、建设单位要求、资金和技术资源情况等,由建设单位、监理单位和施工单位共同研究确定。

(二)统筹安排各类各项工程施工

既要保证重点,又要兼顾其他,在安排施工项目先后顺序时,应按照各工程项目的重要程度,优先安排以下工程:

(1)先期投入生产或起主导性作用的工程项目;

(2)工程量大、施工难度大、施工工期长的工程项目;

(3)生产需先期使用的机修、车床、办公楼及部分宿舍等;

(4)供施工使用的项目,如钢筋加工厂、木材加工厂、各种预制构件加工厂、混凝土搅拌站、采砂(石)场等附属企业及其他为施工服务的临时设施。

(三)注意施工顺序的安排

施工顺序是指互相制约的工序在施工组织上必须加以明确而又不可调整的安排。建筑施工活动由于建筑产品的固定性,必须在同一场地上进行,如果没有前一阶段的工作,后一阶段就不能进行。在施工过程中,即使它们之间交错搭接地进行,也必须遵守一定的顺序。

满足施工工艺的要求,不能违背各施工顺序间存在的工艺顺序关系。例如,堤(坝)护坡工程的施工顺序为:堤(坝)坡面平整、碾压→垫层铺设→护坡块的砌筑。

考虑施工组织的要求。有的施工顺序,可能有多种方式,此时必须按照对施工组织有利和方便的原则确定。例如,水闸的施工,闸室基础较深,而相邻结构基础浅,则应根据施工组织的要求,先施工闸室深基础,再施工相邻浅基础。

考虑施工质量的要求。例如,现浇混凝土的拆模,必须等到混凝土强度达到一定要求后,方可拆模。

施工顺序的一般要求:

(1)先地下后地上:主要指应先完成基础工程、土方工程等地下部分,然后进行地面结构施工;即使单纯的地下工程也应执行先深后浅的程序。

(2)先主体后围护:指先对主体框架进行施工,再施工围护结构。

(3)先土建后设备安装:先对土建部分进行施工,再进行机电金属结构设备等安装的施工。

(四)注意施工季节的影响

不同季节对施工有很大影响,它不仅影响施工进度,而且影响工程质量和投资效益,在确定工程开展程序时,应特别注意。例如在多雨地区施工,就必须考虑先进行土方工程施工,再进行其他工程施工;大规模的土方工程和深基础工程施工最好不要安排在雨季;

寒冷地区的工程施工，最好在入冬时转入室内作业和设备安装。

六、施工方法和施工机械选择

在现代化施工条件下，施工方法与施工机械关系极为密切，一旦确定了施工方法，施工机械也就随之而定。施工方法的选择随工种的不同而不同，如土石方工程中，确定土石方开挖方法或爆破方法；在钢筋混凝土工程中，确定模板类型及支撑方法，选择混凝土的搅拌、运输和浇筑方法等。所选择的机械化施工总方案，不仅技术先进、适用，而且经济合理。

施工设备选择及劳动力组合宜遵守下列原则：

(1)适应工程所在地的施工条件，符合设计要求，生产能力满足施工强度要求。

(2)设备性能机动、灵活、高效、能耗低、运行安全可靠，符合环境保护要求。

(3)应按各单项工程工作面、施工强度、施工方法进行设备配套选择；有利于人员和设备的调动，减少资源浪费。

(4)设备通用性强，能在工程项目中持续使用。

(5)设备购置及运行费用较低，易于获得零配件，便于维修、保养、管理和调度。

(6)新型施工设备宜成套应用于工程，单一施工设备应用时，应与现有施工设备生产率相适应。

(7)在设备选择配套的基础上，施工作业人员应按工作面、工作班制、施工方法，以混合工种结合国内平均先进水平进行劳动力优化组合设计。

七、碾压式土石坝施工方案的选择要点及实例

(一)碾压式土石坝施工方案的选择要点

碾压式土石坝填筑体的施工过程包括运输、卸料、铺料、压实、检查等工序。对不同部位又分为砂砾料填筑、防渗体填筑、过渡反滤体垫层、护坡等施工过程。其方案选择就是针对各个施工过程所采用方法的选择，另外方案应包括在坝面上这些作业过程的组织形式，区段的划分及各作业过程在各区段上的施工顺序，在纵向断面上分块及各分块的填筑在时间上的顺序安排(见图 2-2)，机械设备的选择。

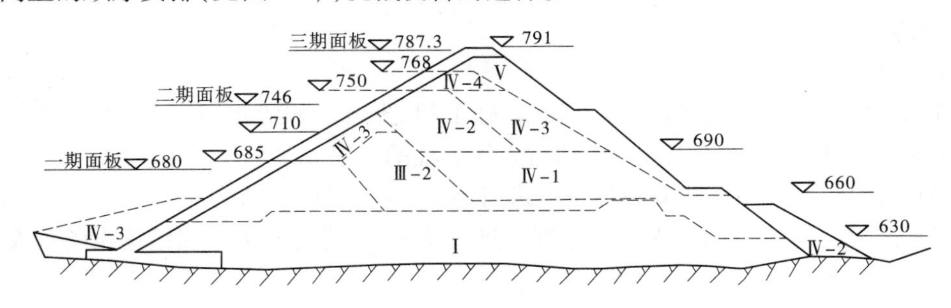

图 2-2 水电站坝体填筑分期示意图 (单位:m)

(1)大体积砂砾料施工方法包括卸料和铺料的方法，填料加水方法，坝体压实的参数选择和压实机械的运行方式，坝体分块填筑纵横缝处理及岸坡结合部位的压实处理。

(2)防渗心墙与砂砾料的施工过程和填筑方法,因填筑料的不同是有一定差异的,在方案选择中应予注意。

(3)坝体分期分块填筑方案应与导流、拦洪、度汛设计相结合。在单位工程施工组织设计中,重点应放在施工过程的划分和施工方法的选择以及组织方式上。

(4)土石坝施工机械设备选择应使所选机械的技术性能适应工作的要求、施工对象的性质和施工场地的特征,能充分发挥机械效率,保证施工质量。所选施工机械应技术先进,生产效率高,操作灵活,机动性高,安全可靠,结构简单,易于检修保养,类型比较单一,通用性好,工艺流程中各工序所用机械应配套成龙,设备购置费和运行费用较低,经济效果好。

(5)土石坝施工中土料开挖、运输、填筑过程中常用的机械设备有正铲、反铲、装载机、拉铲、采砂船、推土机、铲运机、自卸车、带式运输机、拖式及自行式振动碾、平地机、小型振动碾、夯锤振冲碎石机、激光导向反铲摊铺机设备,具体各类机械的性能及选择在水利工程施工技术课程中有详细讨论。

(二)碾压式土石坝施工方案的应用实例

【应用实例2-1】 某水库施工组织设计中土石方填筑施工方案。

一、料源供应

大坝填筑料主要有土料、砂砾石料、石渣料、砂反滤层、砾石反滤层、过渡层、堆石填筑、块石护坡等。

坝壳料已由发包人堆置在坝前坝后1 000 m范围内,由承包人自行装运;反滤料中砾石由承包人在发包人指定的坝后成品料堆自行装运;土料利用Ⅵ号土料场即右岸土方开挖料填筑;石渣料利用溢洪道开挖石料填筑,此料堆存在下游石渣堆存场内,由承包人自行装运;砂反滤层依照招标文件,利用距坝址150 km的××河砂,由承包人自行购买。排水棱体堆石料和护坡块石料采用3#石料场石料。

二、坝体填筑施工方案

根据招标文件及大坝总体形象进度,大坝填筑共分5期,其中Ⅰ期为858.0 m高程以下,结合槽上游侧坝体砂砾石及壤土填筑;Ⅱ期填筑869.8 m高程以下坝体壤土及砂砾石填筑;Ⅲ期进行869.8~897.0 m坝体壤土及砂砾石填筑;Ⅳ期进行排水棱体填筑;Ⅴ期进行坝后石渣填筑。详见表2-2。

表2-2 坝体分期填筑特征

序号	分期	填筑高程(m)	工程量(万 m^3)	施工时段(年-月-日)	填筑时间(月)	平均上升高度(m/月)	填筑强(万 m^3/月)
1	Ⅰ期	848.0~858.0	30.13	2013-02-01~04-30	3	3.3	10.04
2	Ⅱ期	843.0~869.8	83.63	2013-05-01~09-30	5	5.4	16.73
3	Ⅲ期	869.8~897.0	99.82	2013-10-01~2014-05-31	6	4.5	16.64
4	Ⅳ期	848.0~858.5	4.17	2014-04-01~06-30	3	3.5	1.36
5	Ⅴ期	858.5~897.0	26.63	2014-07-01~11-30	5	7.7	5.33

大坝填筑主要分为三大部分:上游的坝壳砂砾石填筑、中部的土料填筑、下游的石渣

填筑。上游坝壳砂砾石和中部壤土平起填筑，下游石渣利用溢洪道开挖料在上游坝壳砂砾石和中部壤土填筑到坝顶后填筑。土料根据招标文件在Ⅵ号土料场开采，料场加水计划采用筑畦灌水法分区进行灌水，加水量、灌水深度、灌水次数、灌水浸润时间等均应通过现场试验确定。

大坝 858.0 m 高程以下砂砾石填筑利用 3# 基坑施工支线道路填筑；大坝 869.8 m 高程以下砂砾石填筑采用坝前坝壳堆料场料利用 7# 道路，过上游围堰进行填筑；大坝 869.8 m 高程以下土料利用 5# 道路进行填筑。大坝 869.8 m 至坝顶砂砾石采用坝后坝壳堆料场料利用 6# 施工期上坝路进行填筑；大坝 869.8 m 至坝顶土料填筑利用 2# 道路及 6# 施工期上坝路进行填筑。坝后石渣经过坝顶道路利用 6# 施工期道路或利用 2# 道路、坝后贴坡道路进行填筑。

大坝填筑砂砾石料采用 1.6 m^3 反铲挖装，20 t 自卸汽车拉运，采用后退法卸料，220HP 推土机摊铺，20 t 自行式振动碾碾压。

土料在土料制备场采用 1.6~2.0 m^3 反铲直接挖装，20 t 自卸汽车运输，采用进占法卸料，220HP 推土机摊铺，18 t 自行式凸块振动碾碾压。

砂反滤层依照招标文件，由承包人自行购买堆存于堆料场待用，采用 3 m^3 装载机装车，20 t 自卸汽车运输，人工配合 1 m^3 反铲摊铺整平、20 t 自行式振动碾碾压。

过渡料满足设计图纸要求，采用 3 m^3 装载机装车，20 t 自卸汽车运输，人工配合 1 m^3 反铲摊铺整平、20 t 自行式振动碾碾压。

坝体下游排水棱体，采用 3# 石料场石料，1.6 m^3 反铲装车，20 t 自卸汽车拉运至坝面，采用后退法卸料，220HP 推土机摊铺整平，其摊铺厚度 $\leqslant$80 cm，具体填筑厚度和碾压遍数由碾压试验确定，并由 20 t 拖式振动碾碾压至密实。

在砂砾料、石渣料和反滤料等坝料摊铺、平整过程中洒水，碾压前完成洒水，洒水量以在水管接口处接装流量计来进行控制和计量，洒水量的多少根据碾压试验进行确定。

坝料碾压时平行于坝轴线方向进退错距法碾压。对靠近大坝两岸坡混凝土 1.5 m 范围内土料，降低铺料厚度，采用小吨位自行式振动碾碾压，对振动碾无法碾到的部位或岸坡处拟采用液压振动夯或蛙夯加强碾压。

三、坝体填筑施工道路布置

（略）

四、坝体填筑工序流程

（略）

五、坝体填筑料开采与平衡

（一）大坝填筑料料源

按照招标文件要求和现场踏勘情况，本工程大坝填筑施工料源主要分为五部分，即土料、坝壳料、混合料、石渣料和块石料。

土料：分为Ⅳ号和Ⅵ号两个料场，其中Ⅵ号料场位于坝右岸 897.0 m 平台以上，其料源丰富，可满足本工程土料填筑要求。

坝壳料：大坝上、下游坝壳料场已堆存合格坝壳料 120 万 m^3，其中上游 50 万 m^3、下游 70 万 m^3，可满足坝体填筑要求。

混合料:混合料分砂反滤料、砾石反滤料、垫层料和过渡料。由业主提供足够的砾石,质量符合要求;砂为××河砂,承包人自行购买。

石渣料:坝后石渣填筑利用溢洪道开挖渣料,此料堆存在下游石渣堆存场内,由承包人负责挖、装、运、碾。

块石料:本工程所有块石料均从3#石料场购买,3#石料场距工地现场31 km。可满足大坝块石料需要。

(二)坝体填筑料开采

1.料源复查

由工程技术部及质检站、实验室会同监理、设计及地质单位对大坝右岸Ⅵ号土料场复查,根据《水利水电工程天然建筑材料勘察规程》(SL 251—2015)要求:

(1)土料的开采范围和数量,其中料场的有效储量,按照料场实际可开采的总量(自然方)与坝体填筑数量的一般比值,料场复查按1.5~2.0倍的系数进行储量普查。

(2)料源的分布、覆盖层厚度、可开采厚度、地下水分布及弃渣数量等。

(3)根据施工图纸要求对石渣、排水棱体块石、砂反滤料等各种材料进行物理力学性能复核试验。

料场复查结束后,由工程技术部会同质检站、实验室对料场复查结果进行分析,并编写料场复查结果报告,报监理工程师审批。

2.土料场开采

(1)料场复查:土料场复查完毕,并对各项土性指标进行检测和试验后,再综合考虑对土料的制备及开采方案。本工程所用土料场含水量偏低,在开挖前进行抽水闷料,将含水量调整至上坝填筑含水量范围内。

(2)清表:对表层的无用料进行清除,用220HP推土机推,3 m^3装载机装,20 t自卸汽车拉运至开采区以外堆放。

(3)土料加水:Ⅵ号土料场土料天然含水量平均为12%,低于最优含水量,需加水增加含水量。本工程料场地势起伏,根据本单位类似工程施工经验,料场加水计划采用筑畦灌水法进行加水,将料场用土堤围成20 m×20 m或10 m×30 m的若干畦块,土堤高度为50 cm,分区进行灌水,加水量、灌水深度、灌水次数、灌水浸润时间等均应通过现场试验确定。

开采主要由220HP推土机清表,1.6 m^3反铲挖装(立采法),20 t自卸汽车运输。

(三)坝体填筑料平衡

(略)

六、碾压试验

为确保坝体填筑质量,在坝体填筑前,首先在坝体填筑区进行与施工条件相仿的现场碾压试验。

试验场地设在坝体,进行生产性试验。通过碾压试验确定大坝各类填筑料的摊铺厚度、最优含水量、碾压机具、碾压遍数等施工参数,确定最佳的设备配置及最优的施工方案,用以指导施工,为土石方填筑施工和质量控制提供依据。

（一）土料碾压试验

（1）试验前，由测量人员进行试验区放样，由220HP推土机对试验场地进行平整及压实，场地要求平坦，地基坚实，并在摊铺试验料前，先在地基上铺压一层土料，其含水量（ω）控制在最优含水量（ω_{OP}）附近，将此层作为基层，然后在其上进行碾压试验。为测定土料在碾压过程中的沉陷量（Δh），在场地外埋设混凝土临时水准基点，以便测量所铺土料碾压前、后厚度（h），计算沉陷量（Δh）。

（2）土料碾压，采用淘汰法组合试验，即收敛法，此法每次只变动一种参数（如碾压遍数、铺土厚度），固定其他参数，通过试验求出该参数的适宜值；同样，变动另一个参数，用试验求得第二个参数的适宜值，依此类推，等各项参数选定后，用选取参数进行复核试验，以确定最后施工参数。

（3）土料拉运，由20 t自卸汽车拉运至试验区，用进占法卸料，220HP推土机摊铺，PY-180B平地机精平，18 t自行式凸块振动碾进、退错距法碾压，环刀法取样（取样地点或区域2 m×5 m，事先撒白灰做点标识），酒精燃烧法检测干密度（ρ_d）。在碾压过程中，每碾压两遍，测量其沉陷量（Δh）、含水量（ω）、干密度（ρ_d），直至试验参数组合全部完成。

在碾压过程中，由于碾压时产生侧向挤压，因此试验区的两侧（垂直行车方向）须留出一个碾宽，顺碾压方向的两端留出4～5 m作为非试验区，以满足停车和错车需要。土方填筑碾压试验各项参数见表2-3。

表2-3 土方填筑碾压试验参数

填料名称	碾压厚度（cm）	加水量（%）	碾压遍数（遍）	碾压机具	检验、试验方法
土料	25、30、35	由料场确定	6、8、10	18 t凸块振动碾	环刀法

（二）砂砾料、反滤料、石渣和堆石料碾压试验

（略）

七、坝料运输

（1）坝料运输采用自卸汽车，运输车辆应相对固定，并经常保持车厢、轮胎的清洁，防止残留在车厢和轮胎上的泥土带入清洁的反滤料、过渡料、排水体料和堆石料的料源及填筑区。

（2）反滤料运输及卸料过程中，应采取措施防止颗粒分离。运输过程中反滤料应保持湿润，卸料高度不大于2 m。

（3）监理工程师认为不合格的土料、反滤料、垫层料、过渡料或堆石料，一律不得上坝。

（4）坝料运输车辆必须在挡风玻璃右上角标明坝料分区名称。

（5）坝料运输时，车辆速度不得大于30 km/h（桥梁处不大于15 km/h），载重量不得大于车辆的标定载重量。

八、各类坝料填筑施工工艺与方法

（一）测量放线

坝基及岸坡处理完成后，按设计要求利用莱卡TCR802型全站仪测量放样，确定各填

筑料区的交界线，白灰撒线并插标志牌进行标识，在两岸岸坡基岩面上标写高程及桩号。

（二）坝基砂卵砾石层碾压

对河床砂卵砾石坝基由18 t自行式振动碾碾压8~10遍（由碾压试验确定），然后在河床冲积层表面开始填筑反滤层或砂砾石。

（三）土料填筑

1.控制要点

（1）土料填筑前，在与混凝土防渗墙接触处，按施工图纸要求的尺寸铺设一层（岸边为一条带）纯黏土接触带。铺土料时，避免产生砾石集中而形成土体架空的现象。

（2）与土料接触的混凝土表面，在临铺填壤土前清洗干净，并涂刷一层厚3~5 mm的浓黏土浆，以利坝体与基础之间的结合。

（3）第一层接触土料的施工参数碾压试验后，报发包人、监理工程师、设计人员批准后执行。

（4）土层碾压机具的行驶方向以及铺料方向应平行坝轴线，而靠两岸的接触带土料则用满载的运料汽车或装载机轮胎顺岸边进行压实。

（5）土料的每一填土层按规定参数施工完毕，并经监理人检查合格后才能继续铺筑上一层，在继续铺筑上层新土之前，对压实层表面残留的、被碾子凸块翻松的半压实土层进行处理（包括含水量的调整），以免形成土层间结合不良的现象。

（6）压实土体严格控制不能出现漏压虚土层、干松土、弹簧土、剪力破坏和光面等不良现象。

（7）土料本身铺土面尽量平起，以免造成过多的接缝。当由于施工需要进行分区填筑时，其横向接缝坡度不陡于1∶3。斜墙内不留纵向接缝。

（8）在接合的坡面上，配合填筑的上升速度，将表面松土铲除至已压实合格的土层。坡面须经刨毛处理，并使含水量控制在规定的范围内，才能继续铺填新土进行压实。

（9）汽车穿越防渗体路口段，应经常更换位置，不同填筑层路口段应交错布置。对路口段超压土体的处理应经监理人批准。被污染的土料，应清除干净。

（10）为保持土料正常的填筑含水量，日降雨量大于10 mm时，停止填筑。土料填筑面略向上游倾斜，以利排除积水，下雨前应采取措施，防止雨水下渗，雨后应将填筑面含水量调整至合格范围才能复工。雨季停工前，土料填筑区表面铺设保护层，复工前予以清除。

2.施工方法

（1）填筑时自卸汽车将料直接卸入工作面，220HP推土机推平，人工辅助平整，18 t自行式凸块振动碾碾压，铺层厚度等按碾压试验确定的施工参数执行。

（2）与基础和岸边的接触处填料时，不得因颗粒分离而造成粗料集中和架空现象。分段铺筑时，做好接缝处各层之间的连接，防止产生层间错动或折断现象。在斜面上的横向接缝应收成缓于1∶2的斜坡。

（3）填筑施工参数经碾压试验后确定。为增强压实效果，碾压前加水润湿，加水量由碾压试验确定。

(4)场地狭窄部位采用手扶式振动碾碾压,局部边际振动碾不能碾及的部位,采用蛙夯夯压密实。

(四)反滤层填筑

土料底部分别填筑0.6 m厚砾石反滤层和0.4 m厚砂反滤层。砂砾石和土料之间的砾石反滤层水平宽1 m,砂反滤层水平宽0.5 m。反滤料断面尺寸较小,为保证位置准确,在反滤料摊铺前由测量人员测量并放出施工边线,用白灰线进行标识。反滤料铺料厚度与土料厚度相同,计划厚度为30 cm,具体由碾压试验确定,砾石反滤层由业主堆存在成品反滤料堆放场,砂反滤层购买后经过加工,堆存在成品反滤料堆放场。填筑时,采用3 m^3装载机装车,20 t自卸汽车运输,后退法卸料,1 m^3反铲配合人工摊铺整平,并由20 t自行式振动碾碾压。

反滤料与土料平起填筑,即一层反滤料和一层土料同步铺料,振动平碾骑缝碾压。

反滤层与土料、砂砾石连接时,断面控制原则为:①反滤层与心墙连接时,保证心墙的设计厚度不受侵占;②反滤层与过渡层连接时,保证反滤层的设计厚度不受侵占。

反滤料与基础和岸边的接触处填料时,不得因颗粒分离而造成粗料集中和架空现象。确保反滤层与相邻层次之间的材料界限分明。分段铺筑时,做好接缝处各层之间的连接,防止产生层间错动或折断现象。在斜面上的横向接缝应收成缓于1∶2的斜坡。

反滤层与砂砾料交界处的压实采用振动平碾压实,碾子的行驶方向平行于界面,严格控制心墙土被带至反滤层而发生污染。

反滤层与岸边接触处采用振动平碾顺岸边进行压实。对振动碾无法到达的边角部位,由人工配合1 t液压振动夯板压实。

(五)坝壳料填筑

(1)坝壳料采用业主堆存在堆存场的坝壳料填筑,采用1.6 m^3反铲挖装,20 t自卸汽车运输卸料,后退法填筑,220HP推土机推平,20 t自行式振动碾碾压,碾压时采用错距法顺坝轴线方向进行,中低速行驶。铺料层厚及碾压遍数严格采用碾压试验确定并经监理工程师批准的参数施工。铺筑碾压层次分明,做到平起平升,以防碾压时漏碾、欠碾。

(2)振动碾难于碾及的地方用蛙夯进行压实,压实遍数按业主和监理人指示做出调整。岸边地形突变及坡度过陡而振动碾碾压不到的部位,适当修整地形使振动碾到位,局部用振动板或振动夯压实。

(3)加水在碾压前提早进行,洒水量以在水管接口处接装流量计来进行控制和计量,洒水量的多少根据碾压试验确定。

(4)上坝料必须保证质量,严禁草皮、树根及含泥量>5%的石料上坝。

(5)大坝填筑施工参数做碾压试验后,报发包人、监理工程师、设计人员批准后执行。

(六)排水棱体

坝体下游排水棱体采用3#石料场石料。采用1.6 m^3反铲装车,20 t自卸汽车拉运至坝面,采用后退法卸料,220HP推土机摊铺整平,其摊铺厚度为80 cm,具体填筑厚度和碾压遍数由碾压试验确定,并由20 t拖式振动碾碾压至密实。

(七)过渡层和石渣填筑

坝后865 m高程以上壤土和石渣采用过渡层,水平宽3 m。过渡层与石渣同起填筑,

过渡层选用反滤料加工成型后，采用 3 m^3装载机装载，20 t 自卸汽车运输至坝面，后退法卸料，220HP 推土机摊铺，摊铺厚度 40 cm，具体填筑厚度和碾压遍数由碾压试验确定，采用 20 t 自行式振动碾碾压至密实。

坝后石渣填筑采用溢洪道开挖利用料，采用 1.6 m^3反铲装车，20 t 自卸汽车拉运至坝面，采用后退法卸料，220HP 推土机摊铺整平，其摊铺厚度为 80 cm，具体填筑厚度和碾压遍数由碾压试验确定，并由 20 t 拖式振动碾碾压至密实。

（八）上、下游护坡施工

坝体上游混凝土网格干砌石护坡厚 0.4 m，下铺 0.2 m 厚砾石垫层，上游护坡随坝体上升同步进行，滞后坝体填筑 5~10 m。砾石垫层采用反滤料场砾石，人工配合 1 m^3反铲铺筑。混凝土网格采用现浇法施工，混凝土来源于混凝土拌和站，6 m^3混凝土罐车运输，模板采用钢木组合模板，Φ 30 插入式振捣器振捣，人工收面。干砌石护坡采用 3#石料场块石，20 t 自卸汽车运至坝面，人工配合 1 m^3挖掘机进行砌筑。护坡施工中，将块石大面朝外，其外线与设计坝坡线误差不超过 0~100 cm，所有明缝均用小片石料填塞紧密。坝后浆砌石框格草皮护坡，在坝后石渣填筑完成后进行。

（九）坝体特殊部位填筑

1.各类坝料接合部位处理（界面处理）

各类坝料接合部位（界面）由人工配合 1 m^3挖掘机对大料集中区进行处理，尤其是反滤料与土料，反滤料与砂砾石接触界面，采用齿耙分层，用人工清除分界面上超粒径的块石。坝体填筑过程中，允许细料占压粗料区，严禁粗料占压细料区。

2.坝体与岸坡接合部的填筑

坝体与岸坡接合部位包括坝体与原岸坡、坝体与补坡体、坝体与岸坡混凝土等，其接合部位填筑时，若采用自卸汽车卸料及推土机平料，容易发生超径石集中和架空现象，且局部区域碾压机械不易碾压。对该部位填筑采取如下技术措施：

（1）对岸坡反坡部位进行削坡、回填混凝土（浆砌石）予以处理。

（2）对接合部位按设计要求铺填细料，并由振动碾尽可能沿岸坡方向碾压密实。

（3）对岸坡接合处的补坡体（混凝土、浆砌石等），在宽 2 m 范围内，采用减薄铺料厚度至 20 cm，增加碾压遍数及振动碾静压等方式进行碾压。对振动碾不易压实的边角部位，由 1 t 液压振动夯板压实。

（4）土料的横向接缝处的接坡不陡于 1∶3.0，随着坝体填筑的上升，接缝必须陆续削坡，直到合格面方可填筑。

土料接缝削坡取样检查合格后，必须边洒水、边刨毛、边铺料压实，且其含水量为施工含水量的上限。

对于坝基，应将表面含水量调整到施工含水量上限，用凸块振动碾压实，经监理工程师验收后方可填土。

铺土前，坝基应压实，经监理工程师验收后方可按设计要求回填第一层土料。第一层料的铺土厚度可适当减薄，含水量调整到施工上限，采用轻型压实机具压实。

3.上坝路与坝体接合部位

坝后“之”字道路，随坝体分期（序）填筑而形成。对于坝后“之”字道路转弯拐角处，为满足 20 t 自卸汽车运输转弯半径要求（不小于 8.3 m），在靠近坝体侧按设计要求随坝体填筑做成挡墙形式，以满足坝体填筑需要。

对于上坝路与坝体接合部位，坝区内采用坝体相同料区的土料进行分层填筑。填筑质量按相同区料的填筑要求控制。当坝体填筑上升掩盖该路段时，路两侧的松渣采用反铲分层挖除至相应填筑层，并与刨松后的路面一起平料碾压。

八、混凝土施工方案的选择要点及实例

（一）混凝土施工方案的选择要点

混凝土工程设施类型很多，如混凝土挡水坝，各种形式的放水塔、水闸、隧洞衬砌，水电站混凝土结构等。这些建筑物的结构及构造形式不同，但无论何种类型的混凝土构筑物，其施工方案均包含混凝土筑块的划分及浇筑顺序安排、混凝土的浇筑振捣养护方案、机械选型方案、混凝土拌和运输方式、模板工程及构件运输方案、接缝灌浆方案等内容。

1.选择方案时应综合考虑的因素

（1）水工建筑物的结构及规模，工程量与浇筑部位的分布情况，施工分缝特点。

（2）按总进度拟订的各施工阶段的控制性浇筑进度及强度要求。

（3）施工现场的地形、地质和水文特点，导流方式及分期。

（4）混凝土搅拌楼的布置和生产能力。

（5）混凝土运输设备的形式、性能和生产能力。

（6）模板、钢筋、构件的运输、安装方案。

（7）施工队伍的技术水平，熟练程度和设备状况。

2.整体施工过程的安排

一般按分缝分块单元划分，也可以按单元内的工序过程划分（准备、铺料、平仓、振捣、养护）。每种类型的构筑物，各自都有不同的分缝分块要求和形式。

分缝分块形式不同，施工过程及顺序的安排就有所不同，总体上施工程序应按划分的施工过程遵循由下向上、由低至高、先主体后围护、先结构后装饰的原则。

（1）对于水电站厂房，就整体分为下部结构（包括尾水管、锥管、蜗壳、大的孔洞结构和大体积钢筋混凝土结构）及上部结构（由钢筋混凝土板、柱、梁组成）。在安排施工方案时应结合闸坝工程方案及布置统一考虑。门式起重机和塔式起重机通常都布置在厂房上下游，沿厂房轴线方向移动，一般不设栈桥，后期视需要将门式起重机移到尾水平台或厂坝之间。履带起重机可作为辅助机械，浇筑厂房下部及电站进水渠、尾水渠等板状结构物，对于起重机浇筑不到的部位也可采用胶带机械或混凝土泵进行施工。

（2）对于大体积混凝土，一般有温控要求，在拟订施工方案时，应明确分缝分块浇筑方法，按照分缝分块的具体方式、大小和厚度要求对全部浇筑体进行横断面与纵向的分区分块划分，并排列它们的浇筑顺序，在浇筑过程中及浇筑之后，有温控措施要求的，必然会增加施工环节，如浇筑后采用人工冷却或自然冷却都会存在冷却时间过程，所以在拟订方案时也应注意。对于混凝土浇筑中发生时间消耗的温控过程均应在方案中予以考虑。

（3）对于结构较为复杂的厂房混凝土，在拟订方案时，其施工程序一般按基础填筑、弯管段和扩散段、底板、尾水弯管段、尾水扩散段、蜗壳侧墙、厂房上下游墙、厂房屋顶、二

期混凝土、机组安装、厂房装修等几个施工区(块)和部分进行。这里应说明的问题是土建与安装应被作为两种类型的工程对待,单位工程施工组织设计是分别编制的,但在编制时应互相照应、互相协调。

(4)应妥善安排厂房混凝土浇筑与机电安装工程施工,避免或减少相互干扰,与第一台机组发电有关的混凝土宜先浇筑。

3.混凝土浇筑设备选择应遵守的原则

(1)起吊设备能控制整个平面和高程上的浇筑部位。

(2)主要设备性能良好,生产率高,配套设备能发挥主要设备的生产能力。

(3)在固定的工作范围内能连续工作,设备利用率高。

(4)浇筑间歇能承担模板、金属构件及仓面小型设备吊运等辅助工作。

(5)不压浇筑块,或不因压块而延长浇筑工期。

(6)生产能力在保证工程质量的前提下能满足高峰时段浇筑强度要求。

(7)混凝土宜直接起吊入仓,混凝土浇筑、运输宜选用先进、高效、可靠的设备。

(8)当混凝土运距较远时,宜用混凝土搅拌运输车运输。

4.门式、塔式起重机布置应考虑的因素

(1)栈桥布置应满足施工期防洪要求,栈桥高程与混凝土供料线高程相协调。

(2)栈桥宜平行坝轴线布置,在混凝土浇筑过程中避免拆迁。

(3)栈桥形式应通过技术经济比较和工期要求等因素分析确定。

5.塔带机布置应考虑的因素

(1)混凝土浇筑过程中宜避免拆迁。

(2)混凝土生产能力、振捣设备等应与塔带机的运料能力相适应。

6.缆索式起重机布置应考虑的因素

(1)适用于河谷较窄的坝址。

(2)缆索式起重机形式根据两岸地形、地质、坝型及工程布置、浇筑强度、设备布置等条件进行技术经济比较后选定。

(3)混凝土供料线应平直,设置高程宜接近坝顶,供料线的宽度和长度应满足混凝土施工及辅助作业的要求,不宜低于初期发电水位,不占压或少占压坝块。

(4)承重缆垂度可取跨度的5%,缆索端头高差宜控制在跨度的5%以内;供料点与塔顶水平距离不宜小于跨度的10%。

7.混凝土起吊设备数量

混凝土起吊设备数量根据月高峰浇筑强度、吊罐容量、设备小时循环次数、可供浇筑的仓面数和辅助吊运工作量等,经计算或用工程类比法确定。其中,辅助吊运工作量可按吊运混凝土当量时间的百分比计算,可在下列范围内取值:重力坝:10%~20%;轻型坝:20%~30%;厂房:30%~50%。

混凝土起吊设备的小时循环次数应根据设备运行速度、取料点至卸料点的水平及垂直运输距离、设备配套情况、施工管理水平和工人技术熟练程度分析计算或用工程类比法确定。

混凝土施工设计宜通过方案比较选定;确定拌和、运输起吊设备数量及其生产率、浇筑强度和整个浇筑工期。

从混凝土运输浇筑角度看，建筑物的高度、体积（工程量）、场面大小和环境状况是决定混凝土施工方案的重要因素。对于高度大（50 m 以上）、规模大的建筑物，垂直运输占主要地位，常以缆机（中高坝）、塔机为主要方案，而以履带式起重机及其他较小型机械设备为辅助措施；对于高度小（50 m 以下）的建筑物，如低坝、水闸、护坦、厂房等可用门式起重机、塔机和履带式起重机等作为主要方案，一般不设栈桥（针对坝体）。

8.模板选择可遵守的原则

（1）模板类型应适合结构物外型轮廓，有利于机械化操作和提高周转次数。

（2）宜多用钢模、少用木模。

（3）结构形式宜标准化、系列化，便于制作、安装、拆卸和提升，条件适合时宜选用滑模或悬臂式、组合式钢模。

9.坝体最大浇筑仓面尺寸

坝体最大浇筑仓面尺寸宜在分析混凝土性能、浇筑设备能力、温度控制措施和工期要求等因素后确定。用平浇法浇筑混凝土时，设备生产能力应能确保混凝土初凝前将仓面覆盖完毕；当仓面面积过大，设备生产能力不能满足时，可用台阶法浇筑。

10.坝体接缝灌浆应遵守的原则

（1）接缝灌浆应待灌浆区及以上冷却层混凝土达到坝体稳定温度或设计规定值后进行，在采取有效措施的情况下，混凝土龄期不宜短于 4 个月。

（2）同一坝缝内灌浆分区高度为 10~15 m。

（3）拱坝封拱灌浆高程和浇筑层顶面间的允许高差应根据施工期应力确定。

（4）空腹坝封顶灌浆，或受气温年变化影响较大的坝体接缝灌浆，宜采用较坝体稳定温度更低的超冷温度。

11.大体积混凝土施工应进行温度控制设计

（1）重要工程的大坝，应进行温度应力仿真计算。

（2）应根据工程特点、施工条件、气候条件、温度控制要求做好夏季施工降温和冬季保温措施。

（3）大体积混凝土掺用粉煤灰施工宜符合下列规定：①掺用粉煤灰混凝土暴露面的潮湿养护时间不应小于 21 d；②掺用粉煤灰混凝土在低温条件下施工，应注意表面保温，拆模时间应适当延长。

（4）低温季节混凝土施工必要性应根据总进度及技术经济比较论证后确定。在低温季节进行混凝土施工时，应做好保温防冻措施。

12.碾压混凝土原材料与拌和应符合的规定

（1）胶凝材料用量不宜少于 130 kg/m^3，最大骨料粒径以不大于 80 mm 为宜。

（2）粉煤灰及火山灰质等活性材料可作为碾压混凝土的掺和料，粉煤灰选用应符合《粉煤灰混凝土应用技术规范》（GB/T 50146—2014）的规定。

（3）碾压混凝土配合比应通过试验确定。

（4）碾压混凝土材料稠度（或称结构黏度）V_c 值宜通过现场试验确定。

（5）自落式和强制式拌和设备均可用于拌制碾压混凝土。

13.碾压混凝土施工应遵守的原则

(1)宜避开高温季节施工,并进行温度控制设计。

(2)混凝土填筑宜薄层连续上升,经试验论证能保证质量时可适当增大厚度。

(3)碾压混凝土可采用自卸汽车直接入仓或胶带机运输仓内辅以汽车转料;采用负压溜槽(管)运输碾压混凝土材料时,其倾角应大于45°,单级落差不宜大于70 m。

(4)碾压混凝土可采用湿地推土机或摊铺机铺料,振动碾压实;为适应坝体不同部位碾压压实要求,宜配备不同型号和功率的振动碾。

(二)混凝土施工方案的应用实例

【应用实例2-2】 某水库施工组织设计中混凝土施工方案。

一、概述

本合同混凝土工程包括:上下游护坡混凝土、左右岸边坡混凝土、坝顶防浪墙混凝土、坝顶沥青路面混凝土、左右岸灌浆平洞衬砌混凝土、河床截渗墙混凝土、岸坡截渗墙混凝土及其他排水沟混凝土和少量预制混凝土等内容。主要工程量为:混凝土23 392.5 m^3,钢筋制安732.62 t,沥青混凝土3 659 m^2。

二、施工布置

根据招标文件,本标段成品混凝土由发包人提供,因此不专门设置拌和站。对于小方量零星混凝土,拟在施工现场就近安装小型拌和机拌制。

各部位道路布置具体详见附图,即施工总平面布置示意图。

预制厂布置在坝址下游右岸800 m的施工生活Ⅱ区附近,主要承担本标段所有混凝土预制任务。详见附图,即施工总平面布置示意图。

三、灌浆平洞混凝土施工

(一)灌浆平洞混凝土概述

左、右岸灌浆平洞长度分别为100 m,为城门洞断面;平洞开挖断面尺寸为3.5 m×4.5 m(宽×高),全断面钢筋混凝土衬砌,混凝土衬砌厚度为0.5 m,衬砌后断面尺寸为2.5 m×3.5 m(宽×高),顶拱圆弧半径R=1.25 m;灌浆平洞底板混凝土两侧分别设0.25 m×0. 25 m排水沟。

(二)灌浆平洞混凝土施工方法

左、右岸灌浆平洞在各自隧洞开挖完成一定的安全距离后进行混凝土浇筑。混凝土分两期施工,先进行底板及以上0.8 m高侧墙混凝土浇筑,待混凝土强度达到设计强度70%以上时,再进行剩余侧墙及顶拱混凝土衬砌。

隧洞底板混凝土优先施工,跳仓浇筑,底板混凝土主要为挡头模板,模板采用组合钢模,木模补缺,80 cm高侧墙部位采用组合钢模板,模板安装应严格符合设计图纸尺寸,采用ϕ48 mm钢管围檩,Φ 14拉锚加固。混凝土泵送入仓,人工二次收面,插入式振捣器振捣密实。

隧洞侧墙及顶拱混凝土浇筑。侧墙混凝土施工采用大块模板;拱顶模板采用组合钢模板;面层厚度不小于3 mm。顶拱拱架在施工现场加工,拱圈选用80 mm槽钢轧制而成,其余结构采用ϕ48 mm钢管。钢筋、模板经监理工程师验收合格后,混凝土由拌和站按实验室确定的施工配合比拌制,JC6混凝土罐车(6 m^3)运输,HBT60混凝土泵入仓,分层浇筑,入仓厚度不大于 50 mm,ZN50 插入式振捣器振捣。顶拱混凝土由布置的入仓孔两侧平行入仓,附着式振捣器振捣,浇筑完成后达到规范要求强度后拆除模板。

四、结合槽混凝土工程

(一)结合槽混凝土工程概况

河床覆盖层上部的砂壤土属高压缩性土,将坝基范围内的砂壤土全部清除;下部(卵)砾石可以作为坝基,将上部与砂壤土接触部位清除,坝基面高程基本在 850 m 左右,结合槽底高程为 846 m,只有在靠右岸的深槽段局部开挖至 848 m 高程,结合槽底部开挖至强风化下限,底高程为 843 m。河床段结合槽宽度为 20 m,范围在坝上 11.5 m、坝下 8.5 m。结合槽总长为 464.4 m,其中左岸岸坡结合槽长为 35 m,河床段长度为 361.0 m,右岸岸坡结合槽长为 68.4 m。结合槽底部设 1 m 厚 C25 混凝土板,混凝土总量为 9 582 m^3。

(二)结合槽混凝土工程施工方法

河床段结合槽混凝土在坝基开挖至设计要求后进行施工,先浇筑河床部位结合槽混凝土,最后由下向上浇筑左右岸边坡部位结合槽混凝土。

1.基础面清理及施工缝面处理

基础面开挖完成后,进行基础面清洗。岩基上的杂物、泥土及松动岩石应清除并冲洗干净后排干积水,清洗后的基础面在混凝土浇筑前保持洁净和湿润。易风化的岩石基础及软基,在立模扎筋前要处理好地基临时保护层。基础面,在浇筑第一层混凝土前,先铺一层 2~3 cm 厚的水泥砂浆,砂浆强度比同部位混凝土强度高一级,铺设施工工艺应保证混凝土与基岩结合良好。

2.钢筋制安

钢筋在加工厂按照设计图纸进行加工,8 t 自卸汽车运至工地现场,人工卸至工作面。依据测量放线、施工规范及设计图纸安装,人工按照设计和施工规范要求进行绑扎、焊接。

3.模板

河床段结合槽模板主要为挡头模板,模板采用组合钢模,木模补缺,左、右岸边坡结合槽混凝土采用大块模板,模板安装应严格符合预先测放的控制线,ϕ48 mm 钢管围檩,采用拉锚加固。模板之间的接缝必须平整严密,施工时应逐层校正下层偏差,模板下端不应有错台。钢模板在每次使用前应清洗干净,为防锈和拆模方便,钢模面板应涂刷防锈保护涂料,不得采用污染混凝土和影响混凝土质量的涂料。

4.埋件、止水安装

止水带形式、尺寸应满足设计要求。其拉伸强度、伸长率、硬度等均符合有关规定;拉伸试验按国家标准规定执行。橡胶止水带衔接接头搭接长度不小于 10 cm。橡胶止水带衔接接头,均需采用与母体相同的焊接材料。安装时严格保证凹槽部位与伸缩缝位置一致,骑缝布置。埋入混凝土的两翼部分与混凝土紧密结合,浇筑止水片附近混凝土时应辅以人工振捣密实,严禁混凝土出现蜂窝、狗洞和止水片翻折。橡胶止水片的安装应防止变形和撕裂。安装好的止水片应加以固定和保护。伸缩缝混凝土表面应平整、洁净,当有蜂窝麻面时,应按规定处理,外露铁件应割除。

5.混凝土运输、入仓、浇筑

混凝土由业主混凝土拌和站集中拌制,JC_6 型混凝土罐车运输至施工现场,采用托式

混凝土泵入仓,分层厚度不超过 50 cm,插入式振捣器振捣。混凝土浇筑强度达到规范要求后拆除模板,拆除后立即进行洒水养护,养护期不少于 14 d。

6.施工缝缝面的处理

施工缝缝面必须使用压力水、风砂枪或人工打毛等加工成毛面,清除缝面上所有浮浆,松散物料及污染体,以露出粗砂粒或小石为准,但不得损伤内部骨料。开始打毛时间及冲毛时水压、风压等根据现场试验确定并得到监理人认可或批准。缝面打毛后清洗干净,保持清洁、湿润,在浇筑上一层混凝土前,将层面松散物及积水清除干净后均匀铺设一层厚 2 ~3 cm 的水泥砂浆。砂浆强度等级应比同部位混凝土强度等级高一级,以保证新浇筑混凝土能与老混凝土结合良好。

五、坝顶沥青混凝土路面施工方法

(一)沥青混凝土的采购与运输

本标段沥青混凝土共 3 659 m^3,量比较少,拟采用外购沥青混凝土,运距约为 21 km,采用自卸汽车运输。雨季车辆应配备防雨布,防止热拌料运输中途遭雨淋。

(二)沥青混凝土的摊铺

摊铺采用全幅施工。摊铺前,调整好熨平板的高度和横坡后,进行预热,要求熨平板温度不低于 80 ℃。它是保证摊铺质量的重要措施之一。

摊铺速度应做到缓、慢、均匀、不间断地摊铺。摊铺过程中不得随意变换速度,避免中途停顿,防止铺筑厚度、温度发生变化而影响摊铺质量,在铺筑过程中,摊铺机螺旋拨料器不停地转动,两侧应保持有不少于拨料高度 2/3 的混合料。一旦熨平板按所需厚度固定后,不应随意调整。连续稳定的摊铺是提高新铺路面平整度的主要措施。

(三)沥青混凝土的碾压

沥青混凝土碾压时应先静后振、先轻后重、先慢后快。初压时静压,使混合料摊铺面稳定,不造成推移。复压以振动碾压为主,对摊铺面起到振捣击实的作用。

(1)初压:应在混合料摊铺后较高温度下进行,一般不超过 110~120 ℃,碾压速度 1.5~2.0 km/h,并不得产生推移、开裂。

(2)复压:采用重型轮胎压路机或双钢轮振动压路机,碾压遍数经试压确定,不少于 4~6遍,温度为 90~110 ℃,达到要求的压实度,并无明显轮迹,速度为 4.0 km/h。

(3)终压:紧跟复压后进行,终压可选用双光轮压路机或关闭振动的振动压路机,碾压遍数不宜小于两遍并无轮迹,终了温度不低于 70 ℃。压实过程中随时用直尺检查平整度,用压路机趁热反复碾或用细料修补。

(四)沥青混凝土施工注意事项

(1)沥青面层不得在雨天施工,当施工中遇雨时,应停止施工。雨季施工时必须切实做好路面排水。

(2)压路机不得随意停顿,而且停机时应停靠在硬路肩上或倒到后面温度低于 70 ℃的地方,并且再起机时,要把停机造成的轮迹碾压到没有。

(3)碾压路面边缘时,工长要亲自随机指挥碾压,压不到的死角应由人工夯实。

六、预制混凝土施工

本标段预制混凝土包括下游护坡 C20 混凝土踏步及边墩混凝土。方量为 128 m^3。预制场布置在下游施工区内,钢筋在钢筋加工厂集中制作,人工现场绑扎成型,模板采用组合钢模板,混凝土由人工手推车水平运输,人工入仓,平板振捣器振捣密实。

预制好的踏步及边墩,采用自卸汽车运至施工现场,人工由坝脚向坝顶方向安装。

七、其他结构混凝土施工

(略)

九、评价施工方案

施工方案的评价工作是对施工方案进行技术经济评价的重要一环,评价的目的在于对单位工程各可行的施工方案进行比较,选择出工期短、质量好、成本低的最佳方案。

评价施工方案的方法主要有两种。

(一)定量分析评价

定量是通过计算各方案的一些主要技术经济指标,进行综合比较分析,从中选出综合指标较佳方案的一种方法。主要技术经济指标包括施工工期指标、劳动量指标、主要材料消耗指标和成本指标。

1.施工工期比较

施工工期按下式计算:

$$T = \frac{Q}{V} \tag{2-1}$$

式中　Q——工程量;

　　V——单位时间内计划完成的工程量。

2.降低成本率

降低成本指标可以综合反映采用不同施工方案时的经济效果,一般采用降低成本率 γ_c。

$$\gamma_c = \frac{c_0 - c}{c_0} \tag{2-2}$$

式中　c_0——合同价;

　　c——所采用施工方案的计划成本。

3.劳动消耗量

劳动消耗量可以反映施工机械化程度与劳动生产率水平。劳动消耗量 N 包括主要工种用工(n_1)、辅助工作用工(n_2)以及准备工作用工(n_3),即

$$N = n_1 + n_2 + n_3 \tag{2-3}$$

劳动消耗量的单位为工日,有时也可用单位产品劳动消耗量(工日/m^3,工日/t)来计算。

4.投资效益

选择的施工方案如需增加新的投资,则应考虑增加的投资额,并进行投资效益比较(如相对投资回收期,年度费用投资额收益率)。

(二)定性分析评价

指结合施工经验,对多个施工方案的优缺点进行分析比较,最后选定较优方案的评价方法。

任务三　施工总进度计划编制

施工总进度计划是以拟建项目交付使用时间为目标而确定的控制性施工进度计划,它是控制整个建设项目的施工工期及其各单位工程施工期限和相互搭接关系的依据。

一、施工总进度计划的编制原则

(1)认真贯彻执行国家法律法规,主管部门对本工程建设的指示,应满足国家和上级部门对本工程建设的要求。

(2)力求缩短建设周期,加强与施工组织设计的其他各专业设计密切联系,统筹考虑,并以关键性工程的施工工期和施工程序为主导,协调安排好各单项工程的施工进度,经过必要的方案比较,选择最优方案。

(3)在充分掌握和认真分析基本资料的基础上,尽可能采用先进施工技术、设备,最大限度地组织均衡施工,力争全年施工,加快施工进度。同时,应做到实事求是,留有适当余地,保证工程质量和安全施工。当施工情况发生变化时,要及时调整和落实施工总进度。

(4)充分重视和合理安排准备工程的施工进度,在主体工程开工前,相应各项准备工程应基本完成,为主体工程开工和顺利进行创造条件。

(5)对高坝大库工程,应研究分期建设或分期蓄水的可能性,尽可能减少第一批机组投产前的工程投资。

二、施工总进度计划的编制依据

(1)工程项目的全部设计图纸,包括工程的初步设计或扩大初步设计、技术设计、施工图设计、设计说明书、建筑总平面图等。

(2)工程项目有关概(预)算资料、指标、劳动力定额、机械台班定额和工期定额。

(3)施工承包合同规定的进度要求和施工组织设计。

(4)施工总方案(施工部署和施工方案)。

(5)工程项目所在地区的自然条件和技术经济条件,包括气象、地形地貌、水文地质、交通水电条件等。

(6)工程项目需要的资源,包括劳动力状况、机具设备能力、物资供应来源条件等。

(7)地方建设行政主管部门对施工的要求。

(8)国家现行的建筑施工技术、质量、安全规范、操作规程和技术经济指标。

三、施工总进度计划的编制步骤

(一)划分并列出工程项目

总进度计划的项目划分不宜过细。列项时,应根据施工部署中分期、分批开工的顺序和相互关联的密切程度依次进行,防止漏项,突出每一个系统的主要工程项目,分别列入工程名称栏内。对于一些次要的零星项目,则可合并到其他项目中去。例如,河床中的水利水电工程,有准备工作、导流工程、拦河坝工程、溢洪道工程、引水工程、电站厂房、升压变电站、水库清理工程、结束工作等。项目分解示意图如图 2-3 所示。

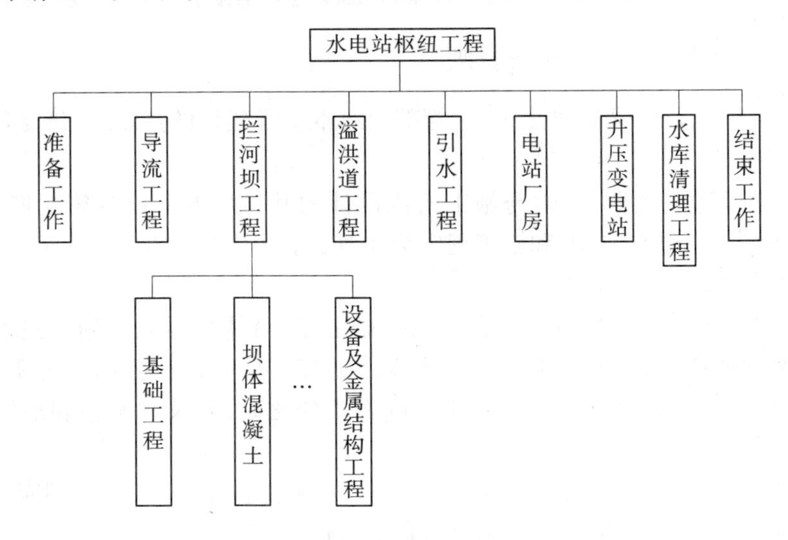

图 2-3　项目分解示意图

(二)计算工程量

工程量的计算一般应根据设计图纸、工程量计算规则及有关定额手册或资料进行。其数值的准确性直接关系到项目持续时间的误差,进而影响进度计划的准确性。当然,设计深度不同,工程量的计算(估算)精度也不同。设计图完成后,要考虑工程性质、工程分期、施工顺序等因素,按土方、石方、混凝土、水上、水下、开挖、回填等不同情况,分别计算工程量。有时,为了分期、分层或分段组织施工的需要,应分别计算不同高程(如对大坝)、不同桩号(如对渠道)的工程量,做出累计曲线,以便分期、分段组织施工。

计算工程量常采用列表的方式进行。工程量的计量单位要与使用的定额单位相吻合。计算出的工程量应填入工程量汇总表。

(三)计算各项目的施工持续时间

确定进度计划中各项工作的作业时间是计算项目计划工期的基础。在工作项目的实物工程量一定的情况下,工作持续时间与安排在工程上的设备水平、人员技术水平、人员与设备数量、效率等有关。在现阶段,工作项目持续时间的确定方法主要有以下几种。

1.按实物工程量和定额标准计算

根据计算出的实物工程量,应用相应的标准定额资料,就可以计算或估算各项目的施工持续时间:

$$t=\frac{Q}{mnkN} \tag{2-4}$$

式中　t——项目施工持续时间；

Q——项目的实物工程量；

m——日工作班制，$m=1$、2、3；

n——每班工作的人数或机械设备台数；

k——每班工作时间；

N——人工或机械工时(台时)产量定额(用概算定额或扩大指标)。

2.套用工期定额法

对于总进度计划中大"工序"的持续时间，通常采用国家制定的各类工程工期定额，并根据具体情况进行适当调整或修改。水利水电工程工期定额可参照1990年印发的《水利水电枢纽工程项目建设工期定额》。

3.三时估计法

有些工作任务没有确定的实物工程量，或不能用实物工程量来计算工时，也没有颁布的工期定额可套用，如试验性工作或采用新工艺、新技术、新结构、新材料的工程。此时，可采用三时估计法计算该项目的施工持续时间 t。

(四)分析确定项目之间的逻辑关系

项目之间的逻辑关系取决于工程项目的性质和轻重缓急、施工组织、施工技术等许多因素，概括来说分为两大类。

1.工艺关系

工艺关系即由施工工艺决定的施工顺序关系。在作业内容、施工技术方案确定的情况下，各工种工作逻辑关系是确定的，不得随意更改。如一般土建工程项目，应按照先地下后地上、先基础后结构、先土建后安装再调试的原则安排施工顺序。现浇柱子的工艺顺序为：扎柱筋—支柱模—浇筑混凝土—养护和拆模。土坝坝面作业的工艺顺序为：铺土—平土—晾晒或洒水—压实—刨毛。它们在施工工艺上都有必须要遵循的逻辑顺序，违反这种顺序将付出额外的代价甚至造成巨大损失。

2.组织关系

组织关系即由施工组织安排决定的施工顺序关系。如工艺上没有明确规定先后顺序关系的工作，由于考虑到其他因素(如工期、质量、安全、资源限制、场地限制等)的影响而人为安排的施工顺序关系，均属此类。例如，由导流方案所形成的导流程序，决定了各控制环节所控制的工程项目，从而也就决定了这些项目的衔接顺序。再如，采用全段围堰隧洞导流的导流方案时，通常要求在截流以前完成隧洞施工、围堰进占、库区清理、截流备料等工作，由此形成了相应的衔接关系。又如，由于劳动力的调配、施工机械的转移、建筑材料的供应和分配、机电设备进场等原因，安排一些项目在先、另一些项目滞后，均属组织关系所决定的顺序关系。由组织关系所决定的衔接顺序一般是可以改变的。只要改变相应的组织安排，有关项目的衔接顺序就会发生相应的变化。

项目之间的逻辑关系，是科学地安排施工进度的基础，应逐项研究，仔细确定。

（五）初拟施工总进度计划

通过对项目之间进行逻辑关系分析，掌握工程进度的特点，理清工程进度的脉络之后，就可以初步拟订出一个施工进度方案。在初拟进度时，一定要抓住关键，分清主次，理清关系，互相配合，合理安排。要特别注意把与洪水有关、受季节性限制较严、施工技术比较复杂的控制性工程的施工进度安排好。

对于堤坝式水利水电枢纽工程，其关键项目一般位于河床，故施工总进度的安排应以导流程序为主要线索。先将施工导流、围堰截流、基坑排水、坝基开挖、基础处理、施工度汛、坝体拦洪、下闸蓄水、机组安装和引水发电等关键性控制进度安排好，其中应包括相应的准备、结束工作和配套辅助工程的进度。这样，构成的总的轮廓进度即进度计划的骨架。然后，配合安排不受水文条件控制的其他工程项目，形成整个枢纽工程的施工总进度计划草案。

需要注意的是，在初拟控制性进度计划时，对于围堰截流、拦洪度汛、蓄水发电等这样一些关键项目，一定要进行充分论证，并落实相关措施。否则，如果延误了截流时机、影响了发电计划，对工期的影响和造成国民经济的损失往往是非常巨大的。

对于引水式水利水电工程，有时引水建筑物的施工期限成为控制总进度的关键，此时总进度计划应以引水建筑物为主来进行安排，其他项目的施工进度要与之相适应。

（六）调整和优化

初拟进度计划形成以后，要配合施工组织设计其他部分的分析，对一些控制环节、关键项目的施工强度、资源需要量、投资过程等重大问题进行分析计算。将同一时期各项工程的工程量加在一起，用一定的比例画在施工进度计划的底部，即可得到建设项目资源需要量动态曲线，若曲线上存在较大的高峰和低谷，则表明在该时段里各种资源的需要量变化较大，需要调整一些单位工程的施工速度或开竣工时间，以便消除高峰和低谷，使各个时期的资源需要量尽量达到均衡，若发现主要工程的施工强度过大或施工强度很不均衡（此时也必然引起资源使用的不均衡），则应进行调整和优化，使新定出的计划更加完善，更加切实可行。

必须强调的是，施工进度的调整和优化往往要反复进行，工作量大而枯燥，现阶段已普遍采用优化程序进行计算机计算。

（七）编制正式施工总进度计划

经过调整优化后的施工进度计划，可以作为设计成果整理以后提交审核。此外，应根据施工开展程序和主要工程项目施工方案，编制好施工项目全场性的施工准备工作计划。

四、施工总进度计划的表示方法

（一）横道图

横道图又称为甘特图、条状图。它通过条状图来显示项目进度、与时间相关的系统进展的内在关系和工作内容随着时间进展的情况（见图 2-4）。

横道图的优点是形象、直观，且易于编制和理解。但也存在以下缺点：

项次	工程项目	持续时间(d)	第一年				第二年							
			9月	10月	11月	12月	1月	2月	3月	4月	5月	6月	7月	8月
1	基坑土方开挖	30												
2	C10混凝土垫层	20												
3	C25混凝土闸底板	30												
4	C25混凝土闸墩	55												
5	C40混凝土闸上公路桥板	30												
6	二期混凝土	25												
7	闸门安装	15												
8	底槛、导轨等埋件安装	20												

图 2-4　某工程施工进度横道图

(1)不能明确地反映出各项工作之间的相互关系,不便于分析某些工作对其他工作及总工期的影响程度。

(2)不能明确地反映出影响工期的关键工作和关键线路。

(3)不能反映出工作所具有的机动时间。

(4)不能反映工程费用与工期之间的关系,不便于缩短工期和降低成本。

(二)网络图

网络图有双代号网络图(见图 2-5)、单代号网络图以及双代号时标网络图(见图 2-6)等。

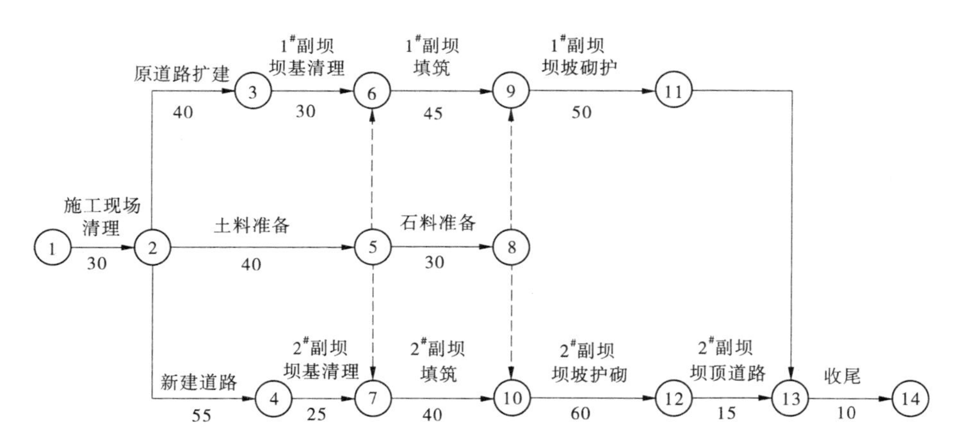

说明:1.每月按 30 d 计,时间单位为 d。

2.日期以当日末为准,如 11 月 10 日开工表示 11 月 10 日末开工。

图 2-5　某工程施工进度双代号网络图

网络图与横道图相比具有以下主要特点:

(1)网络图能够明确表达各项工作之间的逻辑关系;

(2)通过时间参数的计算,可以找出关键线路和关键工作;

(3)通过时间参数的计算,可以明确各项工作的机动时间;

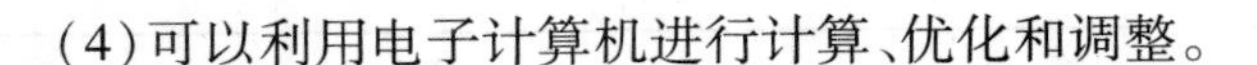

(4)可以利用电子计算机进行计算、优化和调整。

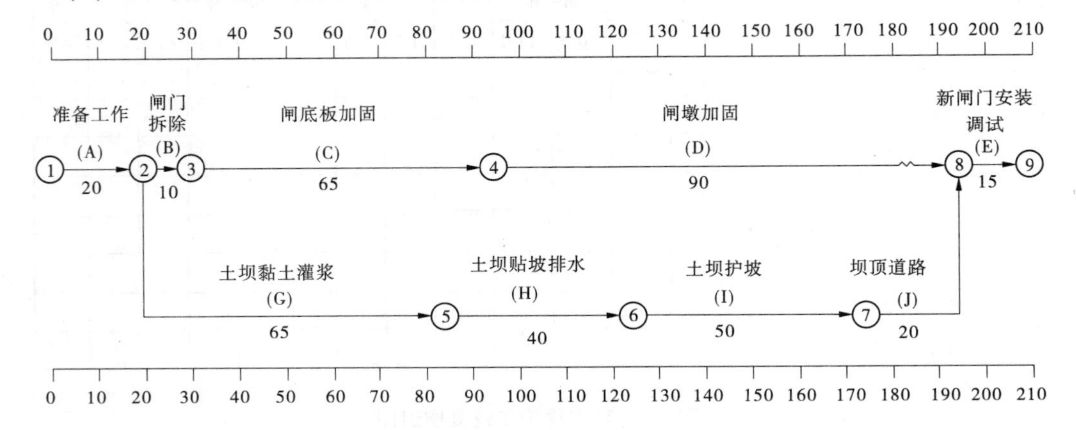

图 2-6　某工程施工进度双代号时标网络图

(三)工程进度 S 曲线

工程进度 S 曲线是以横坐标表示时间、纵坐标表示累计完成任务量,绘制的一条按计划时间累计完成任务量的 S 曲线。可以将工程项目实施过程中各检查时间实际累计完成任务量的 S 曲线也绘制在同一坐标系中,进行实际进度与计划进度比较。

从整个工程项目实际进展全过程看,单位时间投入的资源量一般是开始和结束时较少,中间阶段较多。与其相对应,单位时间完成的任务量也呈同样的变化规律。而随工程进展累计完成的任务量则应呈 S 形变化,如图 2-7 所示。

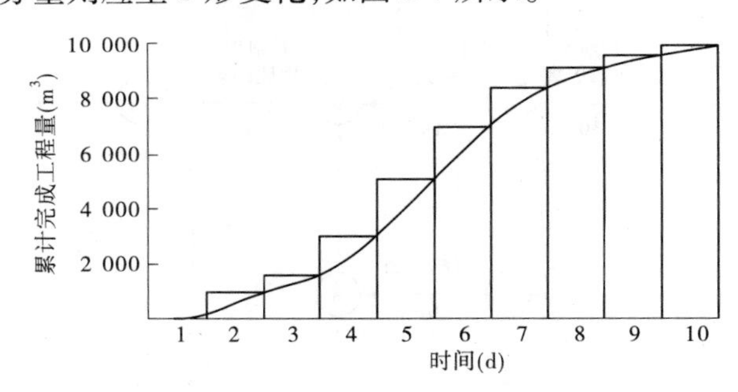

图 2-7　以进度曲线形式表示的进度计划

通过比较实际进度 S 曲线和计划进度 S 曲线,可以获得如下信息(见图 2-8):

(1)工程项目实际进展状况;

(2)工程项目实际进度超前或拖后的时间;

(3)工程项目实际超额或拖欠的任务量;

(4)后期工程进度预测。

五、施工总进度计划的编制要点

(一)控制性施工进度的编制

编制控制性施工进度,首先要选定关键性工程项目,根据工程特点和施工条件,拟订

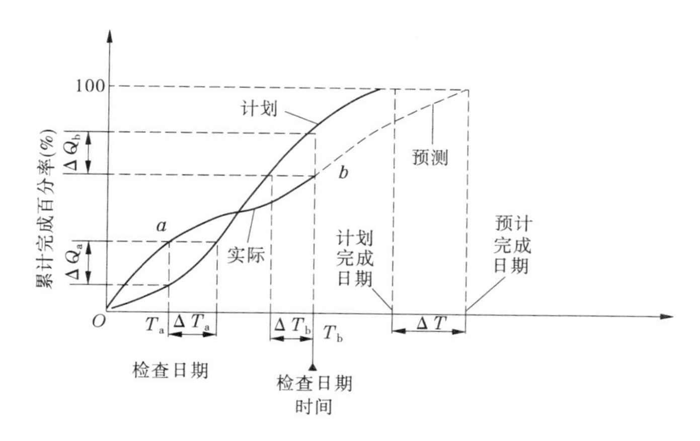

图 2-8 某工程施工进度 S 曲线图

关键性工程项目的施工程序。在此基础上，初拟控制性施工进度表，然后进行施工方案设计，对初拟的施工进度加以论证。经过反复修改、调整，最后确定控制性施工进度。

控制性施工进度表应列出控制性施工进度指标的主要工程项目，应显示工程的开工、截流、各项主体建筑物的施工程序和开工日期、完工日期、大坝各期上升高程、工程受益日期和总工期，以及主要工种的施工强度。

1.分析选定关键性工程项目

水利水电工程项目繁多，编制控制性施工进度时，应以关键性工程项目为主线，慎重研究其施工分期和施工程序，其他非控制性的工程项目，则可围绕关键性工程项目的工期要求，考虑节约资源和施工强度平衡的原则进行安排。

选定关键性工程项目的方法如下：

(1)分析工程所在地区的自然条件。在编制控制性施工进度之前，应当首先取得工程所在地区的水文、气象、地形、地质等基本资料，并进行认真的分析研究。例如，河流的水文条件对拦河坝施工的影响；降雨、气温等对土料填筑和混凝土工程施工的影响；地形、地质条件对坝基处理、高边坡开挖和地下工程施工的影响等。

(2)分析主体建筑物的施工特性。在编制控制性进度之前，应取得主要水工建筑物的布置图和剖面图。根据水工建筑物图纸，研究大坝坝型、高度、宽度和施工特点，研究地下厂房跨度、高度和可能的出渣通道、引水隧洞的洞径、长度、可能开挖方式、是否有施工支洞等。

(3)分析主体建筑物的工程量。水工设计提供工程量之后，应对各建筑物的工程量分布进行分析。例如，位于河床水上部分和水下部分、右岸和左岸、上游和下游，以及在某些控制高程以上或以下的工程量，分析施工期洪水对这些工程施工的影响。

(4)选定关键性工程。通过以上分析，用施工进度参考指标，粗估各项主体建筑物的控制工期，即可初步选定控制工程受益工期的关键性工程。

随着控制性施工进度编制工作的深入，可能发现新的关键性工程，于是控制性施工进度就应以新的关键性工程为主进行编制。

2.初拟控制性施工进度表

选定关键性工程之后，首先分析研究关键性工程的施工进度，而后以关键性工程的施工进度为主线,安排其他工程的施工进度,拟订初步的控制性施工进度表。

3.编制控制性施工进度表

(略)

(二)控制性工程项目施工进度的编制要点

以拦河坝为例,说明控制性工程项目施工进度的编制要点。

【应用实例2-3】 某土石坝为关键性工程项目,其初拟控制性施工进度步骤及要点。

一、确定准备工程的工期

工程准备期指土建工程承包商按合同规定进场之日起至主体工程(如主河床基坑开挖)开始施工,为主工程开工所进行的准备工作。

在编制控制性施工进度时,首先要分析确定准备工程的工期,才能安排导流工程、其他准备工程和岸坡开挖的开始时间。

准备工程的主要项目和内容见表2-4。

表2-4　准备工程的主要项目和内容

主要项目	细目
对外交通	1.准轨铁路及站场; 2.窄轨铁路; 3.公路专用线; 4.大型桥涵、隧洞; 5.转运站
场内交通	1.准轨铁路及站场; 2.窄轨铁路; 3.场内公路; 4.大型桥、涵、渡口
施工辅助企业	1.砂石料开采加工系统; 2.混凝土系统; 3.其他
施工电源	1.场外输变电; 2.变电站
仓库、办公、生活设施	1.仓库; 2.办公房屋; 3.居住生活设施、房屋
风、水、电管线铺设及安装	1.风管铺设; 2.水管铺设; 3.电线架设

准备工程施工进度计划应按以下方法编制。

(1)准备工程进度在初步设计的后期进行编制,以初步完成的控制性总进度为依据。

(2)单位准备工程的工期,可根据工程规模和工程量,参考已建成工程的实际工期,或参考表2-5指标，结合本工程具体条件，安排准备工程进度表。

表2-5　准备工程项目进度参数表

项目	规模	施工条件	参考工期(年)	说明
准轨铁路	100 km以上	山区	4~5	视桥墩数量长度、施工难易程度、施工单位的装备水平而定
		丘陵	3~4	
	100 km以内	山区	3~4	
		丘陵	2~3	
公路	100 km以上	山区	2~3	视桥墩数量长度、施工难易程度、施工单位的装备水平而定
		丘陵	1~2	
	100 km以内	丘陵	1~2	
窄轨铁路	50 km以内		1~2	
砂石系统	年产100万 m^3 以上	碎石、天然砂	1.0~1.5	不包括土石方开挖和场地平整工期
			0.6~1.0	
	年产50万~100万 m^3	碎石、天然砂	0.5~1.0	
			0.3~0.5	
混凝土系统	年产100万 m^3 以上		0.5~1.0	不包括土石方开挖和场地平整工期
	年产50万~100万 m^3		0.3~0.5	
中心修配厂			0.5~1.5	
一般施工企业			0.5~1.5	
施工用电线路架设	100 km以上(110~220 kV)	山区	1.5~2.0	
		丘陵	1.0~1.5	
	100 km以内(35~110 kV)	山区	1.0~1.5	
		丘陵	0.5~1.0	
房建	5万~10万 m^2		0.5~1.0	
	10万~20万 m^2		1.0~1.5	
	21万 m^2		1.5~2.0	

(3)场内交通主干线应先行安排施工，并确定施工道路投入使用时间。

(4)宜创造条件提前建设砂石系统、混凝土生产系统，根据主体工程施工进度要求确定系统投入正常运行的建设时间。

(5)其他准备工程如场地平整、供电系统、供水系统、供风系统、场内通信系统、施工工厂设施、生活和生产房屋等的建设应与所服务的主体工程施工进度协调安排。

二、导流工程施工进度

(1)对于一次拦断和分期导流的一期导流工程宜安排在施工准备期内进行,若为关键工程则应根据工程需要提早安排施工。

(2)河道截流宜安排在枯水期或汛后期进行,但不宜安排在封冻期和流冰期,根据我国的河流特性,一般北方河流可定在10~11月,南方河流可定在11~12月。主要考虑因素有选择流量较小而稳定的时段、导流建筑物的工期、围堰施工的要求。当采用隧洞或明渠导流方案时,在隧洞(明渠)完工并具备通水条件之后的枯水期,安排河床截流。为了有较多的时间进行基坑开挖和修建围堰,截流最好安排在枯水期开始的时段。如采用分期导流方案,第一期围堰也应安排在枯水期初合龙闭气。

(3)拟定挡水围堰标准。不同坝型在不同的施工进度条件下,选用的围堰挡水标准是不同的。具体可参考表2-6。

表2-6　不同坝型围堰挡水标准

坝型	施工进度条件	适宜的围堰形式和挡水标准
土石坝	基坑工作量和坝体填筑量较小,枯水期内坝体能够填筑至拦洪高程	宜选用枯水期挡水的不过水围堰
	基坑工作量和坝体填筑量较大,一个枯水期内坝体不能填筑至拦洪高程	宜选用全年挡水的不过水围堰
混凝土坝	基坑工作量较小,一个枯水期内能够将坝体浇筑高出常水位	宜选用枯水期挡水的不过水围堰
	基坑工作量较大,施工进度上要求基坑全年施工	宜选用全年挡水的不过水围堰
	基坑工作量大,而修建全年挡水围堰有困难	宜选用过水围堰,挡水标准需经过流量—过水次数分析后选定

(4)围堰闭气和堰基防渗完成后,即可进行基坑抽水作业。对于土石围堰与软质基础的基坑,应考虑控制排水下降速度。

(5)采用过水围堰导流方案时,应分析围堰过水期限及过水前后对工期带来的影响,在多泥沙河流上应考虑围堰过水后清淤所需工期。

(6)根据挡水建筑物施工进度安排确定施工期临时度汛时期,并应论证在要求的时间前挡水建筑物的施工具备拦挡设计度汛洪水标准要求。

拦河坝的施工进度和施工导流方式以及施工期历年度汛方案有密切的关系。不同的导流方案有不同的施工程序,安排控制性进度时,可以参考表2-7中列出的各代表性导流方案的适用条件,相应的大坝施工程序,以及安排进度时应注意的事项。

表2-7　不同导流方案大坝施工程序

导流方式	大坝施工程序	安排进度注意事项
隧洞导流	1.建成导流隧洞后进行河床截流。 2.上、下游围堰一次拦断河床。 3.进行基坑开挖和处理。 4.大坝全断面平起： (1)土石坝可采用经济断面施工； (2)混凝土坝汛期坝体预留缺口过水。 5.大坝达到拦洪高程	1.土石坝： (1)一个枯水期内大坝应达到拦洪高度； (2)完成泄洪建筑物后才允许封堵导流洞。 2.混凝土坝 (1)施工过程中,汛期允许坝体过水； (2)当大坝高程达到围堰顶高以上,后期导流措施可行时即可封堵导流洞
明渠导流	1.修建一期上、下游围堰形成基坑,修建一、二期共用纵向围堰和明渠及其坝段基础,利用枯水期修建一、二期共用纵向围堰和明渠时,最好同时完成明渠坝段基础部分。 2.修建二期上、下游围堰形成二期基坑。 3.进行基坑开挖和基础处理。 4.修建河床坝段。 5.封堵明渠(或修建三期围堰)和修建明渠坝段。 6.大坝全断面达到拦洪高程	1.土石坝工程封堵明渠后一个枯水期达到拦洪高程。 2.混凝土坝工程： (1)河床坝段留底孔,对于高坝也可在明渠坝段留底孔； (2)明渠坝段力争在一个枯水期内修至汛期水位以上避免坝体过水
分期导流	1.先在河床一岸修建第一期围堰,形成一期基坑。 2.进行一期基坑开挖,修建一期坝体,形成二期导流条件。 3.拆除一期围堰,二期河床截流,修建二期围堰形成二期基坑。 4.进行二期基坑开挖,修建二期坝体。 5.大坝全断面达到拦洪高程	1.分析先围左岸或右岸的优缺点,考虑因素如下： (1)先围电站厂房一岸,利于提前发电； (2)工程施工先易后难； (3)先围对外交通进场和主要施工场地一岸； (4)先围礁滩和浅水河床一岸； (5)先围岸坡开挖量较小一岸。 2.选择纵向围堰位置时,应考虑两岸工程量比较均衡。 3.对于大流量的河流,除坝体设底孔外,还考虑留缺口导流,缺口高程须考虑后期加高的进度

(7)导流泄水建筑物完成导流任务后,封堵时段宜选在汛后,使封堵工程能在一个枯水期内完成。如汛前封堵,应有充分论证和确保工程安全度汛措施。

底孔(导流洞)封堵时,封孔(洞)日期可按表2-8所列的要求确定。导流泄水建筑下闸后,水库开始蓄水,当水库蓄至死水位,第一台机组安装完成后,电站开始发电。

表 2-8　封孔(洞)日期

一般原则		1.闸门操作水头不超过 45 m。 2.安排在工程已经具备发电条件的枯水期内。 3.下闸至汛期前应能满足封堵工程的工期要求。 4.永久泄洪建筑物已具备泄洪条件
特殊要求	混凝土坝	1.大坝已浇至溢流堰顶上,在采取后期导流措施后,大坝至少应达到最低发电水位以上。 2.接缝灌浆已灌到最低发电水位。 3.当底孔数量较多时,应考虑分期分批封堵或在两个枯水期内封堵
	土石坝	1.大坝已达到或接近坝顶。 2.当库容很大时,经蓄水计算后,在确保大坝安全的前提下,可在大坝未达到坝顶时封堵

三、确定坝基开挖工期和基础处理工期

(一)确定坝基开挖的工期

坝基开挖的顺序一般是先岸坡、后河床。岸坡开挖在准备工程就绪后开始,在截流前完成。河床坝基在围堰截流闭气并完成基坑排水后开始。在安排控制进度时,从截流到进行开挖,应留 1.5~2 月的时间进行围堰基础防渗体施工和基坑排水及道路工作。

坝基开挖强度应根据地质条件、采用的施工方法、施工设备及基坑开挖面积等因素进行分析计算。根据初步拟定的开挖强度安排坝基开挖强度。当采用过水围堰时,在进度中应扣除基坑过水的影响时间。

(二)确定基础处理工期

基础处理主要包括帷幕灌浆、固结灌浆、接触灌浆、断层破碎带处理和防渗墙施工等。在水库蓄水前应完成蓄水高程以下的灌浆,在水库水位蓄至正常蓄水位之前应完成全部灌浆任务。

帷幕灌浆一般都在廊道内进行,施工一般不受水文气象条件的影响,受大坝施工干扰较小,其进度可视施工单位的装备水平,在蓄水前均衡地安排。

固结灌浆和接触灌浆与大坝基础混凝土浇筑穿插进行,一般不占直线工期,固结灌浆宜在混凝土浇筑 1~2 层后进行,但经过论证,也可在混凝土浇筑前进行。

断层破碎带处理,视断层破碎带的部位、处理方案、工作量大小安排工期。

混凝土防渗墙,根据工作面上可能布置的冲击钻台数,按每台日进尺 3 m 安排进度。

两岸岸坡有地质缺陷的坝基,应根据地基处理方案安排施工工期,当处理部位在坝基范围以外或地下时,可考虑与坝体浇筑(填筑)同时进行,在水库蓄水前按设计要求处理完毕。

四、确定坝体各期上升高程

确定坝体各期上升高程是编制控制性施工进度的重要内容之一。一般步骤如下:根据导流分期和拟定的施工程序,绘制坝体分期分段的高程—工程量累计曲线;分析统计坝体施工有效工日,研究确定拦洪高程和拦洪日期;根据导流和各年的度汛要求,初步拟定

控制性部位的各期上升高程;计算各时段的上升速度和施工强度,根据采用施工设备的生产能力,分析达到各期上升高程的可能性和可靠性;进行反复调整,确定合理的上升高程。

(一)坝体高程—工程量曲线绘制

安排土石坝施工进度的过程中,坝体各期上升高程的确定不仅要考虑施工导流、大坝拦洪等要求,而且要分析大坝的填筑强度是否能够实现。因此,坝体各期上升高程,要经过反复分析和比较之后才能确定。绘制坝体高程—工程量曲线,就是为了适应这种工作过程的需要,每当拟定一个高程之后,可以很快地从曲线上查到该高程以下的工程量,准确地算出大坝的填筑强度。

坝体高程—工程量累计曲线图例见图 2-9。

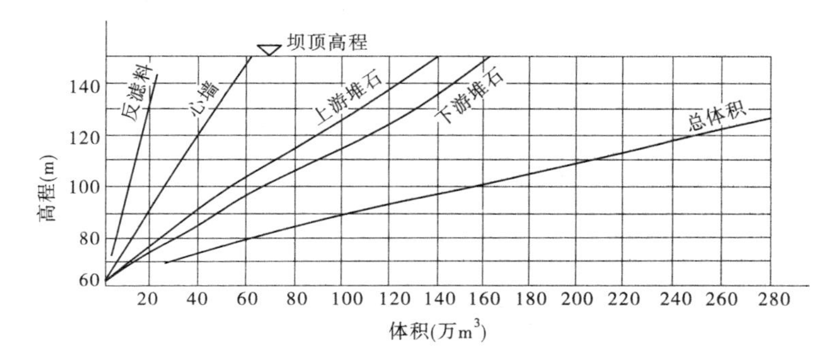

图 2-9 坝体高程—工程量累计曲线

(二)有效施工工日的分析

采用黏性土料作为防渗体的土石坝,黏性土料的备料和填筑受气温、降雨等气象因素的影响,年内各月的施工有效工日有很大的差异,在我国南方的雨季和北方的冬季,施工有效工日较少,工期受到明显的影响。因此,在安排大坝施工进度之前,首先要分析施工有效工日,作为安排施工进度的依据。

1.停工标准的拟定

由于我国南方和北方气象条件差异很大,各个工程施工的具体条件不同,难以拟定一个统一的标准。表 2-9 是我国北方某土石坝工程雨后停工标准。

表 2-9 我国北方某土石坝工程雨后停工标准

项目	日降雨量(mm)			
	<0.5	0.6~10	10.1~30	>30.1
土料翻晒	照常施工	雨日停工	雨日停工、雨后停工 1 d	雨日停工、雨后停工 2 d
土料填筑	照常施工	雨日停工	雨日停工、雨后停工 1 d	雨日停工、雨后停工 1 d
砂料开采填筑	照常施工	照常施工	雨日停工	雨日停工
石料开采填筑	照常施工	照常施工	雨日停工	雨日停工

注:每年 11 月至次年 4 月为冰冻期,月平均气温 0 ℃以下,土料停工;阴天影响土料翻晒,按平均每年 16 d 计;土砂料填筑,汛期影响停工 6 d。特殊事故停工 2 d,法定假日停工 7 d。

2.有效工日的统计方法

(1)收集气象资料。

气象资料包括历年逐日降雨量资料,历年逐日平均气温资料,历年各月阴天、风力、风速资料,历年逐日蒸发量资料,历年各月相对湿度资料。

(2)统计历年各月由于降雨而停工的天数。

根据历年逐日降雨量资料和拟定的停工标准,分别统计黏土备料、黏土填筑、砂砾料开采和填筑、坡积料填筑。

(3)统计历年各月气温、大风和其他因素影响而停工的天数。统计方法与因雨停工相同。

(4)统计有效工日。

3.有效工日的选取

对有效工日影响最大的是降雨(在我国北方是气温),因降雨而影响停工的天数,可以有不同选取方法。当降雨资料系列较短时,以选取多雨年为宜;当系列较长时,可选取多年平均值作为设计依据;而以多雨年的有效工日,作为研究施工措施时的备用情况。

(三)大坝施工分期的拟定

1.纵断面上的分期

土石坝施工在纵断面上可以采用分段和不分段两种方式进行。

不分段施工示意图见图2-10。对于河床较窄的河流,一般采用不分段施工方式。采用岸边隧洞或埋在坝内的涵管导流,大坝由基础全面向上平起,在一个枯水期把基础处理好并把大坝填筑到拦洪高程,也可以采用过水围堰,在第一个枯水期处理地基,填筑一部分坝体,第二个枯水期将坝体填筑到拦洪高程。不分段施工由于坝体在纵断面上不留接缝,对大坝的质量有利,另外施工场面比较大,便于安排坝面流水作业。

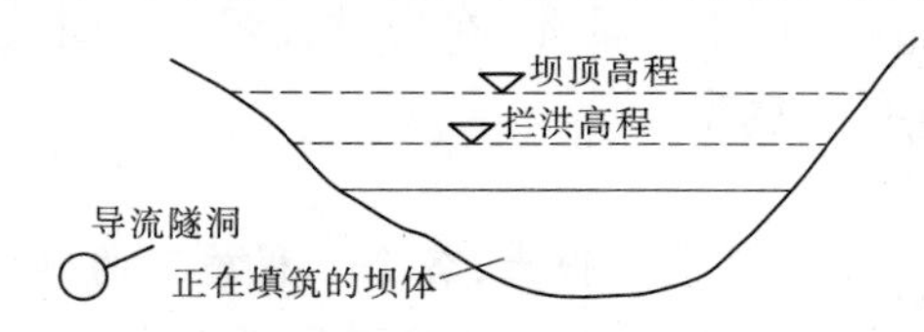

图2-10 不分段施工示意图

分段施工示意图见图2-11。对于河床较宽的河流,在一岸或两岸有天然台阶地,大坝可以采取分段施工。第一期在台阶地开挖导流明渠,枯水期明渠导流,进行河床基础处理,将坝体填筑到一定高程,与此同时,台阶地段也可以填筑一部分坝体;第二期封堵导流明渠,改由隧洞(或涵管)导流,集中力量填筑合龙坝体,在一个枯水期内将坝体修到拦洪高程。由于台阶地施工可以利用原河床开挖明渠导流,所以在修建导流隧洞的同时就可以填筑一部分坝体,使坝体填筑强度比较均衡。另外,可以减少坝体的工程量,降低抢修拦洪坝体的施工强度,对保证按期达到拦洪高程有利。如果采料场位于上游较低的高程上,分段施工可以较多地利用上游料场。

2.横断面上的分期

所谓横断面上的分期,主要指拦洪前采用经济断面施工。

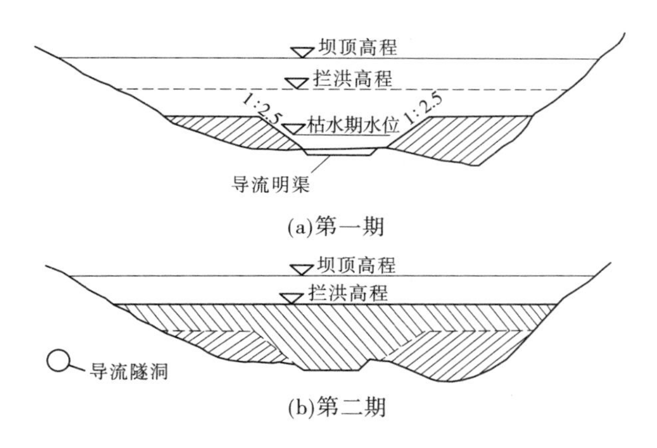

(a)第一期

(b)第二期

图 2-11 分段施工示意图

对于大型土石坝工程,在抢修拦洪坝体时,工程量大,填筑强度高,施工十分紧张,为了减少拦洪阶段的工程量,降低填筑强度,保证按期达到拦洪高程,可以采用经济断面进行填筑。

设计经济断面时应注意以下问题:经济断面的顶宽应考虑施工机械运转所必需的工作面;心墙和斜墙不可采用经济断面施工;下游坝坡应保证在临时拦水期间的稳定性。

根据不同坝型和不同填筑材料的分区情况,拟定分区填筑施工程序。黏土斜墙坝先填堆石料,斜墙紧跟填筑;混凝土面板坝先填坝体到一定高程,然后混凝土面板一次筑成;黏土心墙坝,心墙的填筑控制整个坝体升高,一般堆石体可先于心墙一定高程,当条件许可时,心墙与堆石体应同时上升。

(四)施工进度安排

首先结合导流设计,研究坝体在纵断面上的分段和横断面上的分期,安排一个轮廓进度。其次确定坝的拦洪高程和达到拦洪高程的日期,确定坝体各期上升高程,根据有效工日定出各个时段的施工强度和坝体上升速度,由施工设计对此强度和上升速度进行分析论证,经过反复比较修正,最后确定坝的施工进度。

1.确定拦洪高程

拦洪高程是指大坝在施工过程中,按一定的洪水标准确定的坝体挡水高程。

确定拦洪高程是一项综合性的工作,须由导流设计、施工总进度、施工方法密切配合,反复比较后才能最后选定。在初步选定拦洪高程后,施工总进度着重分析拦洪前的填筑量和填筑强度,并由施工方法加以配合。如果不能达到此高程,则应改变拦洪方案,如加大导流的泄洪能力,以降低拦洪高程,或者采取特殊的泄洪或保坝措施。进行几个拦洪方案的分析与比较,最终选定一个经济上合理、技术上可靠、保证大坝安全的坝体拦洪高程。

2.确定拦洪日期

拦洪日期是指施工进度规定的坝体达到拦洪高程的日期。

拦洪日期的确定是安排土石坝施工进度的一个重要问题。安排时间过早,虽然减少了抢修拦洪坝体的工期,但是加大了施工强度;安排时间过迟,万一洪水提前到来,将造成坝体漫水,引起大坝失事,造成重大损失。

确定拦洪日期的方法是根据河流的水文特性和历年的洪水流量记录,分析历年最大洪水的出现规律，与导流设计共同研究，选取最大洪水可能出现的日期。

3.确定拦洪过渡期坝体上升高程

枯水期末到设计规定的拦洪日期这一时段，称为拦洪过渡期。确定拦洪过渡期坝体上升高程有以下两种方法。

(1)按水文特性划分时段法。将过渡期按水文特性划分为若干时段，计算各个时段不同频率的洪水及其相应的坝前水位(库容大时应调洪)，坝体高程在各时段末应达到下一时段的设计洪水位以上。现举例说明该方法。

某坝采用枯水期挡水围堰，枯水时段为9月15日至次年3月31日，拦洪日期为7月20日，拦洪设计洪水标准为$P=1\%$的流量11 000 m^3/s 。根据本流域的水文特性，将过渡期划分为三个时段，分别计算其不同频率的流量，如表2-10所示。

表2-10　某坝不同时段、各种频率洪水流量　(单位：m^3/s)

设计频率	时段(月-日)		
	04-01~05-15	05-16~06-20	06-21~07-20
$P=10\%$	2 000	3 000	
$P=5\%$	3 000	4 200	5 300
$P=2\%$		6 500	7 300
$P=1\%$			9 000

根据各时段拦河坝的坝高、库容等条件，选定时段设计洪水，并计算其坝前水位，从而确定各时段末的坝体上升高程，如表2-11所示。

表2-11　某坝不同时段坝体上升高程

项目	时段(月-日)				
	枯水期末	04-01~05-15	05-16~06-20	06-21~07-20	07-20
设计频率		5%	5%	2%	1%
设计流量(m^3/s)		3 000	4 200	7 300	11 000
相应坝前水位(m)		45.5	52.0	60.3	64.3
坝体上升高程(m)	46.0	53.0	61.0	66.0	

(2)按月划分时段法。按月计算不同频率的流量及相应水位，从而确定月末的坝体上升高程，其方法同上。

4.坝体填筑强度的论证

(1)根据坝体各期上升高程，在坝体高程—填筑量曲线上查得各控制时段的填筑量，根据各相应时段的有效工日，算出时段的日平均填筑强度。

(2)日平均填筑强度乘以日不均衡系数即为日高峰强度。日不均衡系数和工程的机械化配套程度、施工管理水平、料物性质以及时段的长短有关，可以在1.3~1.6范围内选取。

确定日高峰强度以后，应进行施工方法设计，研究料物运输、上坝方式、碾压施工方法、坝面流水作业分区等，经过施工方法设计，论证能否达到施工进度规定的施工强度。

5.坝体上升速度的论证

(1)根据坝体各期上升高程和该时段的施工有效工日,计算坝体的日平均上升速度。

(2)黏土心墙坝和斜墙坝的上升速度主要由心墙或斜墙的上升速度控制。心墙、斜墙可能的上升速度,与土料的性质、压实机械的性能及压实参数有关,要通过碾压试验确定。

改善上坝运输道路,采用大型运输机械和重型碾压机械,加大铺土厚度,可以提高土石坝的施工强度,加快上升速度,在安排土石坝施工进度时,应结合工程的具体条件,尽可能采用先进的施工方案,加快土石坝的施工进度。

在初步拟定施工进度时,可以参考已建工程的施工进度指标,结合本工程的具体条件,初步拟定坝体的上升速度和施工强度。

6.安排其他单位工程的施工进度

其他单位工程的施工进度,根据其本身在施工期的运用条件以及相互衔接关系,围绕拦河坝的施工进度进行安排和调整。

7.初拟控制性施工进度表

首先以导流工程和拦河坝为主体,绘出导流工程和拦河坝的进度,绘出截流日期,定出具体各期上升高程和封孔(洞)日期,算出各时段的开挖及混凝土浇筑(或土石料填筑)的月平均强度。其次绘制各单项工程的进度,计算施工强度(土石方开挖和混凝土浇筑)。最后计算和绘制施工强度曲线,反复调整,使各项进度合理,施工强度曲线平衡。

初拟控制性施工进度之后,提交施工技术专业进行主要建筑物的施工方法设计,并编制单项工程施工进度表,通过施工方法设计的论证之后,对初拟的控制性施工进度表进行调整和平衡,并最终完成控制性施工进度表。

【应用实例2-4】 混凝土坝施工进度编制要点。

一、混凝土坝施工进度的特点

(1)混凝土坝的施工受气温条件的影响,在高温季节,要加强骨料的降温和混凝土的散热措施;在寒冷季节,当日平均气温稳定在5 ℃以下时,要进行冬季作业,增加混凝土坝的施工难度。因此,在我国南方的高温季节和北方的冬季寒冷地区,混凝土坝的施工强度和上升速度,都将受到影响。在安排混凝土施工进度时,应分析有效工作天数,大型工程经论证后若需加快浇筑进度,可考虑在冬、雨、夏季采取确保施工质量的措施后施工。混凝土浇筑的月工作日数可按25 d计。对控制直线工期的工作日数,宜将气象因素影响的停工天数从设计日历数中扣除。

(2)混凝土坝一般采取柱状分块分层浇筑,浇筑过程中,层与层之间,因温度控制要求,应有一定的间歇时间,特别是基础层,因受基础约束的影响,浇筑层薄,温控要求严格,必须利用有利季节浇筑混凝土,对施工进度有一定的制约;块体之间的间歇期,随混凝土浇筑的准备工序而异。因此,混凝土坝的上升速度,与块体多少、分层厚度、温控条件以及混凝土的准备工序有直接关系。常态混凝土的平均升高速度与坝型、浇筑块数量、浇筑高度、浇筑设备能力以及温度控制要求等因素有关,宜通过浇筑排块或工程类比确定。碾压混凝土平均升高速度应综合分析仓面面积、铺筑层厚度、混凝土生产和运输能力、碾压等因素后确定。

(3)混凝土在浇筑过程中,要求各块体均匀上升,相邻块高差有一定的限制。块体之间形成缝面,重力坝的纵缝、拱坝的纵缝和横缝,须在混凝土温度降低到设计灌浆温度时进行水泥灌浆，使坝形成整体，才能承受水压力，因此坝体的二期冷却和接缝灌浆是影响混凝土坝施工进度的一个重要因素。混凝土的接缝灌浆进度（包括厂坝间接缝灌浆）应满足施工期度汛与水库蓄水安全要求。

（4）一般混凝土坝内常设置引水系统和泄洪建筑，埋设件和孔洞、廊道多，施工干扰较大，使坝体上升速度受到限制，同时在施工过程中，还要考虑汛期洪水对坝体内孔洞的影响。混凝土坝施工期历年度汛高程与工程面貌应按施工导流要求确定。

二、确定坝体各期上升高程的一般方法

坝体各期上升高程的确定是随坝型、水工布置、导流方案的不同而有不同的要求。

（一）导流和大坝度汛的要求

（1）当采用上、下游围堰一次拦断河流的导流方案且为全年挡水围堰时，坝体上升不受洪水影响，可以根据施工强度和上升速度的可能性安排均衡上升。

当采用枯水期挡水围堰时，在枯水期按逐月 $P=20\%\sim10\%$ 的流量相应的水位控制，如果达不到此高程，则至少应浇筑至枯水期的常水位以上，以便在洪水期后，在不恢复围堰的条件下能够继续施工，如果采用允许过水的围堰，则大坝上升高程可不受上述条件限制。

如果洪水期大坝过水次数较多，不便在洪水期进行间断施工，则对河床较宽的坝址，应考虑在河床坝段留过水缺口，使两岸坝体在洪水期能继续升高。

（2）当采用分期导流方案时，大坝分作两期或三期施工。第一期坝体浇筑高程，应考虑在二期围堰截流前形成导流泄水建筑物，并达到汛期能够继续施工的高程。有时，为了降低二期围堰高度，可考虑在一期坝体预留一部分坝段作为过水缺口，参与后期导流，缺口的高程一般应定在枯水期常水位以上，以便后期加高，同时应考虑缺口在后期进行加高时，在一个枯水期内能够达到拦洪高程。依次再确定第二期坝体上升高程的方法。

（3）当采用明渠导流方案时，大坝分明渠坝段和河床坝段两期进行施工，其各期上升高程的确定方法和分期导流方案相同。

（4）施工期大坝临时挡水应该校核未进行灌浆坝段的稳定，要求上游坝踵和坝面不出现或出现不大的拉应力。

（5）坝后布置有发电厂房时，在厂房施工时段内，厂房坝段的挡水标准应和下游厂房围堰的标准相适应。

（二）蓄水发电的要求

（1）封堵导流隧洞（或底孔）后的下一个汛期，洪水将由溢流坝宣泄，故封孔时或在封孔后的下一个汛前，大坝应浇筑至溢流坝顶，闸墩应浇筑至汛期可以继续施工的高程。

（2）水库蓄水后，在一般情况下，库水位不再降至死水位以下，故在底孔封堵后的下一个汛期之前，坝体接缝必须灌至死水位以上，接缝灌浆时坝体高程应满足接缝灌浆的要求；否则，应推迟下闸蓄水的日期。

（3）设有电站进水口的引水坝段，应在机组投产发电前 3~6 月达到坝顶，以便进行进水口闸门和启闭机的安装。

（三）坝体浇筑进度的论证

坝体浇筑进度，应从坝体上升速度和浇筑强度两方面进行安排并加以论证，经过反复调整才能最后确定。

1.上升速度

根据导流、度汛和蓄水、发电的要求，初步确定坝体各期上升高程，安排大坝控制进度，算出各时段的坝体上升速度。然后，根据分层分块、温控要求和坝体内埋设件等施工条件，拟定层块之间的间歇期，对关键部位进行浇筑排块，论证进度安排的坝体上升速度是否能够达到。

2.浇筑强度

在坝体高程—混凝土量累计曲线上查得各控制时段的混凝土量，算出混凝土的平均浇筑强度和高峰强度，根据可能布置的混凝土运输、浇筑设备的生产能力，估算可能达到的浇筑强度，论证控制进度所安排的浇筑强度能否达到。采用大型浇筑设备，改进混凝土的运输工艺，采用通仓薄层浇筑，减少浇筑层之间的间歇时间，浇筑干硬性混凝土，采用碾压混凝土施工方法，可以减少坝体接缝灌浆数量，提高混凝土的浇筑强度。

3.坝体浇筑进度的调整

经过上升速度和浇筑强度的论证，如果确认达不到控制进度的要求，则应反过来修正导流和度汛方案。例如，增加导流底孔数量、加大缺口宽度、降低缺口高程等，或者修改初步拟定的控制进度，推迟蓄水、发电日期。经过反复调整和修正，求得导流度汛可靠、施工技术可行的各期坝体上升高程。

【应用实例2-5】 某节制闸工程施工进度双代号网络图。

某节制闸工程施工进度双代号网络图见图2-12。

任务四　施工总布置编制

一、施工总布置的原则

所谓施工总布置，就是根据工程特点和施工条件，研究解决施工期间所需的辅助企业、交通道路、仓库、房屋、动力、给水排水管线以及其他施工设施等的平面和立面布置问题，为整个工程全面施工创造条件，以期用最少的人力、物力和财力，在规定的期限内顺利完成整个工程的建设任务。

施工总布置方案应遵循因地制宜、因时制宜、有利生产、方便生活、易于管理、安全可靠、经济合理的原则。

(1)施工总布置应综合分析水工枢纽布置、主体建筑物规模、形式、特点、施工条件和工程所在地区社会、自然条件等因素，妥善处理好环境保护和水土保持与施工场地布局的关系，合理确定并统筹规划为工程施工服务的各种临时设施。

(2)施工总布置方案应贯彻执行十分珍惜和合理利用土地的方针，遵循因地制宜、因时制宜、有利生产、方便生活、易于管理、安全可靠、注重环境保护、减少水土流失、充分体现人与自然和谐相处以及经济合理的原则，经全面系统比较论证后选定。

(3)施工总布置设计时应该考虑以下各点：

①施工临时设施与永久性设施，应研究相互结合、统一规划的可能性。临时性建筑设施，不要占用拟建永久性建筑或设施的位置。

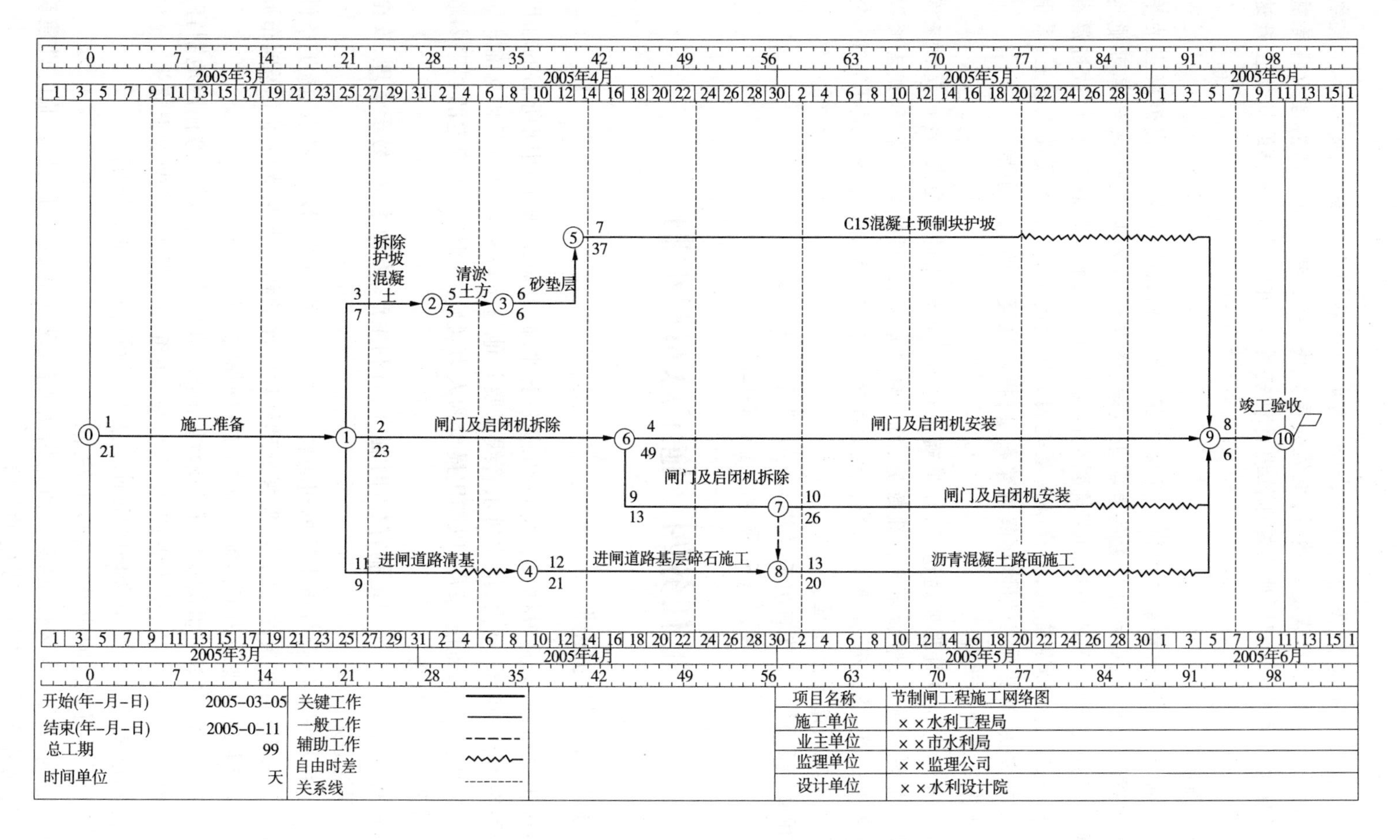

图 2-12　某节制闸工程施工进度双代号网络图

②确定施工临建设施项目及其规模时,应研究利用已有企业设施为施工服务的可能性与合理性。

③主要施工工厂设施和临时设施的布置应考虑施工期洪水的影响,防洪标准根据工程规模、工期长短、河流水文特性等情况,分析不同标准洪水对其危害程度,在5~20年重现期范围内酌情采用。高于或低于上述标准,应有充分论证。

④场内交通规划必须满足施工需要,适应施工程序、工艺流程;全面协调单项工程、施工企业、地区间交通运输的连接与配合,运输方便,费用少,尽可能减少二次转运;力求使交通联系简便,运输组织合理,节省线路和设施的工程投资,减少管理运营费用。

⑤施工总布置应做好土石方挖填平衡,统筹规划堆、弃渣场地;弃渣应符合环境保护及水土保持要求。在确保主体工程施工顺利的前提下,要尽量少占农田。

⑥施工场地应避开不良地质区域、文物保护区。

⑦避免在以下地区设置施工临时设施:严重不良地质区域或滑坡体危害地区;泥石流、山洪、沙暴或雪崩可能危害地区;重点保护文物、古迹、名胜区或自然保护区;与重要资源开发有干扰的地区;受爆破或其他因素严重影响的地区。

(4)施工总布置应该根据施工需要分阶段逐步形成,做好前后衔接,尽量避免后阶段拆迁。初期场地平整范围按施工总布置最终要求确定。

二、施工总布置的依据

(1)《水利水电工程初步设计报告编制规程》(SL 619—2013)。

(2)可行性研究报告及审批意见、上级单位对本工程建设的要求或批件。

(3)工程所在地区有关基本建设的法规或条例、地方政府、业主对本工程建设的要求。

(4)国民经济各有关部门(铁道、交通、林业、灌溉、旅游、环境保护、城镇供水等)对本工程建设期间有关要求及协议。

(5)当前水利水电工程建设的施工装备、管理水平和技术特点。

(6)工程所在地区和河流的自然条件(地形、地质、水文、气象特征和当地建材情况等)、施工电源、水源及水质、交通、环境保护、旅游、防洪、灌溉、航运、供水等现状和近期发展规划。

(7)当地城镇现有修配、加工能力,生活、生产物资和劳动力供应条件,居民生活、卫生习惯等。

(8)施工导流及通航等水工模型试验、各种原材料试验、混凝土配合比试验、重要结构模型试验、岩土物理力学试验等成果。

(9)工程有关工艺试验或生产性试验成果。

(10)勘测、设计各专业有关成果。

三、施工总布置的内容

施工总布置的成果需要标示在一定比例尺的施工地区地形图上,构成施工总体布置图,它是施工组织设计的主要成果之一。

施工总平面图是以建筑总平面图为基础，在经过拆迁和场地平整后的施工现场平面上按不同施工阶段进行合理布置而成的若干张平面布置图，其主要内容有：

(1)原有地形、地貌；一切已建和拟建的永久性建筑物、构筑物和地上地下管线及其他设施的位置和尺寸。

(2)为施工服务的一切临时性建筑物和临时设施。主要包括：

①导流建筑物，如围堰、隧洞、明渠等；

②运输系统，如各种道路、车站、码头、车库、桥涵、栈桥、大型起重机等；

③各种仓库、料堆、弃料堆等；

④各种料场及其加工系统，如土料场、砂料场、石料场、骨料加工厂等；

⑤混凝土制备系统，如混凝土工厂、骨料仓库、水泥仓库、制冷系统等；

⑥机械修配系统，如机械修理厂、修钎厂、机修站等；

⑦其他施工辅助企业，如钢筋加工厂、木材加工厂、混凝土和钢筋混凝土预制构件工厂等；

⑧金属结构、机电设备和施工设备的安装基地；

⑨水、电和动力供应系统，如临时发电站、变电站、抽水站、水处理设施、压缩空气站和各种线路管道等；

⑩生产及生活所需的临时房屋，如办公室、职工及家属宿舍、食堂、医院等；

⑪安全防火设施及其他，如消防站、警卫室、安全警戒线等。

施工总体布置的设计深度随设计阶段的不同而有所不同。初设阶段，施工总体布置的主要任务是：根据主体工程施工要求和自然条件，分别就施工场地划分、主要辅助企业和大型临时设施的分区布置及场内主要交通运输路线的衔接等，拟定各种可能的布局方案，经比较和论证，选择合理的方案。技设阶段，主要是在初设阶段施工总体布置的基础上，进行分项分区施工场地和主要辅助企业、大型临时设施的具体布置设计。

四、施工总布置的步骤

（一）收集和分析基本资料

设计施工总体布置时，必须深入现场，通过调查研究，掌握一些基本资料，其中包括：

(1)当地国民经济现状及发展的前景。

(2)可为工程施工服务的建筑、加工制造、修配、运输等企业的规模、生产能力及其发展规划。

(3)现有水陆交通运输条件和通过能力，近远期发展规划。

(4)水、电以及其他动力供应条件。

(5)邻近居民点、市政建设状况和规划。

(6)当地建筑材料及生活物资供应情况。

(7)施工现场土地状况和征地的有关问题。

(8)工程所在地区行政区规划图、施工现场地形图及主要临时工程剖面图，三角水准网点等测绘资料。

(9)施工现场范围内的工程地质与水文地质资料。

(10)河流水文资料、当地气象资料。

(11)规划、设计各专业设计成果或中间资料。

(12)主要工程项目定额、指标、单价、运杂费率等。

(13)当地及各有关部门对工程施工的要求。

(14)施工现场范围内的环境保护要求。

(二)编制临时建筑物的项目单

在掌握基本资料的基础上,根据工程的施工条件,结合类似工程的施工经验,编制临时建筑物的项目单,并大致拟定其占地面积、建筑面积和布置。编制项目单时,应该仔细研究枢纽的施工方法、施工程序,了解整个施工时期各阶段的施工需要,确定各临时建筑物的使用期限,力求做到比较详尽,不要遗漏。

以混凝土工程为主体的枢纽工程,临建工程项目一般包括以下内容:

(1)混凝土系统(包括搅拌楼、净料堆场、水泥库、制冷楼)。

(2)砂石加工系统(包括破碎筛分厂、毛料堆场、净料堆场)。

(3)金属结构机电安装系统(包括金属结构加工厂、金属结构拼装场、钢管加工厂、钢管拼装场、制氧厂)。

(4)机械修配系统(包括机械修配厂、汽车修配厂、汽车停放保养场、船舶修配厂、机车修配厂)。

(5)综合加工系统(包括木材加工厂、钢筋加工厂、混凝土预制厂)。

(6)风、水、电、通信系统(包括空压站、水厂、变电站、通信总机房)。

(7)基础处理系统(包括基地、灌浆基地)。

(8)仓库系统(包括基地冲击钻机仓库、工区仓库、现场仓库、专业仓库)。

(9)交通运输系统(包括铁路场站、公路汽车站、码头港区、轮渡)。

(10)办公生活福利系统(办公房屋、单身宿舍房屋、家属宿舍房屋、公共福利房屋、招待所)。

(三)对现场布置做出总规划

1. 总规划内容

对现场布置做出总规划是施工总体布置中极其关键的一步,要着重研究解决总体布置中的一些重大原则问题,具体包括:

(1)施工场地是一岸布置还是两岸布置。

(2)施工场地是一个还是几个,如果有几个场地,哪一个是主要场地。

(3)施工场地怎样分区。

(4)临时建筑物和临时设施采取集中布置还是分散布置,哪些集中哪些分散。

(5)施工现场内交通线路的布置和场内外交通的衔接及高程的分布等。

2. 施工现场分区规划原则

一般施工现场为了方便施工、利于管理,都将现场进行分区规划,施工分区规划布置应遵守下列原则:

(1)以混凝土建筑物为主的枢纽工程,施工区布置宜以砂、石料开采、加工、混凝土拌和、浇筑系统为主;以当地材料坝为主的枢纽工程,施工区布置宜以土石料采挖、加工、堆料场和上坝运输线路为主。

(2)机电设备、金属结构安装场地宜靠近主要安装地点。

(3)施工管理及生活营区的布置应考虑风向、日照、噪声、绿化、水源水质等因素，与生产设施应有明显界限。

(4)主要物资仓库、站场等储运系统宜布置在场内外交通衔接处。

(5)施工分区规划布置应考虑施工活动对周围环境的影响，应避免噪声、粉尘等污染对敏感区(如学校、住宅区等)的危害。

3. 施工总布置分区

(1)主体工程施工区。

(2)施工工厂设施区。

(3)当地建材开采区。

(4)仓库、站、场、厂、码头等储运系统。

(5)机电、金属结构和大型施工机械设备安装场地。

(6)工程弃料堆放区。

(7)施工管理及生活营区。

4. 确定施工区域布置方式

在进行区域规划时，布置方式有集中布置、分散布置和混合布置等三种方式，水利水电工程一般多采用混合布置。

对于坝后式水电站枢纽，由于永久建筑物布置比较集中，且坝址附近又有开阔地，可满足临时设施的集中布置要求，青铜峡、观音阁等工程就是这种布置形式。

若坝址施工现场位于高山峡谷地区，地形狭窄，可根据实际情况，进行具体布置：

(1)地形较狭窄时，可沿河流一岸或两岸冲沟绵延布置，按临时建筑物及其设施对施工现场影响程序分类排队，对施工影响大的靠近坝址区布置，其他项目按对工程影响程序大小顺序逐渐远离分散布置，新安江、上犹江、柘溪等工程均采用了这种布置形式。

(2)地形特别狭窄时，可把与施工现场关系特别密切的设施(如混凝土生产系统)布置在坝址附近，而其他一些施工辅助企业等布置在大坝较远的基地，这是典型的混合布置，如三门峡水库等。

(3)对于引水式水电站或大型输水工程，常在取水口、中间段和厂房段设立施工场地，即形成“一条龙”的布置形式，又称分散布置。其缺点是施工管理不便、场内运输量大等。

5. 确定运输干线的布置

在规划施工现场时，要注意以下几条场内运输干线的布置：两岸交通联系的线路，混凝土和水泥的运输线路；土石方运输线路；砂石骨料运输线路；围堰截流的运输线路，金属结构机电设备进厂线路；以及上下游联系的过坝线路等。一般采用高低线统筹布置的方式，能结合的则尽量结合，不能结合的则分别布置。两岸交通联系最好在坝址下游修建永久性跨河桥梁，以保证全年运输畅通。当对外交通采用标准轨专用线时，宜把专用线引入混凝土工厂和水电站厂房，作为运送水泥、机电设备之用。砂石骨料运输线取决于料场、加工厂和混凝土工厂的相对位置，可以设置窄轨机车或皮带机专线运输，也可以利用标准轨专用线。主要对外交通干线应从施工现场的边沿引入,最好不穿过居住区。场内外交通干线要避免平面交叉,如果无法避免,则交角宜在90°左右。

(四)施工现场布置

1.施工交通运输

施工交通包括对外交通和场内交通两部分。对外交通是指联系施工工地与国家公路或地方公路、铁路车站、水运港口及航空港之间的交通,一般应充分利用现有设施,选择较短的新建、改建里程,以减少对外交通工程量。场内交通是联系施工工地内部各工区、料场、堆料场及各生产、生活区之间的交通,一般应与对外交通衔接。

在进行施工交通运输方案的设计时,主要解决的问题有:选定施工场内外的交通运输方式和场内外交通线路的连接方式;进行场内运输线路的平面布置和纵剖面设计;确定路基、路面标准及各种主要建筑物(如桥涵、车站、码头等)的位置、规模和形式;提出运输工具和运输工程量、材料和劳动力的数量等。

1)确定对外交通和场内交通的范围

对外交通方案应确保施工工地与国家或地方公路、铁路车站、水运港口之间的交通联系,具备完成施工期间外来物资运输任务的能力;场内交通方案应确保施工工地内部各工区、当地材料产地、堆渣场、各生产和生活区之间的交通联系,主要道路与对外交通衔接。

2)场内交通规划的任务

场内交通规划的任务是正确选择场内运输主要和辅助的运输方式,合理布置线路,合理规划和组织场内运输。各分区间交通道路布置合理、运输方便可靠,能适应整个工程施工进度和工艺流程要求,尽量避免或减少反向运输和二次倒运。

3)场内运输的特点

场内运输的特点是物料品种多、运输量大、运距短;物料流向明确,车辆单项运输;运输不均衡;对运输保证性要求高;场内交通的临时性;个别情况允许降低标准;运输方式多样性。

4)场内运输方式

运输方案选择应考虑工程所在地区可资利用的交通运输设施情况,施工期总运输量、分年度运输量及运输强度,重大件运输条件,国家(地方)交通干线的连接条件以及场内、外交通的衔接条件,交通运输工程的施工期限及投资,转运站以及主要桥涵、渡口、码头、站场、隧道等的建设条件。

从运输的工具上来讲,场内运输方式的选择主要根据各运输方式自身的特点、场内物料运输量、运输距离对外运输方式、场地分区布置、地形条件和施工方法等。中小型工程一般采用汽车运输为主、其他运输为辅的运输方式。至于对外交通运输专用线或场内公路设计时,应结合具体情况,参照国家有关的公路标准来进行。

从运输的方向上来讲,场内运输方式分水平运输和垂直运输两大类。垂直运输方式和永久建筑物施工场地、各生产系统内部的运输组织等,一般由各专业施工设计考虑,场内交通规划主要考虑场区之间的水平运输方式。水电工程常采用公路和铁路运输作为场内主要水平运输方式。

5)场内运输布置

根据加工厂、仓库及各施工对象的相对位置,研究货物转运图,区分主要道路和次要道路。

在规划临时道路时,应充分利用拟建的永久性道路,提前修建永久性道路或者先修路基和简易路面作为施工所需道路,以达到节约投资的目的。

道路应有两个以上进出口,道路末端应设置回车场;场内道路干线应采用环形布置,主要道路宜采用双车道,宽度不小于6 m;次要道路宜采用单车道,宽度不小于3.5 m。

一般场外与省、市公路相连的干线,因其以后会成为永久性道路,所以一开始就建成高标准路面;场区内的干线和施工机械行驶路线,最好采用碎石级配路面,以利修补;场内支线一般为土路或砂石路。

2.仓库与材料堆场的布置

(1)当采用铁路运输时,仓库通常沿铁路线布置,并且要留有足够的装卸前线;如果没有足够的装卸前线,必须在附近设置转运仓库。布置铁路沿线仓库时,应将仓库设置在靠近工地一侧,以免内部运输跨越铁路,同时仓库不宜设置在弯道处或坡道上。

(2)当采用水路运输时,一般应在码头附近设置转运仓库,以缩短船只在码头上的停留时间。

(3)当采用公路运输时,仓库的布置较灵活,一般中心仓库布置在工地中央或靠近使用的地方,也可以布置在靠近外部交通连接处。砂石、水泥、石灰、木材等仓库或堆场宜布置在施工对象附近,以免二次搬运。一般笨重设备应尽量放在车间附近,其他设备仓库可布置在其外围或其他空地上。

(4)炸药库应布置在僻静的位置,远离生活区;汽油库应布置在交通方便之处,且不得靠近其他仓库和生活设施,并注意避开多发的风向。

3.加工厂布置

一般应将加工厂集中布置在同一个地区,且多处于工地边缘。各种加工厂应与相应仓库或材料堆场布置在同一地区。

污染较大的加工厂,如砂石加工厂、沥青加工厂和钢筋加工厂,应尽量远离生活区和办公区,并注意风向。

4.行政与生活临时设施布置

应尽量利用建设单位的生活基地或其他永久性建筑,不足部分另行建造,还可考虑租用当地的民房。

一般全工地性行政管理用房宜设在全工地入口处,以便对外联系;也可设在工地中间,便于全工地管理;工人用的福利设施应设置在工人较集中的地方,或工人必经之处;生活基地应设在场外,距工地500~1 000 m为宜;食堂可布置在工地内部或工地与生活区之间。应尽量避开危险品仓库和砂石加工厂等位置,以利安全和减少污染。

5.临时水电管网及其他动力设施的布置

临时水电管网沿主要干道布置干管、主线;临时总变电站应设置在高压电引入处,不应放在工地中心;设置在工地中心或工地中心附近的临时发电设备,沿干道布置主线;施工现场供水管网有环状、枝状和混合式三种形式。

根据工程防火要求,应设立消防站。一般设置在易燃物(木材、仓库、油库、炸药库等)附近,并须有通畅的出口和消防车道,其宽度不宜小于 6 m;沿道路布置消防栓时,其间距不得大于 100 m,消防栓到路边的距离不得大于 2 m。

工地电力网,一般 3 ~ 10 kV 的高压线采用环状,380/220 V 低压线采用枝状布置。工地上通常采用架空布置,距路面或建筑物不小于 6 m。

应该指出,上述各设计步骤不是截然分开、各自孤立进行的,而是互相联系、互相制约的,需要综合考虑、反复修正才能确定下来。

(五)施工辅助企业布置

水利水电工程施工的辅助企业主要包括:砂石骨料加工厂,混凝土生产系统,综合加工厂(木材加工厂、钢筋加工厂、混凝土预制构件厂等),机械修配厂,工地供风、供电、供水系统等。其布置的任务是根据工程特点、规模及施工条件,提出所需的辅助企业项目、任务和生产规模及内部组成,选定厂址,确定辅助企业的占地面积和建筑面积,并进行合理的布置,使工程施工能顺利地进行。

1. 砂石骨料加工厂

砂石骨料加工厂布置时,应尽量靠近料场,选择水源充足、运输及供电方便,有足够的堆料场地和便于排水清淤的地段。若砂石料厂不止一处,则可将加工厂布置在中心处,并考虑与混凝土生产系统的联系。

砂石骨料加工厂的占地面积和建筑面积与骨料的生产能力有关。

2. 混凝土生产系统

混凝土生产系统应尽量集中布置,并靠近混凝土工程量集中的地点,当坝体高度不大时,混凝土生产系统高程可布置在坝体重心位置。

混凝土生产系统的面积可依据选择的拌和设备的生产能力来确定。

3. 综合加工厂

综合加工厂尽量靠近主体工程施工现场,当有条件时,可与混凝土生产系统一起布置。

1)钢筋加工厂

一般需要的面积较大,最好布置在来料处,即靠近码头、车站等。占地面积和建筑面积可查表 2-12 确定。

2)木材加工厂

应布置在铁路或公路专用线的近旁,又因其有防火的要求,所以必须安排在空旷地带,且主要在建筑物的下风向,以免发生火灾时蔓延。木材加工厂的占地面积和建筑面积可查表 2-12 确定。

3)混凝土预制构件厂

其位置应布置在有足够大的场地和交通方便的地方,若服务对象主要为大坝主体,应尽量靠近大坝布置。其面积的确定可参照表 2-12。

4. 机械修配厂

应与汽车修配厂和保养厂统一设置,其位置一般选在平坦、宽阔、交通方便的地段,当采用分散布置时,应分别靠近使用的机械、设备等地段。其面积可参照表 2-12 选定。

表 2-12　几种施工辅助企业的面积指标

木材加工厂				
生产规模(m^3/班)	20	30	50	80
建筑面积(m^2)	372	484	1 031	1 626
占地面积(m^2)	5 000	7 390	12 200	19 500
钢筋加工厂				
生产规模(t/班)	5	10	25	50
建筑面积(m^2)	178	224	736	1 900
占地面积(m^2)	800	1 200	4 100	111 200
混凝土构件预制厂(露天式)				
生产规模(m^3/a)	5 000	10 000	20 000	30 000
建筑面积(m^2)	200	320	620	800
占地面积(m^2)	6 200	10 000	18 000	22 000
机械修配厂				
生产规模(机床台数)	10	20	40	60
锻造能力(t/年)	60	120	250	350
铸造能力(t/年)	70	150	350	500
建筑面积(m^2)	545	1 040	2 018	2 917
占地面积(m^2)	1 800	3 470	6 720	9 750

5. 工地供风系统

工地供风系统主要供石方开挖、混凝土、水泥输送、灌浆等施工作业所需的压缩空气。一般采用的方式是集中供风和分散供风,压缩空气主要由固定式的空气压缩机站或移动的空压机来供应。

一个供风系统主要由空压机站和供风管道组成,空压机站的供风量 Q_f 可以按照下式计算:

$$Q_f = k_1 k_2 k_3 \sum (nqk_4 k_5) \tag{2-5}$$

式中　Q_f——供风需要量,m^3/min;

k_1——由于空气压缩机效率降低以及未预计到的少量用气所采用的系数,取 1.05 ~ 1.10;

k_2——管网漏气系数,一般取 1.10 ~ 1.30,管网长或铺设质量差时取大值;

k_3——高原修正系数,按表 2-13 选取;

k_4——凿岩机同时工作系数,按表 2-14 选取;

k_5——风动机械磨损修正系数,按有关规定选取;

n——同时工作的同类型风动机械台数;

q——每台风动机械用气量,m^3/min,一般采用风动机械定额气量。

表 2-13 高原修正系数 k_3

海拔(m)	0	305	610	914	1 219	1 524	1 829	2 134	2 433	2 743	3 049	3 653	4 572
高原修正系数	1.00	1.03	1.07	1.10	1.14	1.17	1.20	1.23	1.26	1.29	1.32	1.37	1.43

表 2-14 凿岩机同时工作系数 k_4

同时工作凿岩机台数	1	2	3	4	5	6	7	8	9	10	11	12	20	30
工作系数	1	0.9	0.9	0.85	0.82	0.8	0.78	0.75	0.73	0.71	0.68	0.61	0.59	0.50

为了调节输气管网中的空气压力，清除空气中的水分和油污等，每台空气压缩机都需要设置储气罐，其容量可按下式估算：

$$V = a\sqrt{Q_f} \tag{2-6}$$

式中 V——储气罐的容量，m^3；

Q_f——供风量，m^3/min；

a——系数，对于固定式空压机，空压机生产率为 10 ~ 40 m^3/min 时，采用 1.5，生产率为 3 ~ 10 m^3/min 时，采用 0.9，对于移动式空压机，采用 0.4。

空气压缩机站的位置应尽量靠近用风量集中的地点，保证用风质量，同时接近供电、供水系统，并要求有良好的地基，空气压缩机距离用风地点最好在 700 m 左右，最大不超过 1 000 m。

供风管道采用树枝状布置，一般沿地表敷设，必要时可局部埋设或架空敷设(如穿越重要交通道路等)，管道坡度大致控制在 0.1% ~0.5% 的顺坡。

6. 工地供电系统

工地用电主要包括室内外交通照明用电和各种机械、动力设备用电等。在设计工地供电系统时，主要应该解决的问题是：确定用电地点和需电量、选择供电方式、进行供电系统的设计。

工地的供电方式常见的有施工地区已有的国家电网供电、临时发电厂供电、移动式发电机供电等三种。其中，国家电网供电的方式最经济方便，宜尽量选用。

工地的用电负荷，按不同的施工阶段分别计算。工地内的供电采用国家电网供电，应先在工地附近设总变电所，将高压电降为中压电，在输送到用户附近时，通过小型变压器(变电站)将中压降为低压(380/220 V)，然后输送到各用户；另外，在工地应有备用发电设施，以备国家电网停电时使用，其供电半径以 300 ~ 700 m 为宜。

施工现场供电网路中，变压器应设在所负担的用电荷集中、用电量大的地方，同时各变压器之间可做环状布置，供电线路一般呈树枝形布置，采用架空线等方式敷设，电杆距为 24 ~ 25 m，并尽量避免供电线路的二次拆迁。

7. 工地供水系统

工地供水系统主要由取水工程、净水工程和输配水工程等组成，其任务在于经济合理

地供给生产、生活和消防用水。在进行供水系统设计时，首先应考虑需水地点和需水量、水质要求，再选择水源，最后进行取水、净水建筑物和输水管网的设计等。

1）生产用水量

生产用水包括进行土石方工程、混凝土工程、灌浆工程施工所需的用水量，以及施工企业和动力设备等消耗的水量，计算公式如下：

$$Q_{ZS} = K_1 K_2 \sum \left(\frac{q_i W_i + q_j W_j}{30} + q_k W_k \right) \tag{2-7}$$

式中 Q_{ZS}——最高日生产用水量，m^3/d；

K_1——管网漏损水量系数，取1.1～1.2，管网长或铺设质量差时取大值；

K_2——未预见水量系数，取1.08～1.2，或参照同类工程经验选取；

W_i——在用水高峰月份需要用水的各项工程的施工强度；

q_i——各项工程施工用水量指标，其值见表2-15；

W_j——在用水高峰月份各施工辅助企业规模；

q_j——各施工辅助企业的用水量指标，其值见表2-16；

W_k——在用水高峰期施工机械数量；

q_k——各施工机械的用水量指标，其值见表2-17。

表2-15　主体工程施工用水量指标

序号	项目	单位	用水指标	备注
1	土石方工程			
1.1	土方机械工程	$L/100\ m^3$	350～400	
1.2	石方机械工程	$L/100\ m^3$	3 500～4 500	
2	土料填筑碾压洒水			
2.1	砾石土	L/m^3	50	
2.2	砂砾石	L/m^3	380	
2.3	黏土	L/m^3	20	视天然含水量和设计最优含水量计算确定
3	混凝土工程			
3.1	混凝土养护用水	L/m^3	2 800～5 600	以养护14 d计
3.2	混凝土养护用水	L/m^3	5 600～11 200	以养护28 d计
3.3	坝体冷却用水	L/m^3		由混凝土温度控制计算确定

表2-16　各施工辅助企业的用水量指标

序号	企业名称或用水项目	单位	用水指标	备注
1	混凝土生产系统			
1.1	拌和用水	L/m^3	150～300	以每立方米混凝土计
1.2	料罐冲洗用水	L/m^3	10～20	以一个冲洗台用水计
2	制冷厂	L/万 kcal	3 000～5 000	以标准工况计1 cal＝4.19 J计
3	砂石加工系统			

续表 2-16

序号	企业名称或用水项目	单位	用水指标	备注
3.1	天然砾石筛选	L/m³	1 500～2 500	视砂石含泥量大小选用
3.2	人工砂石筛选	L/m³	1 500～3 000	视砂的岩石岩性选用
3.3	洗砂机用水	L/m³	1 500～4 000	视砂石含泥量大小选用
4	压缩空气站			
4.1	有后冷却器时	L/m³	5.5～8.0	终压力 0.8 MPa,进水温度 10 ℃
4.2	无后冷却器时	L/m³	4.0～5.0	
5	混凝土预制件厂			
5.1	浇水养护	L/m³	300～400	以每立方米混凝土计
5.2	蒸汽养护	L/m³	500～700	为蒸汽用量,以每立方米混凝土计
6	机械修配厂			
6.1	铸铁件	L/t	2 000～3 000	
6.2	铸钢件	L/t	6 000～10 000	
6.3	锻件	L/t	1 000～14 000	
6.4	铆焊件	L/t	1 000～1 500	
6.5	机械加工件	L/t	1 000～5 000	
7	汽车修配厂、保养站			
7.1	汽车大修	L/辆	12 000～27 000	
7.2	汽车大修	L/(d·辆)	60～140	以修理厂年大修车辆规模计
7.3	汽车保养	L/(d·辆)	170～200	以承担一保、二保、小修时每辆在保养汽车计
7.4	汽车保养	L/(d·辆)	70～100	
8	汽车停车场			
8.1	工程用汽车外部清洗	L/辆次	700～1 500	
8.2	汽车散热器灌水	L/辆次	15～30	为 5 t 以下汽车
8.3	汽车散热器灌水	L/辆次	45～60	为 5 t 以上汽车
8.4	冬季发动机预热	L/辆	1.5～2.5 倍散热器容积	
9	建筑用水			
9.1	砖砌体	L/100 块	200～500	
9.2	毛石砌体	L/m³	50～80	
9.3	抹灰	L/m²	30	
9.4	预制件养护	L/(s·处)	5～10	各单位自制混凝土构件时采用值

2)施工生活用水量

施工生活用水量应按公式(2-8)计算。

$$Q = K_1 K_2 \left(\frac{qN}{1\ 000} + \sum Q_1 \right) \tag{2-8}$$

表 2-17 各施工机械的用水量指标

机械名称	单位	用水指标	备注
1.5 ~ 3 t 汽车	L/(d · 辆)	400 ~ 500	
4 ~ 5 t 汽车	L/(d · 辆)	500 ~ 700	
6 ~ 10 t 汽车	L/(d · 辆)	700 ~ 800	
10 ~ 25 t 汽车	L/(d · 辆)	800 ~ 1 000	
交通车	L/(d · 辆)	1 500	
拖拉机	L/(d · 台)	300 ~ 600	
内燃挖土机	L/(台班 · m^3)	200 ~ 300	以斗容量计
内燃起重机	L/(台班 · t)	15 ~ 18	以起重吨数计
内燃压路机	L/(台班 · t)	12 ~ 15	以压路机吨数计
蒸汽打桩机	L/(台班 · t)	1 000 ~ 1 200	以锤重吨数计
蒸汽锅炉	L/(h · t)	1 000	以小时蒸发量计
风动凿岩机	L/(h · 把)	600 ~ 800	进水管内径 13 mm
井下式潜孔钻	L/(h · 台)	480 ~ 720	进水管内径 16 mm
内燃动力装置	L/(台班 · HP)	120 ~ 300	直流水,1 HP = 0.735 kW
内燃动力装置	L/(台班 · HP)	25 ~ 40	循环水,1 HP = 0.735 kW

式中 Q——最高日生活用水量,m^3/d;

K_1——管网漏损水量系数,取 1.1 ~ 1.2,管网长时取大值;

K_2——未预见水量系数,取 1.08 ~ 1.2,或参照同类工程经验选取;

N——工程高峰时段劳动力人数;

q——生活用水量标准,L/(人 · d),其值见表 2-18;

Q_1——浇洒道路和绿地用水量,m^3/d,根据路面、绿化、气候和土壤等条件确定。

表 2-18 生活用水量标准

地域分区	日用水量[L/(人 · d)]	适用省(自治区、直辖市)
一	80 ~ 135	黑龙江、吉林、辽宁、内蒙古
二	85 ~ 140	北京、天津、河北、山东、河南、山西、陕西、宁夏、甘肃
三	120 ~ 180	上海、江苏、浙江、福建、江西、湖北、湖南、安徽
四	150 ~ 220	广西、广东、海南
五	100 ~ 140	重庆、四川、贵州、云南
六	75 ~ 125	新疆、西藏、青海

注:1. 本表选自《城市居民生活用水量标准》(GB/T 50331—2002)。

2. 表中所列日用水量是满足人们日常生活基本需要的标准值。

3. 指标值中的上限值是根据气温变化和用水高峰月变化参数确定的,一个年度当中对居民用水可分段考核,利用区间值进行调整使用。上限值可作为一个年度当中最高月的指标值。

3）消防用水量

工程施工区及施工营地消防用水量可按照表 2-19 所列数值选取。

表 2-19　工程施工区及施工营地消防用水量

工厂、仓库、堆场、储罐（区）和民用建筑同一时间内的火灾次数及水量计算

名称	基地面积（hm^2）	居住区人数（万人）	同一时间内的火灾次数（次）	灭火水量
施工营地	不限	≤1.0	1	一次灭火水量按成组布置的建筑物按消防用水量较大的相邻两座计算，但不得小于 10 L/s
		≤2.5	1	一次灭火水量按成组布置的建筑物按消防用水量较大的相邻两座计算，但不得小于 15 L/s
工程施工及运行区			1	按需灭火水量最大一个设备或一个建筑物计算
仓库、民用建筑	不限	不限	1	按需水量最大的一座建筑物（或堆场、储罐）计算
工程施工区 + 施工营地	≤100	≤1.5	1	按需水量最大的一座建筑物（或堆场、储罐）计算
		>1.5	2	工厂、居住区各一次
	>100	不限	2	按需水量最大的两座建筑物（或堆场、储罐）之和计算

建筑物的屋外消火栓一次灭火用水量（L/s）

耐火等级	建筑物名称及类别		建筑物体积（m^3）≤1 500	1 501 ~ 3 000	3 001 ~ 5 000	5 001 ~ 20 000	20 001 ~ 50 000	>50 000
一、二级	厂房	丙	10	15	20	25	30	40
		丁、戊	10	10	10	15	15	20
	库房	丙	15	15	25	25	35	45
		丁、戊	10	10	10	15	15	20
一、二级	其他建筑		10	15	15	20	25	30
三级	厂房或库房	乙、丙	15	20	30	40	45	—
		丁、戊	10	10	15	20	25	35
	其他建筑		10	15	20	25	30	—

4）工地施工总供水量

施工供水量应满足不同时期日高峰生产用水和生活用水需要，并按消防用水量进行校核。施工用水、生活用水和消防用水应满足水质、水压要求。

总供水量 = 生产用水量 + 生活用水量 ≥ 消防用水量 (2-9)

供水系统的水源一般根据实际情况确定,但生产、生活用水必须考虑水质的要求,尤其是饮用水源,应尽量取地下水为宜。

布置用水系统时,应充分考虑工地范围的大小,可布置成一个或几个供水系统。供水系统一般由供水站、管道和水塔等组成。水塔的位置应设有用水中心处,高程按供水管网所需的取大水头计算。供水管道一般用树枝状布置,水管的材料根据管内压力大小分为铸铁和钢管两种。

工地供水系统所用水泵,一般每台流量为 10 ~ 30 L/s,扬程应比最高用水点和水源的高差高出 10 ~ 15 m。水泵应有一定的备用台数,同一泵站的水泵型号尽可能统一。

(六)施工临时设施布置

1. 仓库

1)仓库的分类

工地仓库的主要功能是储存和供应工程施工所需的各种物资、器材和设备。根据其用途和管理形式分为中心仓库(储存全工地统一调配使用的物料)、转运仓库(储存待运的物资)、专用仓库(储存一种或特殊的材料)、工区分库(只储存本工区的物资、材料)、辅助企业分库(只储存本企业用的材料等)等。

按照结构形式分为露天式仓库、棚式仓库和封闭式仓库等。

2)仓库的布置

仓库布置的具体要求是:服务对象单一的仓库、堆场、应靠近所服务的企业或施工地点。

(1)当采用铁路运输时,仓库通常沿铁路线布置,并且要留有足够的装卸前线;如果没有足够的装卸前线,必须在附近设置转运仓库。布置铁路沿线仓库时,应将仓库设置在靠近工地一侧,以免内部运输跨越铁路,同时仓库不宜设置在弯道处或坡道上。

(2)当采用水路运输时,一般应在码头附近设置转运仓库,以缩短船只在码头上的停留时间。

(3)当采用公路运输时,仓库的布置较灵活,一般中心仓库布置在工地中央或靠近使用的地方,也可以布置在靠近外部交通连接处。砂石、水泥、石灰、木材等仓库或堆场宜布置在施工对象附近,以免二次搬运。一般笨重设备应尽量放在车间附近,其他设备仓库可布置在其外围或其他空地上。

(4)炸药库应布置在僻静的位置,远离生活区;汽油库应布置在交通方便之处,且不得靠近其他仓库和生活设施,并注意避开多发的风向。

3)仓库储存量的计算

仓库储存量根据施工条件、供应条件、运输条件等具体情况确定。对仓库储存量的要求既不能存储过多,造成积压浪费,又要满足工程施工的需要,且具有一定的存储量。另外,受季节影响的材料,应分析施工和生产的中断因素。水运时需考虑洪、枯水和严寒季节影响,材料的储存量可按下式计算:

$$q = Qtk/n \qquad (2\text{-}10)$$

式中 q——需要材料储存量;

Q——一般高峰年材料总需要量,t 或 m^3;

n——年工作日数；

t——需要材料的储备天数，可参考表2-20；

k——不均匀系数，可取1.2～1.5。

表2-20 各种材料储备天数参考

序号	材料名称	储备天数(d)	备注
1	钢筋、钢材	60～120	
2	设备配件	180～270	根据同类配件的多少乘以0.5～1.0的修正系数
3	水泥	7～15	
4	炸药、雷管	15～30	
5	油料	30～90	若当地有商业供应条件，储备天数可缩短
6	木材	20～30	采用水运时，储存时间按放排间隔确定
7	五金材料	20～30	
8	沥青、玻璃、油毡	20～30	
9	电石、油漆、油毡	20～30	
10	煤	30～90	
11	电线、电缆	40～50	
12	钢丝绳	40～50	
13	地方房建材料	10～20	
14	砂、石骨料(成品)	10～20	
15	混凝土预制构件	10～15	
16	劳保、生活用品	30～40	
17	土产杂品	30～40	

4)仓库面积的计算

材料器材仓库的面积按下式计算：

$$W_1 = q/pk_1 \tag{2-11}$$

式中 W_1——仓库面积，m^2；

q——材料储存量，t或m^3；

p——每平方米有效面积的材料存放量，t或m^3，可参照表2-21；

k_1——仓库面积利用系数，可参照表2-21。

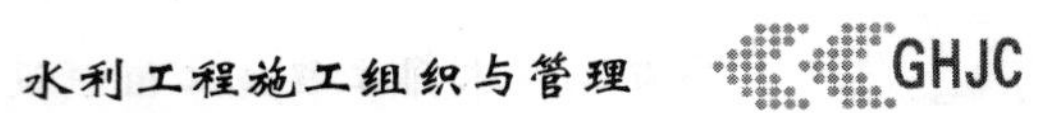

表 2-21　每平方米有效面积材料储存量及仓库面积利用系数

材料名称	单位	保管方法	堆高（m）	每平方米有效面积的材料堆放量 p	储存方法	仓库面积利用系数 k_1	备注
水泥	t	堆垛	1.5～1.6	1.3～1.5	仓库、料棚	0.45～0.60	
水泥	t		2.0～3.0	2.5～4.0	封闭式料斗机械化	0.70	
圆钢	t	堆垛	1.2	3.1～4.2	料棚、露天	0.66	
方钢	t	堆垛	1.2	3.2～4.3	料棚、露天	0.68	
扁钢、角钢	t	堆垛	1.2	2.1～2.9	料棚、露天	0.45	
钢板	t	堆垛	1.0	4.0	料棚、露天	0.57	
工字钢、槽钢	t	堆垛	0.5	1.3～2.6	料棚、露天	0.32～0.54	
钢管	t	堆垛	1.2	0.8	料棚、露天	0.11	
铸铁管	t	堆垛	1.2	0.9～1.3	露天	0.38	
铜线	t	料架	2.2	1.3	仓库	0.11	
铝线	t	料架	2.2	0.4	仓库	0.11	
电线	t	料架	2.2	0.9	仓库、料架	0.35～0.40	
电缆	t	堆垛	1.4	0.4	仓库、料架	0.35～0.40	
盘条	t	叠放	1.0	1.3～1.5	棚式	0.50	
钉、螺栓、铆钉	t	堆垛	2.0	2.5～3.5	仓库	0.60	
炸药	t	堆垛	1.5	0.66	仓库、料架	0.45～0.60	
电石	t	堆垛	1.2	0.90	仓库	0.35～0.40	
油脂	t	堆垛	1.2～1.8	0.45～0.80	仓库	0.35～0.40	
玻璃	箱	堆垛	0.8～1.5	6.0～10.0	仓库	0.45～0.60	
油毡		堆垛	1.0～1.5	15.0～22.0	仓库	0.35～0.45	
石油沥青	t	堆垛	2	2.2	仓库	0.50～0.60	
胶合板	张	堆垛	1.5	200～300	仓库	0.50	
石灰	t	堆垛	1.5	0.85	料棚	0.55	
五金	t	叠放、堆垛	2.2	1.5～2.0	仓库、料架	0.35～0.50	
水暖零件	t	堆垛	1.4	1.30	料棚、露天	0.15	
原木	m^3	叠放	2～3	1.3～2.0	露天	0.40～0.50	
锯材	m^3	叠放	2～3	1.2～1.8	露天	0.40～0.50	
混凝土管	m	叠放	1.5	0.3～0.4	露天	0.30～0.40	
卵石、砂、碎石	m^3	堆垛	5～6	3～4	露天	0.60～0.70	
卵石、砂、碎石	m^3	堆垛	1.5～2.5	1.5～2.0	露天	0.60～0.70	
毛石	m^3	堆垛	1.2	1.0	露天	0.60～0.70	
砖	块	堆垛	1.5	700	露天		
煤炭	t	堆垛	2.25	2.0	露天	0.60～0.70	
劳保	套	叠放		1	料架	0.30～0.35	

施工设备仓库面积 W_2 按下式计算公式为

$$W_2 = \sum (na)/k_2 \tag{2-12}$$

式中　W_2——仓库面积，m^2；

n——设备的台数，台；

a——每台设备占地面积，m^2/台，可参考表2-22选取；

k_2——面积利用系数，库内有行车时取0.3、库内无行车时取0.7。

表2-22　施工机械停放场所需面积参考指标

施工机械名称	停放场地面积（m^2/台）	存放方式
1.起重、土石方机械		
塔式起重机	200～300	露天
履带式起重机	100～125	露天
履带式正、反铲，拖式铲运机、轮胎式起重机	70～100	露天
推土机、拖拉机、压路机	25～35	露天
汽车式起重机	20～30	露天或室内
门式起重机(10 t,60 t)	300～400	解体露天及室内
缆式起重机(10 t,20 t)	400～500	解体露天及室内
2.运输机械类		
汽车(室内)	20～30	一般情况下室内不小于10%
汽车(室外)	46～60	
平板拖车	100～150	
3.其他机类		
搅拌机、卷扬机、电焊机、电动机、水泵、空压机、油泵等	4～6	一般情况下室内占30%、室外占70%

5）仓库占地面积的估算

$$A = \sum (wk_3) \tag{2-13}$$

式中　A——仓库占地面积，m^2；

w——仓库建筑面积或堆存场面积，m^2；

k_3——占地面积系数，可按表2-23选取。

2.工地临时房屋

一般工地上的临时房屋主要有：行政管理用房（如指挥部、办公室等）、文化娱乐用房（如学校、俱乐部等）、居住用房（如职工宿舍等）、生活福利用房（如医院、商店、浴室等）等。

修建这些临时房屋时，必须注意既要满足实际需要，又要节约修建费用。具体应考虑以下问题：

表 2-23　仓库占地面积系数(k_3)参考指标

仓库种类	k_3
物资总库、施工设备库	4
油库	6
机电仓库	8
炸药库	6
钢筋、钢材库、圆木堆场	3 ~ 4

(1)尽可能利用施工区附近城镇的民居和文化福利设施。

(2)尽可能利用拟建的永久性房屋。

(3)结合施工地区新建城镇的规划统一考虑。

(4)临时房屋宜采用装配式结构。

工地各类临时房屋具体需要量取决于工程规模、工期长短、投资情况和工程所在地区的条件等因素。

应尽量利用建设单位的生活基地或其他永久性建筑,不足部分另行建造,还可考虑租用当地的民房。

一般全工地性行政管理用房宜设在全工地入口处,以便对外联系;也可设在工地中间,便于全工地管理;工人用的福利设施应设置在工人较集中的地方,或工人必经之处;生活基地应设在场外,宜距工地 500 ~ 1 000 m;食堂可布置在工地内部或工地与生活区之间。应尽量避开危险品仓库和砂石加工厂等位置,以利安全和减少污染。

(七)调整、修改和选定合理的布置方案

在各项临时建筑物和施工设施布置完成后,应对整个施工总体布置进行协调和修正,检查施工设施和主体工程施工之间、各项临时建筑物之间彼此有无干扰矛盾;是否协调一致;生产和施工工艺配合得怎么样;能否满足安全防火和卫生方面的要求;占用农田多少。对这些问题进行调整,并注意使整个布置留有一定的余地。最后,提出几个可能方案进行比较,选定合理的布置方案。选定方案时,一般可以用以下几个主要指标来衡量,如各种物资的运输工作量(吨公里数)或运输总费用;临时建筑物的工程量或造价,占用土地或农田的面积;有利生产、易于管理和便于生活的程度等。

最后,根据选定的方案绘制施工总体布置图。

五、施工总布置的优化及设计成果

施工临时设施的平面布置和竖向布置完成后,对施工总布置进行协调修正,检查施工临时设施和主体工程施工之间、各临时建筑物之间是否协调,有无干扰矛盾,生产和施工工艺之间的配合如何,能否满足保安、防火和卫生的要求,对于不协调的布置进行调整。最后编制总布置有关技术经济指标图表,完成施工总布置设计。

(一)施工总布置方案比较指标

(1)交通道路的主要技术指标包括工程质量、造价指标、运输费及运输设备需要量。

(2)各方案土石方平衡计算成果及弃渣场规划。

(3)风、水、电系统各方案管线布置的主要工程量、材料和设备等。

(4)生产、生活福利设施的建筑物面积和占地面积。

(5)有关施工征地移民的各种指标。

(6)施工工厂设施的土建、安装工程量。

(7)站场、码头和仓库装卸设备需要量。

(8)其他临建工程量。

(二)施工总布置方案比较定性分析内容

(1)布置方案能否充分发挥施工工厂的生产能力。

(2)满足施工总进度和施工强度的要求。

(3)施工设施、站场、临时建筑物的协调和干扰情况。

(4)施工分区的合理性。

(5)研究当地现有企业为工程施工服务的可能性和合理性。

(三)施工总布置的主要内容

(1)坐标系统、风玫瑰(指北针),必要的地形、地物、标高、图例等。

(2)主体建筑物及主要导流建筑物轮廓布置。

(3)主要施工机械设备布置、运输系统(如门式起重机、塔式起重机、缆式起重机、混凝土运输线、栈桥等)轮廓布置。

(4)主要施工分区划分范围,主要施工辅助企业、大型临时设施布置以及堆、弃渣场地范围。

(5)风、水、电及其他动力、能源、场(厂)站位置及主、干管线。

(6)当地主要建筑材料场地位置及范围。

(7)场地排水布置。

(8)准备工程量一览表。

(9)临建工程项目一览表。

(10)生产、生活福利设施及其他建筑物一览表。

(11)场内外交通运输技术指标及转运、存储建筑物数量一览表。

(四)施工总布置设计成果

(1)文字说明。

(2)施工总布置图,比例 1/2 000 ~ 1/10 000。

(3)施工对外交通图。

(4)居住小区规划图,比例 1/500 ~ 1/1 000。

(5)施工征地范围规划图和施工用地面积一览表。

(6)施工用地分期征用示意图。

【应用实例 2-6】 长江三峡水利枢纽工程施工总体布置示意图(见图 2-13)。

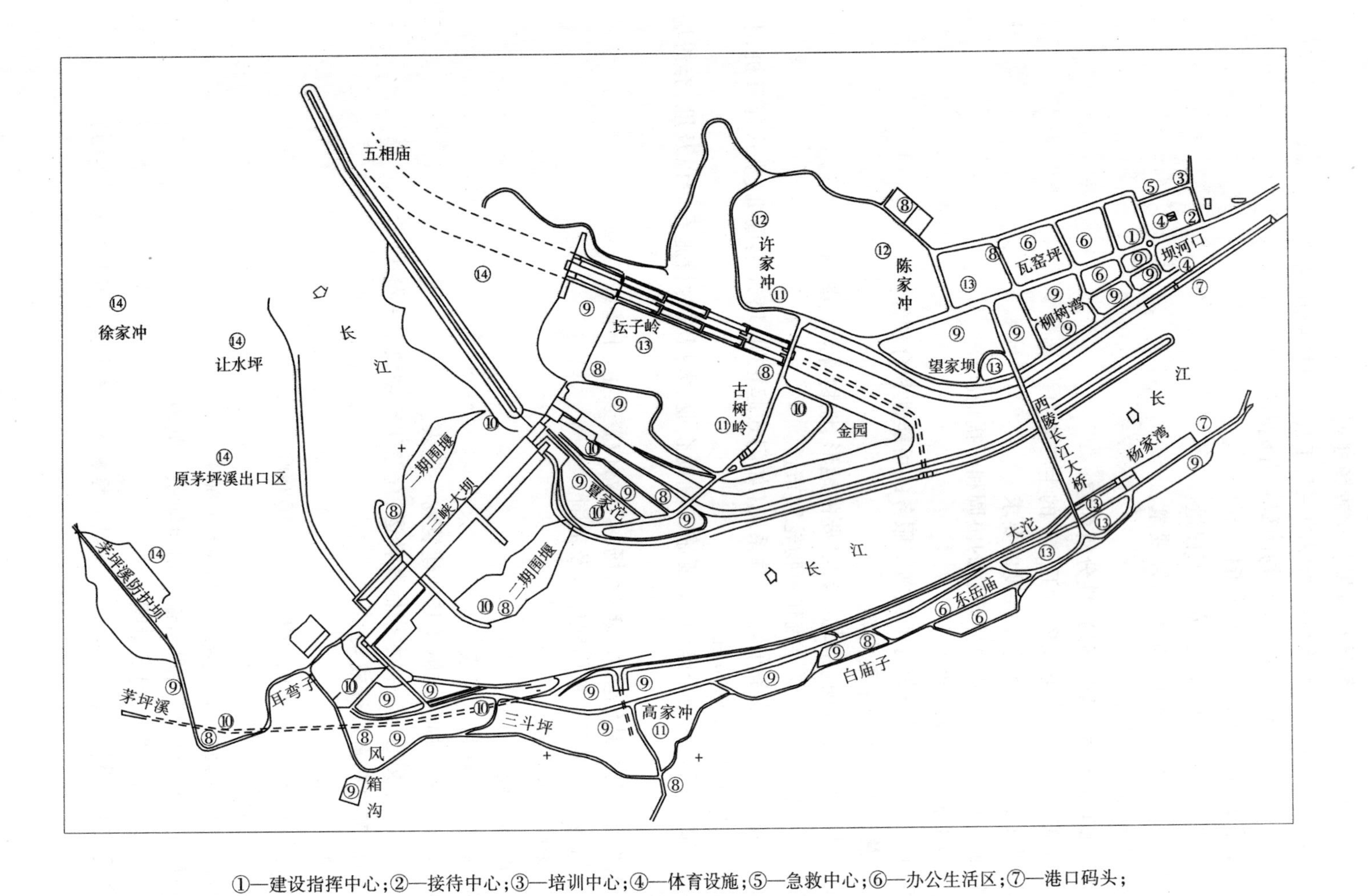

①—建设指挥中心；②—接待中心；③—培训中心；④—体育设施；⑤—急救中心；⑥—办公生活区；⑦—港口码头；⑧—变电所；⑨—生产区；⑩—混凝土拌和系统；⑪—混凝土骨料加工系统；⑫—利用料堆场；⑬—绿化区；⑭弃渣场

图 2-13 长江三峡水利枢纽工程施工总布置图

三峡水利枢纽是当今世界上最大的水利枢纽工程，它位于长江三峡的西陵峡中段，坝址在湖北宜昌三斗坪。工程由大坝及泄水建筑物、厂房、通航建筑物等组成，具有防洪、发电、航运、供水等巨大的综合利用效益。坝顶高程185 m，坝长2 309.47 m，总库容393亿m^3，总装机容量1 820万kW。该工程为我国自行设计、投资和施工的大型工程，汇聚了全国水电建设精英，为充分学习先进经验，特选用三峡工程的总布置做实例。

三峡枢纽大坝为混凝土重力坝，左右两岸布置电站厂房，左岸布置升船机和永久船闸。主体建筑物土石开挖10 400万m^3、填方4 149.2万m^3、混凝土2 671.4万m^3。

初步设计推荐的施工总进度安排仍按三期施工。施工准备及一期工程5年、二期工程6年、三期工程6年，总工期17年。一期工程主要围右岸，挖明渠浇纵向围堰；二期工程围左岸，主河床施工，修建溢流坝及左厂房；三期工程围右岸，主要施工右厂房。

一、场地布置条件

坝址河宽阔，两岸低山丘陵，沟谷发育。右岸沿江有75～90 m高程带状台地，坝线下游沿江6 km范围内有三斗坪、高家冲、白庙子、东岳庙、杨家湾等场地；上游有余家冲、茅坪等缓坡地可资利用。左岸台地较少，而冲沟较发育，坝线下游7 km范围内有覃家沱、许家冲、陈家冲、瓦窑坪、坝河口、杨淌河等较大冲沟，山脊普遍高程为100～140 m，沟底78～90 m；另有面积约100万m^2的陈家坝滩地，地面高程65 m左右；坝线上游有刘家河、苏家坳等场地。左右岸共有可利用场地15 km^2，可满足施工场地布置要求。

二、场地布置原则

(1)主要施工场地和交通道路布置在20年一遇洪水位77 m高程以上。

(2)以宜昌市为后方基地，充分利用已建施工工厂、仓库、车站、码头、生活系统。坝址附近主要布置砂石、混凝土、制冷系统，机电、金属结构安装基地，汽车机械保养、中小型修配加工企业和办公生活房屋。

(3)由于两岸都布置有主体建筑物，左岸尤为集中，故采用两岸布置并以左岸为主的方式。

(4)生产与生活区相对分开。

(5)节约用地，多利用荒山坡地布置施工工厂和生活区，利用基坑开挖弃渣填滩造地，布置后期使用的安装基地和施工设施。

(6)根据主体工程高峰年施工需要，坝区布置相应规模的生产、交通、生活、服务系统，按两岸采用公路运输方式进行施工总体规划。

三、左岸布置

(一)覃家沱—古树岭区

该区是左岸前方施工主要基地。布置有120 m高程、82 m高程及98.7 m高程三个混凝土系统。120 m高程混凝土系统设4×4 m^3和6×4 m^3拌和楼各1座，供应大坝120 m高程以上及临时船闸、升船机和永久船闸一部分混凝土浇筑；82 m高程混凝土系统设4×4 m^3和6×3 m^3拌和楼各1座，供应溢流坝、厂房坝段下游面120 m高程以下部位和电厂混凝土浇筑；98.7 m高程混凝土系统设2座4×3 m^3拌和楼，月产量20万m^3，供应永久船闸混凝土浇筑。各混凝土系统分设水泥、粉煤灰储存罐及供风站。古树岭布置人工骨料加工系统，设备生产能力为2 108 m^3/h，承担左岸4个混凝土系统砂石料供应。

（二）刘家河—苏家坳区

该区是左岸坝上游施工基地，苏家坳90 m高程布置4×3 m^3 及4×6 m^3 拌和楼各1座，供应溢流坝、厂房坝段上游面和混凝土纵向围堰90 m高程以上混凝土浇筑。刘家河、瞿家湾一带为弃渣场和二期围堰土石料备料堆场，弃渣量约600万 m^3。上游引航道130 m平台至左坝头185 m平台一带在弃渣场上布置有钢筋加工厂、混凝土预制厂、木材加工厂、机械修配厂、汽车停放保养场及承包商营地等。

（三）陈家坝—望家坝区

除望家坝约1万 m^2 地面高程在70 m以上外，其余约在60 m高程左右，葛洲坝蓄水后常年被淹。作为左岸主要弃渣场，结合主体工程弃渣填筑场地，布置后期使用的企业，如金属结构、压力钢管拦装场和机电设备仓库，以及二期围堰土石料堆场。弃渣容量约1 600万 m^3。

（四）许家冲—黎家湾区

许家冲、陈家冲布置容量约800万 m^3 的岩石利用料堆场及220 kV施工变电所，柳树湾布置生产能力为200 m^3/h的前期砂砾料加工系统；黎家湾布置物资仓库、材料仓库和承包商营地等。

（五）瓦窑坪—坝河口区

该区为左岸主要办公生活区。布置有业主、监理、设计、施工办公场所，生活各类设施，建有高水准的餐厅、医院、体育场馆、公园、游泳池、接待中心等，是三峡坝区的办公、商业、文化中心。

（六）坝河口—大象溪区

该区是对外交通与场内交通相衔接的区域，沿江峡大道布置有政府有关部门办事机构、保税仓库、鹰子嘴水厂、临时砂石码头、重件杂货码头；大象溪布置储量为8 000 t的油库；杨淌河布置前期临时货场、临时炸药库和爆破材料储放场地。

四、右岸布置

（一）徐家冲—茅坪区

徐家冲弃渣场弃渣容量约1 600万 m^3，谢家坪弃渣容量约450万 m^3。此两处为右岸主要弃渣场。茅坪溪布置围堰备料场、围堰施工土石料堆场和茅坪溪防护大坝施工承包商营地。

（二）三斗坪—高家冲区

该区是右岸前方主要施工基地。青树湾布置85 m高程和120 m高程混凝土系统。85 m高程布置4×3 m^3 拌和楼2座和6×3 m^3 拌和楼1座，担负混凝土纵向围堰和导流明渠上游碾压混凝土围堰58 m和50 m高程以下混凝土浇筑，二期拆迁至左岸，75 m和79 m高程混凝土系统安装使用，三期工程在84 m高程布置2座4×3 m^3 拌和楼，担负右岸大坝85 m高程以下和电站厂房及三期上游横向混凝土围堰浇筑；120 m高程新建4×3 m^3 和6×4 m^3 拌和楼各1座，担负三期碾压混凝土围堰、明渠坝段和厂房的混凝土供应。枫箱沟布置生产能力为815 m^3/h的砂石加工系统和砂石料堆场；高家冲、鸡公岭可弃渣680万 m^3，布置容量为3 000万 m^3 的基岩利用料堆场，三斗坪布置汽车停放场、施工机械停放场、金属结构拼装场、基础处理基地；高家冲口布置生产能力为200 m^3/h的砂砾料加工系

统、机电设备库、实验室等。

(三)白庙子—东岳庙区

白庙子布置混凝土预制、钢筋、木材加工厂，水厂，消防站，建材仓库和物资仓库；东岳庙布置葛洲坝集团办公、生活中心营地；江边布置船上水厂基地和砂石码头。

(四)杨家湾区

该区布置对外交通水运码头、水泥和粉煤灰中转储存系统，右桥头布置有桥头公园。

五、场内交通

三峡场内运输总量约 53 850 万 t，其中汽车运输量约 38 210 万 t。共兴建公路约 108 km，大中型公路桥梁 6 座，总长约 1 700 m。根据坝区场地条件，考虑结合城镇发展，布置公路主干线联通施工辅助企业、仓库、生活区。左岸布置有江峡大道、江峡一路两条纵向主干道，坝址上下游交通在临时船闸运行后由苏覃路改经苏黄路；右岸布置西陵大道，在导流明渠边坡加宽马道，以沟通坝区上下游交通。

为满足施工期和未来两岸交通运输需要，在距坝轴线约 4 km 的望家坝—大沱修建西陵长江公路大桥。因三峡工程分期导流及航运需要，要求河床最好不建桥墩，经长期研究、比较，选定悬索桥，主跨约 900 m 跨越下航道隔流堤，总长约 1 450 m。根据泥沙模型试验和实测资料，左岸滩地普遍淤积厚度较大，因此港口集中布置于岸岩杨家湾，港区岸线约 1 km，布置水泥、重件杂件、客运等 4 座码头；左岸设重件码头，兼作杂货码头使用。工程施工初期，于右岸茅坪、三斗坪和丝瓜槽，左岸覃家沱、坝河口、小湾和乐天溪共设置 7 座临时简易码头，担负两岸临时交通汽渡和施工机械设备进场运输。

六、办公生活布置

初步设计文件估算施工高峰期职工人数 42 700 人，在坝区居住有39 700人，共需修建办公生活房屋建筑面积 66 万 m^2，其中生活 44.5 万 m^2、公共房屋 13.7 万 m^2、办公房屋 7.8 万 m^2。右岸集中布置于东岳庙、高家冲两处，占地面积分别约 25 万 m^2和 7 万 m^2；左岸集中布置于瓦窑坪一带，占地面积约 92 m^2，洞湾布置部分前期办公生活房屋。实施结果比原设计数字少一些，但大多数房屋与永久使用相结合。

七、场地排水与环保

场内集水面积约 63 km^2，设计排水量采用 10 年一遇小时降雨量 80 mm 标准。以暗排为主，管网结构为箱涵或涵管，分区形成独立排水系统。考虑到施工附属企业一般不产生严重有害废水，施工期暂按混流制，即雨水、污水合用同一排水管道直接排入长江。排污管道与雨水道同时建成，先将排污管道封闭，工程建成后再改分流制，污水经处理后排入长江。各小区利用地形或行道树形成分隔带，降低噪声和灰尘，空地尽可能保留原有植被，场地绿化除选择适当地方重点绿化外，生产、生活小区利用零散场地植树种花进行绿化。晴天或干燥季节施工，要求对路面洒水降尘。

八、施工布置的特点与经验教训

三峡工程规模巨大，项目和标段繁多，如何适应这些项目及标段对施工场地、道路等方面的各自要求，是施工总体布置的核心内容。三峡工程的施工总体布置在兼顾诸多因素的条件下满足了区域经济发展和国家宏观经济发展进程。

(1)施工总体布置格局较好地适应了施工管理模式和生产力水平。以左岸为主、右岸为辅,生产区、生活区相对分开。西陵大桥以上布置施工区,主要包括混凝土系统、弃渣场、综合加工厂、临时营地等;江峡大道以右布置仓储区及辅助工厂;西陵大桥以下,江峡大道与江峡一路间布置办公、生活服务设施。右岸高家溪以上布置施工区,高家溪以下布置办公生活区及仓储、服务设施等。

(2)施工交通规划和道路技术标准较合理,施工期间基本无交通堵塞和道路返修现象。

(3)施工场地排水规划保障了坝区排水通畅。雨水与污水排放系统布置考虑近期与远期相结合。

(4)施工景观布置与环境保护相结合。各小区利用行道树形成分隔带,空地尽可能保留原有植被,场地绿化除选择适当地方重点绿化外,生产、生活小区利用零散场地植树种花进行绿化,降低了噪声和灰尘,形成良好的生产、生活环境。

三峡工程施工总体布置,根据工程施工实践在施工征地和考虑地方交通方面还有待改进。

任务五　资源使用计划编制

资源是施工生产的物质基础,是工程实施必不可少的前提条件,它们的费用占工程总费用的80%以上,所以资源消耗的节约是工程成本节约的主要途径。如果资源不能保证,任何考虑得再周密的工期计划也不能实行。资源需要量是指项目施工过程中所必须消耗的各类资源的计划用量,包括劳动力、建筑材料、机械设备以及施工用水、电、动力、运输、仓储设施等的需要量。资源管理的任务就是按照工程项目的实施计划编制资源的使用和供应计划,将项目实施所需的资源按正确的时间、正确的数量供应到正确的地点,并降低资源成本消耗(如采购费用、仓库保管费等)。

一、劳动力计划

(一)劳动力需要量

劳动力需要量指的是在工程施工期间,直接参加生产和辅助生产的人员数量以及整个工程所需总劳动量。水利水电工程施工劳动力包括建筑安装人员,企业工厂、交通的运行和维护人员,管理、服务人员等。劳动力需要量是施工总进度的一项重要指标,也是确定临时工程规模和计算工程总投资的重要依据之一。

劳动力计划的计算内容是施工期各年份月劳动力数量(人)、施工期高峰劳动力数量(人)、施工期平均劳动力数量(人)和整个工程施工的总劳动量(工日)。

(二)劳动力计算方法

1. 劳动定额法

1)劳动力定额

劳动力定额是完成单位工程量所需要的劳动工日。在计算各施工时段所需要的基本劳动力数量时,是以施工总进度为基础,用各施工时段的施工强度乘以劳动力定额而得。总进度表上的工程项目,是基本施工工艺环节中各施工工序的综合项目,例如,石方开挖,包括开挖和出渣等,混凝土浇筑包括砂石料开采、加工和运输、模板、钢筋、混凝土拌和、运输、浇筑和养护等,土石方填筑包括料物开采、运输、上坝和填筑等。所以,计算劳动力所需的劳动力定额,主要是依据本工程的建筑物特性、施工特性、选定的施工方法、设备规格、生产流程等经过综合分析后拟定。

2)劳动力曲线计算

(1)拟定劳动力定额。

(2)以施工总进度表为依据,绘制单项工程的施工进度线,并说明各时段的施工强度。

(3)计算基本劳动力曲线。

(4)计算企业工厂运行劳动力曲线。

(5)计算对外交通、企业管理人员、场内道路维护等劳动力曲线。

(6)计算管理人员、服务人员劳动力曲线。

(7)计算缺勤劳动力曲线。

(8)计算不可预见劳动力曲线。

(9)计算和绘制整个工程的劳动力曲线。

3)基本劳动力计算

以施工总进度表为依据,用各单项工程分年、分月的日强度乘以相应劳动力定额,即得单项工程相应时段劳动力需要量。同年同月各单项工程劳动力需要量相加,即为该年该月的日需要劳动力。

4)企业工厂运行劳动力

以施工进度表为依据,列出各企业工厂在各年各月的运行人员数量,同年同月逐项相加而得。各企业各时段的生产人员,一般由企业工厂设计人员提供。

5)对外交通、企管人员及道路维护劳动力

用基本劳动力与企业工厂运行人员之和乘以系数0.1~0.5(混凝土坝工程和对外交通距离较远者取大值)。

6)管理人员

管理人员(包括有关单位派驻人员),取上述3)~5)项的生产人员总数的7%~10%。

7)缺勤人员

缺勤人员取上述生产人员与管理人员总数之和的5%~8%。

8)不可预见人员

不可预见人员取上述3)~7)项人员之和的5%~10%。可行性研究阶段取10%,初步设计阶段取5%。

按以下方法计算各类劳动力需要量后,可按表2-24的形式进行汇总。

2. 类比法

根据同类型、同规模水利工程施工项目的实际定员类比,通过认真分析加以适当调整。此方法比较简单,也有一定的准确度。

表 2-24　建筑项目土建施工劳动力汇总表

序号	工程名称	全工地性工程							临时建筑		劳动力计划			
		地基处理	厂房	水工建筑	道路	上下水道	电气工程	其他	仓库	加工厂	一季度	二季度	三季度	四季度
1	木工													
2	钢筋工													
3	混凝土工													
4	测绘工													
5	架子工													
合计														

二、材料、构件及半成品需要量计划

水利水电工程所使用的材料包括消耗性材料、周转性材料和装置性材料。由于材料品种繁多，且不同设计阶段对材料需要量估算精度的要求不同，一般在初步设计阶段，仅对工程施工影响大、用量多的钢材、木材、水泥、炸药、燃料等材料进行估算。

（一）材料需要量估算依据

（1）主体工程各单项工程的分项工程量。

（2）各种临时建筑工程的分项工程量。

（3）其他工程的分项工程量。

（4）材料消耗指标一般以部颁定额为准，当有试验依据时，以试验指标为准。

（5）各类燃油、燃煤机械设备的使用台班数。

（6）施工方法，原材料本身的物理、化学、几何性质。

（二）主要材料汇总

对于主要材料用量，应按单项工程汇总并小计用量，最后累计全部工程主要材料用量。汇总工作可按表 2-25 形式进行。

表 2-25　主要材料汇总表

序号	单位工程名称	工程部位	主要材料用量					
			钢材	木材	水泥	炸药	燃料	
							汽油	柴油
小计								

（三）编制分期供应计划

（1）根据施工总进度计划的要求，在主要材料计算和汇总的基础上编制分期供应计划。

(2)分期材料需要量应分材料种类、工程项目、计算分期工程量占总工程量的比例，并累计全工程在各时段中的材料需要量。计算表的形式如表2-26所示。

表2-26　材料分期需要量计算表

<table>
<tr><th rowspan="2">材料种类</th><th rowspan="2">单位工程或部位名称</th><th rowspan="2">该工程或部位材料耗用总量</th><th rowspan="2">计算项目</th><th colspan="3">分期用量</th></tr>
<tr><th>第　年</th><th>第　年</th><th>第　年</th></tr>
<tr><td rowspan="7"></td><td rowspan="2"></td><td rowspan="2"></td><td>分期工程量占总工程量比例</td><td></td><td></td><td></td></tr>
<tr><td>材料分期用量</td><td></td><td></td><td></td></tr>
<tr><td rowspan="2"></td><td rowspan="2"></td><td>分期工程量占总工程量比例</td><td></td><td></td><td></td></tr>
<tr><td>材料分期用量</td><td></td><td></td><td></td></tr>
<tr><td rowspan="2"></td><td rowspan="2"></td><td>分期工程量占总工程量比例</td><td rowspan="2"></td><td rowspan="2"></td><td rowspan="2"></td></tr>
<tr><td>材料分期用量</td></tr>
<tr><td>小计</td><td></td><td></td><td></td><td></td><td></td></tr>
</table>

(3)材料供应至工地时间应早于需要时间，并留有验收、材料质量鉴定、出入库等时间。

(4)如考虑某些材料供应的实际困难，可在适当时候多供应一定数量，暂时储存以备后用。但储存时间不能超过有关材料管理和技术规程所限定的时间，同时应考虑资金周转等问题。

(5)供应计划应按各种材料品种或规格、产地或来源分列供应数量和小计供应量。

主要材料分期供应量表的形式见表2-27。

表2-27　主要材料分期供应量表

<table>
<tr><th rowspan="3">材料名称</th><th rowspan="3">品种或规格</th><th rowspan="3">产地或来源</th><th colspan="12">分期供应量</th></tr>
<tr><th colspan="4">第　年</th><th colspan="4">第　年</th><th colspan="4">第　年</th></tr>
<tr><th>1</th><th>2</th><th>3</th><th>4</th><th>1</th><th>2</th><th>3</th><th>4</th><th>1</th><th>2</th><th>3</th><th>4</th></tr>
<tr><td rowspan="6"></td><td></td><td></td><td></td><td></td><td></td><td></td><td></td><td></td><td></td><td></td><td></td><td></td><td></td><td></td></tr>
<tr><td></td><td></td><td></td><td></td><td></td><td></td><td></td><td></td><td></td><td></td><td></td><td></td><td></td><td></td></tr>
<tr><td></td><td></td><td></td><td></td><td></td><td></td><td></td><td></td><td></td><td></td><td></td><td></td><td></td><td></td></tr>
<tr><td colspan="2">小　计</td><td></td><td></td><td></td><td></td><td></td><td></td><td></td><td></td><td></td><td></td><td></td><td></td></tr>
<tr><td></td><td></td><td></td><td></td><td></td><td></td><td></td><td></td><td></td><td></td><td></td><td></td><td></td><td></td></tr>
<tr><td colspan="2">合　计</td><td></td><td></td><td></td><td></td><td></td><td></td><td></td><td></td><td></td><td></td><td></td><td></td></tr>
</table>

三、施工机械需要量计划

施工机械是施工生产要素的重要组成部分。现代工程项目都要依靠使用机械设备才能完成任务。随着科学技术的不断发展，新机械、新设备层出不穷，大型的资金密集型和技术密集型的机械在现代机械化施工中起着越来越重要的作用。

（一）施工机械设备的选择原则

正确拟订施工方案和选择施工机械是合理组织施工的关键。施工方案要做到技术上先进、经济上合理，满足保证施工质量、提高劳动生产率、加快施工进度及充分利用机械的要求；而正确选择施工机械设备能使施工方法更为先进、合理，又经济。因此，施工机械选择的好坏很大程度上决定了施工方案的优劣。在选择施工机械时应遵照以下原则：

（1）适应工地条件，符合设计和施工要求，保证工程质量、生产能力满足施工强度要求。

选择的机械类型必须符合施工现场的地质、地形条件及工程量和施工进度的要求等。为了保证施工进度和提高经济效益，工程量大的采用大型机械，否则选用小型机械，但这并不是绝对的。例如，某大型工程施工地区偏僻，道路狭窄，桥梁载重量受到限制，大型机械不能通过，为此要专门修建运输大型机械的道路、桥梁，这显然是不经济的，所以选用中型机械较为合理。

（2）设备性能机动、灵活、高效、能耗低、运行安全可靠。

选择机械时要考虑到各种机械的合理组合，这是决定所选择的施工机械能否发挥效率的重要因素。合理组合主要包括主要机械与辅助机械在台数和生产能力的相互适应以及作业线上的各种机械相配套的组合。首先，主要机械与辅助机械的组合，必须保证在主要机械充分发挥作用的前提下，考虑辅助机械的台数和生产能力。其次，一种机械施工作业线是几种机械联合作业组合成一条龙的机械化施工。几种机械的联合才能形成生产能力，如果其中某一种机械的生产能力不适应作业线上的其他机械的生产能力或机械可靠性不好，都会使整条作业线的机械发挥不了作用。

（3）通用性强，能满足在先后施工的工程项目中重复使用。

（4）设备购置及运行费用较低，易获得零配件，便于维修、保养、管理和调度。

施工机械固定资产损耗费（折旧费用、大修理费等）与施工机械的投资成正比，运行费（机上人工费，动力、燃料费等）可以看作与完成的工程量成正比。这些费用是在机械运行中重点考虑的因素。大型机械需要的投资大，但如果把其分摊到较大的工程量中，对工程成本的影响就很小。所以，大型工程选择大型的施工机械是经济的。为了降低施工运行费，不能大机小用，一定要以满足施工需要为目的。

设备采购应通过市场调查，一般机械应为常用机型，有利于承包商自带，少量大型、特殊机械，可由业主单位采购，提供承包商使用。原则上，零配件供应由承包商自行解决。

（二）土石方施工机械选择的步骤与方法

1. 根据施工方案选择施工机械

在拟订施工方案时，首先要研究完成基本工作所需的主要机械，按照施工条件和工作面参数选定主要机械，然后依据主要机械的生产能力和性能参数再选用与其配套的机械。

(1)根据作业内容选择机械。不同土石方施工,其作业内容不同,所需主要机械、配套机械也不同。根据需要,可参考相关手册进行选择。例如,料场及道路准备中清除树木可以采用的主要机械是推土机、除荆机,而清除表土则可采用推土机和铲运机。

(2)根据土石料类型选择机械。土石方施工中根据现行规范,把土分为砂土、壤土和黏土、砾质土、风化软岩、爆破石渣、砂砾料等。根据施工条件,又可分为水上和水下等。为充分发挥机械设备的效率,根据不同的填料,选择适宜的机械。例如,壤土和黏土挖掘采用正铲挖掘机和斗轮挖掘机比较适宜。

(3)根据运距和道路条件选择运输机械。各种运输机械的经济运距和对道路的要求不一样,应按运输距离选择机械。例如,履带式推土机在 15 ~ 30 m 时可获得最大的生产效率。

2. 施工机械需要量计算

施工机械需要量可根据进度计划安排的日施工强度、机械生产率、机械利用率等参数计算求得。挖掘、运输、碾压机械的台数 N 可按下式计算:

$$N = \frac{Q}{Pm\eta} \tag{2-14}$$

式中　Q——计算依据的施工强度,m^3/d;

m——每天计划工作班数,班/d;

η——机械利用率(%);

P——机械生产率,m^3/台班。

挖掘机械一般为自然方,碾压机械为压实方。

(三)施工机械设备汇总平衡

在施工机械设备选型后,应进行主要施工机械设备的汇总工作。汇总时按各单项工程或辅助企业汇总机械设备的类型、型号、使用数量,分别了解其使用时段、部位、施工特点及机械使用特点等有关资料。

(四)施工机械设备平衡

施工机械设备平衡的目的是在保证施工总进度计划的实施、满足施工工艺要求的前提下,尽量做到充分发挥机械设备的效能,配套齐全,数量合理,管理方便和技术经济效益显著,并最终反映到机械类型、型号的改变,配置数量的变化上。一般情况下,施工机械设备平衡的主要对象是主要的土石方机械、运输机械、混凝土机械、起重机械、工程船舶、基础处理机械和主要辅助设备等七大类不固定设置的机械。

机械平衡的主要内容是同类型机械设备在使用时段上的平衡,同时应注意不同施工部位、不同类型或型号的互换平衡。机械设备平衡的内容与原则见表 2-28。

(五)施工机械设备总需要量

$$N = \frac{N_0}{1 - \eta} \tag{2-15}$$

式中　N——某类型或型号机械设备总需要量;

N_0——某类型或型号机械设备平衡后的历年最高使用数量;

η——备用系数,可参考表 2-29 选用。

表 2-28　机械设备平衡的内容与原则

<table>
<tr><th colspan="2" rowspan="2">平衡内容</th><th colspan="2">平衡原则</th></tr>
<tr><th>施工单位不明确</th><th>施工单位明确</th></tr>
<tr><td colspan="2" rowspan="2">使用上的平衡</td><td>由大型、高效机械充当骨干</td><td>现有大型机械充当骨干,同时注意旧机械更新</td></tr>
<tr><td colspan="2">中小型机械起填平补齐作用</td></tr>
<tr><td colspan="2">型号上的平衡</td><td>型号尽力简化,以高效能、调动灵活机械为主;注意一机多能;大中小型机械保持适当比例</td><td>使现有机械配套</td></tr>
<tr><td colspan="2">数量上的平衡</td><td>数量合理</td><td>减少机械数量</td></tr>
<tr><td colspan="2">时间上的平衡</td><td colspan="2">利用同一机械在不同时间、作业场所发挥作用</td></tr>
<tr><td colspan="2">配套平衡</td><td colspan="2">机械设备配套应由施工流程决定。多功能、服务范围广的机械应与大多数作业的其他机械配套选择;施工机械应与相应的检修、装拆设施水平相适应</td></tr>
<tr><td rowspan="3">其他</td><td>机械拆迁</td><td colspan="2">减少重型机械的频繁拆迁、转移</td></tr>
<tr><td>维修保养</td><td colspan="2">配件来源可靠、有与之相适应的维修保养能力</td></tr>
<tr><td>机械调配</td><td colspan="2">有灵活可靠的调配措施</td></tr>
</table>

表 2-29　备用系数 η 参考值

机械类型	η	机械类型	η
土石方机械	0.10 ~ 0.25	运输机械	0.15 ~ 0.25
混凝土机械	0.10 ~ 0.15	起重机械	0.10 ~ 0.20
船舶	0.10 ~ 0.15	生产维修设备	0.04 ~ 0.08

计算机械总需要量时,应注意以下几个问题:

(1)需要量应在机械设备平衡后汇总数量的基础上进行计算。

(2)一作业可由不同类型或型号机械互代(容量互补),且条件允许时,备用系数可适当降低。

(3)生产均衡性差、时间利用率低、使用时间不长的机械,备用系数可以适当降低。

(4)水、电机械设备的备用量应进行专门研究。

(5)定备用系数时间时,应考虑设备的新旧程度、维修能力、管理水平等因素,力争做到切合实际情况。

（六）施工机械设备总量及分年供应计划

1. 机械设备数量汇总表

表2-30为机械设备数量汇总表，本表汇总数字为机械设备平衡后考虑了备用数的总需要量。表中应包括主要的、配套的全部机械设备。

表2-30　机械设备数量汇总表

编号	施工机械设备名称及型号	功率	制造厂家	总需要量	现有数量	尚缺数		
						新购	调拨	总数
设备总量								

2. 分年度供应计划制订

表2-31为施工机械设备分年度供应计划表，制表时应注意以下几点：

表2-31　施工机械设备分年供应计划表

统一编号	机械类型	机械名称型号	机械来源	供应时间数量												不同来源机械供应总数	说明
				年				年				年					
				1	2	3	4	1	2	3	4	1	2	3	4		
	小计																

（1）分年供应计划在机械设备平衡表、平衡后的机械设备数量汇总表的基础上编制，反映机械进场的时间要求。

（2）分年度供应计划应分类型列表，分类型小计。

（3）供应时间应早于使用时间，从机械设备全部运抵工地仓库时起至能实际运用，应包括清点、组装、试运转等时间。对于技术先进的机械设备，还应包括技术工人培训时间。

（4）考虑设备进场以及其他实际问题，备用数量可分阶段实现，但供应数不得低于实际使用数量。

（5）制订分年供应计划，应对设备来源进行调查。如供应型号不能满足要求，则应与专业设计人员协商调整型号。

（6）机械设备来源包括自备、调拨、购国产、购进口、租赁等。

项目小结

水利工程施工组织设计是工程施工的组织方案，是指导施工准备和组织施工的全面性技术经济文件，是现场施工的指导性文件。通常由一份施工组织设计说明书、一张工程计划进度表、一套施工现场平面布置图组成。

施工方案编制主要包括确定主要的施工方法、施工工艺流程和施工机械等。评价施工方案包括定量分析和定性分析两种评价方法。

施工总进度计划的编制方法为首先划分列出工程项目，计算工程量，计算各项目的施工持续时间，分析确定项目之间的逻辑关系，初拟施工总进度计划，调整和优化后编制正式施工总进度计划。

所谓施工总布置，就是根据工程特点和施工条件，研究解决施工期间所需的辅助企业、交通道路、仓库、房屋、动力、给水排水管线以及其他施工设施等的平面和立面布置问题，为整个工程全面施工创造条件，以期用最少的人力、物力和财力，在规定的期限内顺利完成整个工程的建设任务。

资源需要量是指项目施工过程中所必须消耗的各类资源的计划用量，包括劳动力、建筑材料、机械设备以及施工用水、电、动力、运输、仓储设施等的需要量。

【课堂自测】

项目二自测题

项目技能训练题

一、简答题

1. 简述施工组织设计的概念。
2. 简述水利工程施工组织设计的分类。
3. 简述施工组织设计的编制原则。
4. 简述水利工程施工组织设计的具体内容。
5. 安排施工顺序时一般有哪些要求？
6. 施工方案编制的依据有哪些？
7. 施工方案编制的原则有哪些？
8. 简述施工方案编制的主要内容。
9. 施工设备选择及劳动力组合宜遵守哪些原则？
10. 混凝土工程在选择方案时应综合考虑哪些因素？
11. 如何处理施工导流与土石坝施工进度安排的矛盾？
12. 施工进度计划编制的方法有哪些？
13. 网络图与横道图相比具有哪些特点？
14. 横道图的优缺点有哪些？
15. 简述施工总进度计划的编制步骤。
16. 简述施工总布置的内容。
17. 施工总布置的依据有哪些？

18. 简述施工总布置的步骤。

19. 施工总布置设计成果有哪些？

20. 资源需要量计划包括哪几方面内容？

21. 试述劳动定额法计算劳动力的过程。

22. 简述机械设备的选择原则。

二、案例题

1. 某水利枢纽加固改造工程包括以下工程项目：

(1)浅孔节制闸加固。主要内容包括底板及闸墩加固、公路桥及以上部分拆除重建等。浅孔闸设计洪水位29.5 m。

(2)新建深孔节制闸。主要内容包括闸室，公路桥，新挖上下游河道等。深孔闸位于浅孔闸右侧(地面高程35.0 m 左右)。

(3)新建一座船闸。主要内容包括闸室，公路桥，新挖上下游航道等。

(4)上下游围堰填筑。

(5)上下游围堰拆除。

按工程施工需要，枢纽加固改造工程布置有混凝土拌和系统、钢筋加工厂、木工加工厂、预制构件厂、机修车间、地磅房、油料库、生活区、停车场等。枢纽布置示意图如图2-14所示。示意图中①、②、③、④、⑤为临时设施(包括混凝土拌和系统、地磅房、油料库、生活区、预制构件厂)代号。有关施工基本要求有：

(1)施工导流采用深孔闸与浅孔闸互为导流。深孔闸在浅孔闸施工期内能满足非汛期十年一遇的导流标准。枢纽所处河道的汛期为每年的6月、7月、8月。

(2)在施工期间，连接河道两岸村镇的县级公路不能中断交通。施工前通过枢纽工程的县级公路的线路为 A→B→H→F→G。

(3)工程2004年3月开工，2005年12月底完工，合同工期22个月。

(4)2005年汛期枢纽工程基本具备设计排洪条件。

问题：

(1)按照合理布置的原则，指出示意图中代号①、②、③、④、⑤所对应的临时设施的名称。

(2)指出枢纽加固改造工程项目中哪些是控制枢纽工程加固改造工期的关键项目，并简要说明合理的工程项目建设安排顺序。

(3)指出新建深孔闸(完工前)、浅孔闸加固(施工期)、新建船闸(2005年8月)这三个施工阶段两岸的交通路线。

2. 某河道堤防工程施工采用1 m^3挖掘机挖装(Ⅲ类土)，10 t 自卸汽车运输，74 kW 拖拉机碾压，拖拉机生产率为53 m^3/台时，挖掘机生产率为100 m^3/台时，10 t 自卸汽车生产率为11 m^3/台时，堤防工程量50万 m^3，每天三班作业，机械利用率为0.9，试求：

(1)用5台拖拉机碾压，需用多少天完工？

(2)按以上施工天数，分别需用多少台挖掘机和自卸汽车？

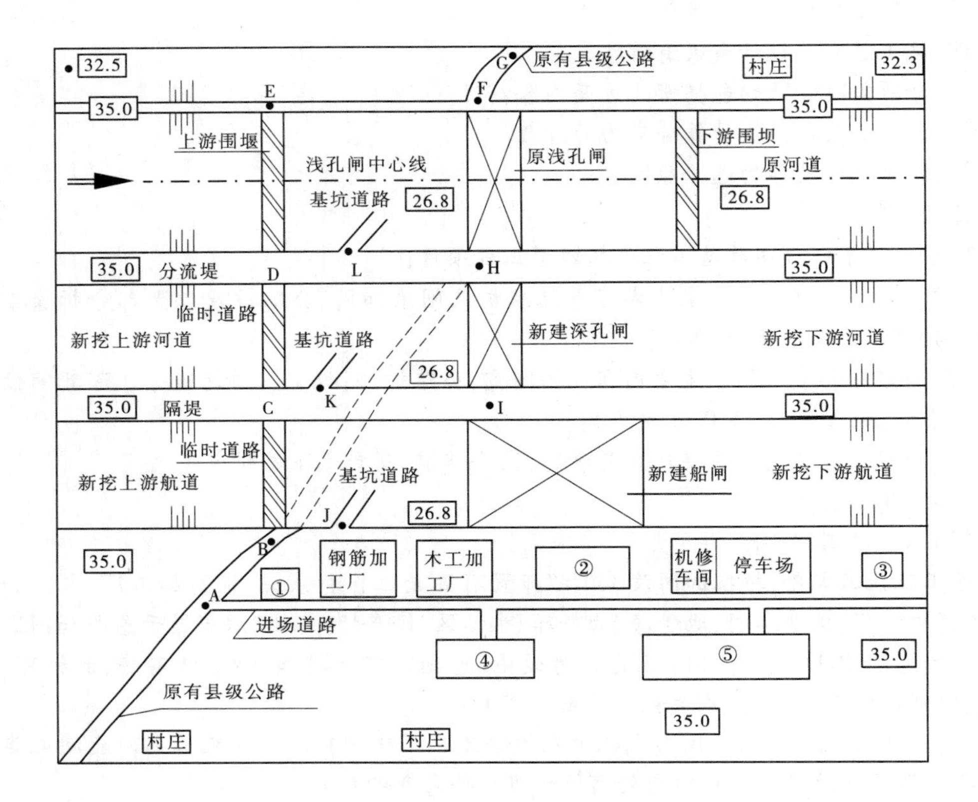

图 2-14　某枢纽布置示意图

项目三　水利工程施工项目管理

任务一　水利工程施工质量管理

【学习目标】

1. 了解水利工程项目管理包括的主要内容；
2. 掌握施工质量事故处理的方法；
3. 熟悉施工进度控制、成本控制的方法；
4. 熟悉工程结算编制的依据和工程变更及索赔的程序；
5. 熟悉施工安全管理、环境管理体系标准及构成；
6. 熟悉施工安全技术措施与交底的内容；
7. 掌握施工项目安全管理和环境管理的措施。

【技能目标】

1. 能合理进行施工质量事故的处理；
2. 能针对不同的工程采用不同的控制方法进行进度控制；
3. 能按照施工进度要求，编制合理的工程项目进度计划，实时进行进度调整；
4. 能初步编制施工成本计划，按照规定进行成本核算；
5. 能针对具体工程，进行施工成本控制与成本分析；
6. 能根据工程实际情况提出降低施工成本的途径；
7. 根据工程实际情况，能够对工程质量进行检查；
8. 结合实际情况，能够确定索赔的起因并履行相关程序；
9. 能结合工程实际情况，进行施工现场安全隐患分析；
10. 能根据不同的环保要求，制订环保措施。

为加强水利工程的质量管理，保证工程质量，水利部于 1997 年 12 月 21 日颁发了《水利工程质量管理规定》（水利部令第 7 号）。规定中，对各级主管部门的质量管理以及质量监督机构、项目法人（建设单位）、监理单位、设计单位、施工单位和建筑材料设备供应单位的质量管理均做了明确规定。以确保工程质量达到合同规定的标准和等级要求。

一、工程项目质量和工程项目质量控制的概念

（一）工程项目质量

工程项目质量是国家现行的有关法律、法规、技术标准、设计文件及工程承包合同对工程的安全、适用、经济、美观等特征的综合要求。

从功能和使用价值来看，工程项目质量体现在适用性、可靠性、经济性、外观质量与环

境协调等方面。

从工程项目质量的形成过程来看,工程项目质量包括工程建设各个阶段的质量,即可行性研究质量、工程决策质量、工程设计质量、工程施工质量、工程竣工验收质量。

(二)工程项目质量控制

工程项目质量控制,实际上就是对工程在可行性研究、勘测设计、施工准备、建设实施、后期运行等各阶段、各环节、各因素的全程及全方位的质量监督控制。在我国的工程项目建设中,工程项目质量控制按其实施者的不同,包括如下三个方面。

1. 项目法人的质量控制

项目法人的质量控制,主要是委托监理单位依据国家的法律、规范、标准和工程建设的合同文件,对工程建设进行监督和管理。其特点是外部的、横向的、不间断的控制。

2. 政府方面的质量控制

政府方面的质量控制是通过政府的质量监督机构来实现的,其目的在于维护社会公共利益,保证技术性法规和标准的贯彻执行。其特点是外部的、纵向的、定期或不定期的抽查。

3. 承包人方面的质量控制

承包人主要是通过建立健全质量保证体系,加强工序质量管理,严格施行"三检制"(初检、复检、终检),避免返工,提高生产效率等方式来进行质量控制。其特点是内部的、自身的、连续的控制。

二、水利工程项目建设各方的质量管理

(一)水利工程项目法人(建设单位)质量管理

1. 水利工程项目法人(建设单位)质量管理的内容

(1)项目法人(建设单位)要加强工程质量管理,建立健全施工质量检查体系,根据工程特点建立质量管理机构和质量管理制度。

(2)项目法人(建设单位)在工程开工前,应按规定向水利工程质量监督机构办理工程质量监督手续。在工程施工过程中,应主动接受质量监督机构对工程质量的监督检查。

(3)项目法人(建设单位)应组织设计和施工单位进行设计交底;施工中应对工程质量进行检查,工程完工后,应及时组织有关单位进行工程质量验收、签证。

(4)项目法人(建设单位)应根据工程规模和工程特点,按照水利部有关规定,通过招标投标选择勘察、设计、施工、监理以及重要设备材料供应等单位并实行合同管理。

(5)项目法人(建设单位)应当根据国家和水利部的有关规定,主动接受水利工程质量监督机构对其质量体系进行监督检查。

2. 项目法人质量考核

根据水利部《水利建设质量工作考核办法》(水建管〔2014〕351 号),每年对省级水行政主管部门进行水利建设质量工作考核。工程发生重(特)大质量事故的,考核等次一律为 D 级。考核时,将选取四个在建项目进行项目质量工作考核。涉及项目法人质量管理工作主要考核以下内容:

(1)质量监督手续办理。

(2)质量管理制度建设。

(3)质量管理结构及责任人。

(4)参建单位质量行为和工程质量检查。

(5)设计变更手续办理。

(6)历次检查、巡查、稽查所提出质量问题的整改等。

(二)水利工程施工单位质量管理

(1)根据有关规定,建筑业企业(施工单位)应当按照其拥有的注册资本、净资产、专业技术人员、技术装备和已经完成的建筑工程业绩等资质条件申请资质,经审查合格后,取得相应等级的资质证书后,方可从事其资质等级范围内的建筑活动。

(2)建筑业企业资质等级分为总承包、专业承包和劳务分包三个序列。

获得施工总承包资质的企业,可以对工程实行施工总承包或者对主体工程实行施工承包。承包企业可以对所承接的工程全部自行施工,也可以将非主体工程或者劳务作业分包给具有相应专业承包资质或者劳务分包资质的其他企业。

获得专业承包资质的企业,可以承接施工总承包企业分包的专业工程或者招标人发包的专业工程。专业承包企业可以对所承接的工程全部自行施工,也可以将劳务作业分包给具有相应劳务分包资质的企业。

获得劳务分包资质的企业,可以承接施工总承包企业或者专业承包企业分包的劳务作业。施工劳务(劳务分包)不分类别和等级。

(3)根据《水利工程质量管理规定》,施工单位必须按其资质等级及业务范围承担相应水利工程施工任务。施工单位必须接受水利工程质量监督单位对其施工资质等级以及质量保证体系的监督检查。施工单位质量管理的主要内容如下:

①施工单位必须依据国家和水利行业有关工程建设法规、技术规程、技术标准的规定,以及设计文件和施工合同的要求进行施工,并对施工的工程质量负责。

②施工单位不得将其承接的水利建设项目的主体工程进行转包。对工程的分包,分包单位必须具备相应的资质等级,并对其分包工程的施工质量向总包单位负责,总包单位对全部工程质量向项目法人(建设单位)负责。

③施工单位要推行全面质量管理,建立健全质量保证体系,制定和完善岗位质量规范、质量责任及考核办法,落实质量责任制。在施工过程中要加强质量检验工作,认真执行"三检制",切实做好工程质量的全过程控制。

④竣工工程质量必须符合国家和水利行业现行的工程标准及设计文件要求,并应向项目法人(建设单位)提交完整的技术档案、试验成果及有关资料。

(4)根据水利部《水利建设质量工作考核办法》,涉及施工单位施工质量保证主要考核:①施工质量管理制度建立与执行。②现场施工管理机构及责任人。③施工过程质量控制。④施工材料、设备选用等。

(三)水利工程监理单位质量管理

根据《水利工程质量管理规定》,监理单位必须持有水利部颁发的监理单位资格等级证书,依据核定的监理范围承担相应水利工程监理任务。监理单位必须接受水利工程质量监督单位对其监理资格、质量检查体系以及质量监理工作的监督检查。监理单位质量管理的主要内容是:

(1)监理单位必须严格执行国家法律、水利行业法规、技术标准,严格履行监理合同。

(2)根据所承担的监理任务向水利工程施工现场派出相应的监理机构,人员配备必须满足项目要求。监理工程师上岗必须持有水利部颁发的监理工程师岗位证书,一般监理人员上岗要经过岗前培训。

(3)监理单位应根据监理合同参与招标工作,从保证工程质量全面履行工程承建合同出发,签发施工图纸。

(4)审查施工单位的施工组织设计和技术措施。

(5)指导监督合同中有关质量标准、要求的实施。

(6)参加工程质量检查、工程质量事故调查处理和工程验收工作。

根据水利部《水利建设质量工作考核办法》,涉及监理单位监理质量控制主要考核:①现场监理机构及责任人。②现场监理质量控制。③审核签发的各类文件、监理日志、监理月报等。

(四)水利工程质量监督管理

根据《水利工程质量监督管理规定》(水建〔1997〕339 号),在我国境内新建、扩建、改建、加固各类水利水电工程和城镇供水、滩涂围垦等工程,即水利工程及其技术改造,包括配套与附属工程,均必须由水利工程质量监督机构负责质量监督。

根据《水利工程质量监督管理规定》,水利工程质量监督机构是水行政主管部门对工程质量进行监督管理的专职机构,对水利工程质量进行强制性的监督管理。工程质量监督的依据是:

(1)国家有关的法律、法规。

(2)水利水电行业有关技术规程、规范,质量标准。

(3)经批准的设计文件等。

1. 工程质量监督的主要内容

根据《水利工程质量监督管理规定》,水利工程建设项目质量监督方式以抽查为主。大型水利工程应设置项目站,中小型水利工程可根据需要建立质量监督项目站(组),或进行巡回监督。从工程开工前办理质量监督手续始,到工程竣工验收委员会同意工程交付使用止,为水利工程建设项目的质量监督期(含合同质量保修期)。各级质量监督机构的质量监督人员由专职质量监督员和兼职质量监督员组成。工程质量监督的主要内容是:

(1)对监理、设计、施工和有关产品制作单位的资质及其派驻现场的项目负责人的资质进行复核。

(2)对由项目法人(建设单位)、监理单位的质量检查体系和施工单位的质量保证体系,以及设计单位现场服务等实施监督检查。

(3)对工程项目的单位工程、分部工程、单元工程的划分进行监督检查和认定。

(4)监督检查技术规程、规范和质量标准的执行情况。

(5)检查施工单位和建设单位、监理单位对工程质量检验和质量评定情况,并检查工程实物质量。

(6)在工程竣工验收前,对工程质量进行等级核定,编制工程质量评定报告,并向工程竣工验收委员会提出工程质量等级的建议。

2. 工程质量监督机构的质量监督权限

根据《水利工程质量监督管理规定》,工程质量监督机构的质量监督权限如下:

(1)对监理、设计、施工等单位的资质等级及经营范围进行核查,发现越级承包工程等不符合规定要求的,责成项目法人(建设单位)限期改正,并向水行政主管部门报告。

(2)质量监督人员需持"水利工程质量监督员证"进入施工现场执行质量监督。对工程有关部位进行检查,调阅建设单位、监理单位和施工单位的检测试验成果、检查记录和施工记录。

(3)对违反技术规程、规范、质量标准或设计文件的施工单位,通知项目法人(建设单位)、监理单位采取纠正措施。问题严重时,可向水行政主管部门提出整顿的建议。

(4)对使用未经检验或检验不合格的建筑材料、构配件及设备等,责成项目法人(建设单位)采取措施纠正。

(5)提请有关部门奖励先进质量管理单位及个人。

(6)提请有关部门或司法机关追究造成重大工程质量事故的单位和个人的行政、经济、刑事责任。

(五)工程质量检测单位

根据《水利工程质量检测管理规定》(水利部令第36号),水利工程质量检测(简称质量检测)是指水利工程质量检测单位(简称检测单位)依据国家有关法律、法规和标准,对水利工程实体以及用于水利工程的原材料、中间产品、金属结构和机电设备等进行的检查、测量、试验或者度量,并将结果与有关标准、要求进行比较以确定工程质量是否合格所进行的活动。

根据水利部《水利建设质量工作考核办法》,涉及建设项目质量监督管理工作主要考核以下内容:①质量监督计划制订。②参建单位质量行为和工程质量监督检查。③工程质量核备、核定等。

三、施工阶段的质量控制

(一)质量控制的原则

1. 质量第一原则

"百年大计,质量第一",工程建设与国民经济的发展和人民生活的改善息息相关。质量的好坏,直接关系到国家繁荣富强,关系到人民生命财产的安全,关系到子孙幸福,所以必须树立强烈的"质量第一"的思想。

2. 预防为主原则

对于工程项目的质量,长期以来采用的是事后检验的方法,认为严格检查就能保证质量,实际上这是远远不够的。应该从消极防守的事后检验变为积极预防的事先管理。因为好的建筑产品是好的设计、好的施工所产生的,不是检查出来的。必须在项目管理的全过程中,事先采取各种措施,消灭种种不符合质量要求的因素,以保证建筑产品质量。如果各质量因素(人、机、料、法、环)预先得到保证,工程项目的质量就有了可靠的前提条件。

3. 为用户服务原则

建设工程项目,是为满足用户的要求,真正好的质量是用户完全满意的质量。进行质量控制,就是要把为用户服务的原则,作为工程项目管理的出发点,贯穿到各项工作中去。

4. 用数据说话原则

质量控制必须建立在有效的数据基础之上，必须依靠能够确切反映客观实际的数字和资料，否则就谈不上科学的管理。一切用数据说话，就需要用数理统计方法，对工程实体或工作对象进行科学的分析和整理，从而研究工程质量的波动情况，寻求影响工程质量的主次原因，采取改进质量的有效措施，掌握保证和提高工程质量的客观规律。

（二）质量控制的依据

施工阶段的质量管理及质量控制的依据有：工程承包合同文件，设计文件，国家和行业现行的有关质量管理方面的法律、法规文件等。

（三）质量控制的方法

施工过程中的质量控制方法主要有旁站检查、测量、试验等。

1. 旁站检查

旁站是指有关管理人员对重要工序（质量控制点）的施工所进行的现场监督和检查，以避免质量事故的发生。旁站也是驻地监理人员的一种主要现场检查形式。根据工程施工难度及复杂性，可采用全过程旁站、部分时间旁站两种方式。对容易产生缺陷的部位，或产生了缺陷难以补救的部位，以及隐蔽工程，应加强旁站检查。

在旁站检查中，必须检查承包人在施工中所用的设备、材料及混合料是否符合已批准的文件要求，检查施工方案、施工工艺是否符合相应的技术规范。

2. 测量

测量是对建筑物的尺寸控制的重要手段。应对施工放样及高程控制进行核查，不合格者不准开工。对模板工程与已完工程的几何尺寸、高程、宽度、厚度、坡度等质量指标，按规定要求进行测量验收，不符合规定要求的需进行返工。测量记录均要事先经工程师审核签字后方可使用。

3. 试验

试验是工程师确定各种材料和建筑物内在质量是否合格的重要方法。所有工程使用的材料，都必须事先经过材料试验，质量必须满足产品标准，并经工程师检查批准后方可使用。材料试验包括水源、粗骨料、沥青、土工织物等各种原材料，不同等级混凝土的配合比试验；外购材料及成品质量证明和必要的试验鉴定，仪器设备的校调试验；加工后的成品强度及耐用性检验；工程检查等。

（四）工序质量监控

1. 工序质量监控的内容

工序质量监控主要包括对工序活动条件的监控和对工序活动效果的监控。

（1）对工序活动条件的监控。所谓对工序活动条件的监控，是指对影响工程生产因素进行的控制。对工序活动条件的监控是工序质量控制的手段。只有对工序活动条件进行控制，才能达到对工程或产品的质量性能特性指标的控制。工序活动条件包括的因素较多，要通过分析，分清影响工序质量的主要因素，抓住主要矛盾，逐渐予以调节，以达到质量控制的目的。

（2）对工序活动效果的监控。主要反映在对工序产品质量性能的特征指标的控制上。通过对工序活动的产品采取一定的检测手段进行检验，根据检验结果分析、判断该工序活动的质量效果，从而实现对工序质量的控制。其步骤如下：首先是对工序活动前的控制，要求人、材料、机械、方法或工艺、环境能满足要求；然后采用必要的手段和工具，对抽出的工序子样进行质量检验；应用质量统计分析工具（如直方图、控制图、排列图等）对检验所得的数据进行分析，找出这些质量数据所遵循的规律。根据质量数据分布规律的结果，判断质量是否正常；若出现异常情况，寻找原因，找出影响工序质量的因素，尤其是那些主要因素，采取对策和措施进行调整；再重复前面的步骤，检查调整效果，直到满足要求为止，这样便可达到控制工序质量的目的。

2. 工序质量监控实施要点

对工序活动质量监控，首先应确定质量控制计划，它以完善的质量监控体系和质量检查制度为基础。一方面工序质量控制计划要明确规定质量监控的工作程序、流程和质量检查制度，另一方面需进行工序分析，在影响工序质量的因素中，找出对工序质量产生影响的重要因素，进行主动的、预防性的重点控制。

同时，在整个施工活动中，应采取连续的动态跟踪控制，通过对工序产品的抽样检验，判定其产品质量波动状态，如果工序活动处于异常状态，则应查出影响质量的原因，采取措施排除系统性因素的干扰，使工序活动恢复到正常状态，从而保证工序活动及其产品质量。此外，为确保工程质量，应在工序活动过程中设置质量控制点，进行预控。

3. 质量控制点的设置

质量控制点是指为保证工程质量而必须控制的重点工序、关键部位、薄弱环节。在施工前，应全面、合理地选择质量控制点，并对设置质量控制点的情况及拟采取的控制措施进行审核。必要时，应对质量控制实施过程进行跟踪检查或旁站检查，以确保质量控制点的施工质量。选取控制点可以从以下几方面入手：

（1）关键的分项工程。如大体积混凝土工程，土石坝工程的坝体填筑，隧洞开挖工程等。

（2）关键的工程部位。如混凝土面板堆石坝面板趾板及周边缝的接缝，土基上水闸的地基基础，预制框架结构的梁板节点，关键设备的设备基础等。

（3）薄弱环节。指经常发生或容易发生质量问题的环节，或承包人无法把握的环节，或采用新工艺（材料）施工的环节等。

（4）关键工序。如钢筋混凝土工程的混凝土振捣，灌注桩钻孔，隧洞开挖的钻孔布置、方向、深度、用药量和填塞等。

（5）关键工序的关键质量特性。如混凝土的强度、耐久性，土石坝的干容重、黏性土的含水率等。

（6）关键质量特性的关键因素。如冬季混凝土强度的关键因素是环境（养护温度），支模的关键因素是支撑方法，泵送混凝土输送质量的关键因素是机械等。

四、水利工程质量事故的处理

根据《水利工程质量事故处理暂行规定》（水利部令第9号），水利工程质量事故是指在水利工程建设过程中，由于建设管理、监理、勘测、设计、咨询、施工、材料、设备等造成工程质量不符合规程、规范和合同规定的质量标准，影响工程使用寿命和对工程安全运行造成隐患和危害的事件。

（一）事故发生的原因

工程质量事故发生的原因很多，最基本的还是人、机械、材料、工艺和环境几方面。一般可分直接原因和间接原因两类。

(1)直接原因主要有人的行为不规范和材料、机械的不符合规定状态。如设计人员不按规范设计、监理人员不按规范进行监理、施工人员违反规程操作等,属于人的行为不规范;又如水泥、钢材等某些指标不合格,属于材料不符合规定状态。

(2)间接原因是指质量事故发生地的环境条件,如施工管理混乱、质量检查监督失职、质量保证体系不健全等。间接原因往往导致直接原因的发生。

事故发生的原因也可从工程建设的参建各方来寻查,业主、监理、设计、施工和材料、机械、设备供应商的某些行为或各种方法也会造成质量事故。

(二)质量事故的分类

根据《水利工程质量事故处理暂行规定》工程质量事故按直接经济损失的大小,检查、处理事故对工期的影响时间长短和对工程正常使用的影响,分为一般质量事故、较大质量事故、重大质量事故、特大质量事故。其中:

(1)一般质量事故。指对工程造成一定经济损失,经处理后不影响正常使用并不影响使用寿命的事故。

(2)较大质量事故。指对工程造成较大经济损失或延误较短工期,经处理后不影响正常使用但对工程使用寿命有一定影响的事故。

(3)重大质量事故。指对工程造成重大经济损失或较长时间延误工期,经处理后不影响正常使用但对工程使用寿命有较大影响的事故。

(4)特大质量事故。指对工程造成特大经济损失或长时间延误工期,经处理仍对正常使用和工程使用寿命有较大影响的事故。

水利工程质量事故具体分类标准见表 3-1。

表 3-1　水利工程质量事故具体分类标准

<table>
<tr><th>损失情况</th><th>事故类别</th><th>特大质量事故</th><th>重大质量事故</th><th>较大质量事故</th><th>一般质量事故</th></tr>
<tr><td rowspan="2">事故处理所需的物资、器材和设备、人工等直接经济损失费用(万元)</td><td>大体积混凝土,金属制作和机电安装工程</td><td>>3 000</td><td>>500 且≤3 000</td><td>>100 且≤500</td><td>>20 且≤100</td></tr>
<tr><td>土石方工程、混凝土薄壁工程</td><td>>1 000</td><td>>100 且≤1 000</td><td>>30 且≤100</td><td>>10 且≤30</td></tr>
<tr><td colspan="2">事故处理所需合理工期(月)</td><td>>6</td><td>>3 且≤6</td><td>>1 且≤3</td><td>≤1</td></tr>
<tr><td colspan="2">事故处理后对工程功能和寿命影响</td><td>影响工程正常使用,需限制条件使用</td><td>不影响工程正常使用,但对工程寿命有较大影响</td><td>不影响工程正常使用,但对工程寿命有一定影响</td><td>不影响工程正常使用和工程寿命</td></tr>
</table>

注:1. 直接经济损失费用为必要条件,事故处理所需合理工期以及事故处理后对工程功能和寿命影响主要适用于大中型工程;

2. 在《水利工程建设重大质量与安全事故应急预案》(水建管〔2006〕202 号)中,关于水利工程质量与安全事故的分级是针对事故应急响应行动进行的分级。

(三)质量事故报告的内容

根据《水利工程质量事故处理暂行规定》,事故发生后,事故单位要严格保护现场,采取有效措施抢救人员和财产,防止事故扩大。因抢救人员、疏导交通等原因需移动现场物件时,应做标志、绘制现场简图,并做书面记录,妥善保管现场重要痕迹、物证,并进行拍照或录像。

发生质量事故后,项目法人必须将事故的简要情况向项目主管部门报告。项目主管部门接到事故报告后,按照管理权限向上级水行政主管部门报告。发生较大质量事故、重大质量事故、特大质量事故,事故单位要在48 h内向有关单位提出书面报告。发生突发性事故,事故单位要在4 h内用电话向上述单位报告。有关事故报告包括以下内容:

(1)工程名称、建设地点、工期,项目法人、主管部门及负责人电话。

(2)事故发生的时间、地点、工程部位以及相应的参建单位名称。

(3)事故发生的简要经过、伤亡人数和直接经济损失的初步估计。

(4)事故发生原因初步分析。

(5)事故发生后采取的措施及事故控制情况。

(四)施工质量事故处理

根据《水利工程质量事故处理暂行规定》,因质量事故造成人员伤亡的,还应遵从国家和水利部伤亡事故处理的有关规定。其中,质量事故处理的基本要求包括以下内容。

1. 质量事故处理原则

根据水利部《关于贯彻质量发展纲要、提升水利工程质量的实施意见》(水建管〔2012〕581号),坚持"事故原因不查清楚不放过、主要事故责任者和职工未受到教育不放过、补救和防范措施不落实不放过、责任人员未受到处理不放过"的原则,做好事故处理工作。

2. 质量事故处理职责划分

发生质量事故后,必须针对事故原因提出工程处理方案,经有关单位审定后实施。其中:

(1)一般质量事故,由项目法人负责组织有关单位制订处理方案并实施,报上级主管部门备案。

(2)较大质量事故,由项目法人负责组织有关单位制订处理方案,制订后实施,报省级水行政主管部门或流域备案。

(3)重大质量事故,由项目法人负责组织有关单位提出处理方案,并报省级水行政主管部门或流域机构审定后实施。

(4)特大质量事故,由项目法人负责组织有关单位提出处理方案,征得事故调查组意见后,报省级水行政主管部门或流域机构审定后实施,并报水利部备案。

3. 事故处理中设计变更的管理

事故处理需要进行设计变更的,原设计单位或有资质的单位提出设计变更方案。需要进行重大设计变更的,必须经原设计审批部门审定后实施。事故部位处理完毕后,必须按照管理权限经过质量评定与验收后,方可投入使用或进入下一阶段施工。

4.质量缺陷的处理

《水利工程质量事故处理暂行规定》规定,小于一般质量事故的质量问题称为质量缺陷。所谓质量缺陷,是指因特殊原因使得工程个别部位或局部达不到规范和设计要求(不影响使用),且未能及时进行处理的工程质量问题(质量评定仍为合格)。根据水利部《关于贯彻落实〈国务院批转国家计委、财政部、水利部、建设部关于加强公益性水利工程建设管理若干意见的通知〉的实施意见》,水利工程实行水利工程施工质量缺陷备案及检查处理制度。

(1)对因特殊原因,使得工程个别部位或局部达不到规范和设计要求(不影响使用),且未能及时进行处理的工程质量缺陷问题(质量评定仍为合格),必须以工程质量缺陷备案形式进行记录备案。

(2)质量缺陷备案的内容包括:质量缺陷产生的部位、原因,对质量缺陷是否处理和如何处理以及对建筑物使用的影响等。内容必须真实、全面、完整,参建单位(人员)必须在质量缺陷备案表上签字,有不同意见应明确记载。

(3)质量缺陷备案资料必须按竣工验收的标准制备,作为工程竣工验收备查资料存档。质量缺陷备案表由监理单位组织填写。

(4)工程项目竣工验收时,项目法人必须向验收委员会汇报并提交历次质量缺陷备案资料。

根据水利部《水利建设质量工作考核办法》,涉及建设质量事故应急处置主要考核以下内容:①质量事故报告;②质量事故应急处置;③质量事故责任追究等。

五、水利工程质量评定与验收

(一)水利水电工程施工质量检验的要求

《水利水电工程施工质量检验与评定规程》(SL 176—2007)(简称新规程)有关施工质量检验的基本要求有:

(1)承担工程检测业务的检测机构应具有水行政主管部门颁发的资质证书。

(2)工程施工质量检验中使用的计量器具、试验仪器仪表及设备应定期进行检定,并具备有效的检定证书。国家规定需强制检定的计量器具应经以上计量行政部门认定的计量检定机构或其授权设置的计量检定机构进行检定。

(3)检测人员应熟悉检测业务,了解被检测对象性质和所用仪器设备性能,经考核合格后,持证上岗。

(4)工程质量检验项目和数量应符合《单元工程质量评定标准》的规定。工程质量检验方法应符合《单元工程质量评定标准》和国家及行业现行技术标准的有关规定。

(5)工程项目中如遇《单元工程质量评定标准》中尚未涉及的项目质量评定标准,其质量标准及评定表由项目法人组织监理、设计及施工单位按水利部有关规定编制和报批。

(6)工程中永久性房屋、专用公路、专用铁路等项目的施工质量检验与评定可按相应行业标准执行。

(7)项目法人、监理、设计、施工和工程质量监督等单位根据工程建设需要,可委托具有相应资质等级的水利工程质量检测机构进行工程质量检测。施工单位自检性质的委托检测项目及数量,按《单元工程质量评定标准》及施工合同约定执行。对已建工程质量有重大分歧时,由项目法人委托第三方具有相应资质等级的质量检测机构进行检测,检测数量视需要确定,检测费用由责任方承担。

(8)对涉及工程结构安全的试块、试件及有关材料,应实行见证取样。见证取样资料由施工单位制备,记录应真实齐全,参与见证取样人员应在相关文件上签字。

在检验过程中如果发现质量不合格的项目,按以下规定进行处理:

(1)原材料、中间产品一次抽样检验不合格时,应及时对同一取样批次另取2倍数量进行检验,如仍不合格,则该批次原材料或中间产品应当定为不合格,不得使用。

(2)单元(工序)工程质量不合格时,应按合同要求进行处理或返工重做,并经重新检验且合格后方可进行后续工程施工。

(3)混凝土(砂浆)试件抽样检验不合格时,应委托具有相应资质等级的质量检测机构对相应工程部位进行检验。如仍不合格,由项目法人组织有关单位进行研究,并提出处理意见。

(4)工程完工后的质量抽检不合格,或其他检验不合格的工程,应按有关规定进行处理,合格后才能进行验收或后续工程施工。

施工过程中参建单位的质量检验职责的主要规定有:

(1)施工单位应当依据工程设计要求、施工技术标准和合同约定,结合《单元工程质量评定标准》的规定确定检验项目及数量并进行自检,自检过程中应当有书面记录,同时结合自检情况如实填写"水利水电工程施工质量评定表"。

(2)监理单位应根据《单元工程质量评定标准》和抽样检测结果复核工程质量。其平行检测和跟踪检测的数量按《建设工程监理规范》(GB/T 50319—2013)或合同约定执行。

(3)项目法人应对施工单位自检和监理单位抽检过程进行督促检查,并报工程质量监督机构核备、核定的工程质量等级进行认定。

(4)工程质量监督机构应对项目法人、监理、勘测、设计、施工单位以及工程其他参建单位的质量行为和工程实物质量进行监督检查。检查结果应当按有关规定及时公布,并书面通知有关单位。

(5)临时工程质量检验及评定标准,由项目法人组织监理、设计及施工等单位参照《单元工程评定标准》和其他相关标准确定,并报相应的工程质量监督机构核备。

(6)质量缺陷备案表由监理单位组织填写,内容应真实、全面、完整。各工程参建单位代表应在质量缺陷备案表上签字,若有不同意见应明确记载。质量缺陷备案表应及时报工程质量监督机构备案。质量缺陷备案资料按竣工验收的标准制备。工程竣工验收时,项目法人应向竣工验收委员会汇报并提交历次质量缺陷备案资料。

(二)水利水电工程施工质量评定的要求

《水利水电工程施工质量检验与评定规程》(SL 176—2007)规定水利水电工程施工质量等级分为"合格""优良"两级。合格标准是工程验收标准。优良等级是为工程项目质量创优而设置的。

1. 水利水电工程施工质量等级评定的主要依据

(1)国家及相关行业技术标准。

(2)《单元工程质量评定标准》。

(3)经批准的设计文件、施工图纸、金属结构设计图样与技术条件、设计修改通知书、厂家提供的设备安装说明书及有关技术文件。

(4)工程承发包合同中约定的技术标准。

(5)工程施工期及试运行期的试验和观测分析成果。

2. 施工质量评定标准

1)单元(工序)工程施工质量合格标准

单元(工序)工程施工质量评定标准按照《单元工程质量评定标准》或合同约定的合格标准执行。当单元(工序)工程质量达不到合格标准时,应及时处理。处理后的质量等级按下列规定重新确定:

(1)全部返工重做的,可重新评定质量等级。

(2)经加固补强并经设计和监理单位鉴定能达到设计要求时,其质量评为合格。

(3)处理后的工程部分质量指标仍达不到设计要求时,经设计复核,项目法人及监理单位确认能满足安全和使用功能要求,可不再进行处理;或经加固补强后,改变了外形尺寸或造成工程永久性缺陷的,经项目法人、监理及设计单位确认能基本满足设计要求,其质量可定为合格,但应按规定进行质量缺陷备案。

2)分部工程施工质量合格标准

(1)所含单元工程的质量全部合格。质量事故及质量缺陷已按要求处理,并经检验合格。

(2)原材料、中间产品及混凝土(砂浆)试件质量全部合格,金属结构及启闭机制造质量合格,机电产品质量合格。

3)分部工程施工质量优良标准

(1)所含单元工程质量全部合格,其中70%以上达到优良等级,主要单元工程以及重要隐蔽单元工程(关键部位单元工程)质量优良率达90%以上,且未发生过质量事故。

(2)中间产品质量全部合格,混凝土(砂浆)试件质量达到优良等级(当试件组数小于30时,试件质量合格)。原材料质量、金属结构及启闭机制造质量合格,机电产品质量合格。

4)单位工程施工质量合格标准

(1)所含分部工程质量全部合格。

(2)质量事故已按要求进行处理。

(3)工程外观质量得分率达到70%以上。

(4)单位工程施工质量检验与评定资料基本齐全。

(5)工程施工期及试运行期,单位工程观测资料分析结果符合国家和行业技术标准以及合同约定的标准要求。

5)单位工程施工质量优良标准

(1)所含分部工程质量全部合格,其中70%以上达到优良等级,主要分部工程质量全部优良,且施工中未发生过较大质量事故。

(2)质量事故已按要求进行处理。

(3)外观质量得分率达到85%以上。

(4)单位工程施工质量检验与评定资料齐全。

(5)工程施工期及试运行期,单位工程观测资料分析结果符合国家和行业技术标准以及合同约定的标准要求。

6)工程项目施工质量合格标准

(1)单位工程质量全部合格。

(2)工程施工期及试运行期,各单位工程观测资料分析结果均符合国家和行业技术标准以及合同约定的标准要求。

7)工程项目施工质量优良标准

(1)单位工程质量全部合格,其中70%以上单位工程质量达到优良等级,且主要单位工程质量全部优良。

(2)工程施工期及试运行期,各单位工程观测资料分析结果均符合国家和行业技术标准以及合同约定的标准要求。

3.施工质量评定工作的组织要求

(1)单元(工序)工程质量在施工单位自评合格后,报监理单位复核,由监理工程师核定质量等级并签证认可。

(2)重要隐蔽单元工程及关键部位单元工程质量经施工单位自评合格、监理单位抽检后,由项目法人(或委托监理)、监理、设计、施工、工程运行管理(施工阶段已经有时)等单位组成联合小组,共同检查核定其质量等级并填写签证表,报工程质量监督机构核备。

(3)分部工程质量,在施工单位自评合格后,报监理单位复核,项目法人认定。分部工程验收的质量结论由项目法人报质量监督机构核备。大型枢纽工程主要建筑物的分部工程验收的质量结论,由项目法人报工程质量监督机构核定。

(4)单位工程质量,在施工单位自评合格后,由监理单位复核,项目法人认定。单位工程验收的质量结论由项目法人报质量监督机构核定。

(5)工程外观质量评定。单位工程完工后,项目法人组织监理、设计、施工及工程运行管理等单位组成工程外观质量评定组,进行工程外观质量检验评定并将评定结论报工程质量监督机构核定。参加工程外观质量评定的人员应具有工程师以上技术职称或相应执业资格。评定组人数应不少于5人,大型工程宜不少于7人。

(6)工程项目质量,在单位工程质量评定合格后,由监理单位进行统计并评定工程项目质量等级,经项目法人认定后,报质量监督机构核定。

(7)阶段验收前,质量监督机构应提交工程质量评价意见。

(8)工程质量监督机构应按有关规定在工程竣工验收前提交工程质量监督报告,工程质量监督报告应当有工程质量是否合格的明确结论。

(三)水利水电工程单元工程质量等级评定标准

《水利水电基本建设工程单元工程质量等级评定标准》是单元工程质量等级评定标准。其中规定:单元工程的检验项目统一分为主控项目(对单元工程功能起决定作用或对安全、卫生、环境保护有重大影响的检验项目)、一般项目(除主控项目外的检验项目)两部分。

1. 单元质量评定的主要要求

(1)单元工程按工序划分情况,分为划分工序单元工程和不划分工序单元工程。

划分工序单元工程应先进行工序施工质量验收评定。在工序验收评定合格和施工项目实体质量检验合格的基础上,进行单元工程施工质量验收评定。

不划分工序单元工程的施工质量验收评定,在单元工程中所包含的检验项目检验合格和施工项目实体质量检验合格的基础上进行。

(2)工序和单元工程施工质量等各类项目的检验,应采用随机布点和监理工程师现场指定区位相结合的方式进行。检验方法及数量应符合《单元工程质量等级评定标准》和相关标准的规定。

(3)工序和单元工程施工质量验收评定表及其备查资料的制备由工程施工单位负责,其规格宜采用国际标准 A4 纸(210 mm×297 mm),验收评定表一式 4 份,备查资料一式 2 份,其中验收评定表及其备查资料 1 份应由监理单位保存,其余应由施工单位保存。

2. 工序施工质量验收评定的主要要求

1)单元工程中的工序

单元工程中的工序分为主要工序和一般工序。

2)工序施工质量验收评定应具备的条件

(1)工序中所有施工项目(或施工内容)已完成,现场具备验收条件。

(2)工序中所包含的施工质量检验项目经施工单位自检全部合格。

3)工序施工质量验收评定的程序

(1)施工单位应先对已经完成的工序施工质量按《单元工程质量等级评定标准》进行自检,并做好检验记录。

(2)施工单位自检合格后,应填写工序施工质量验收评定表,质量责任人履行相应签认手续后,向监理单位申请复核。

(3)监理单位收到申请后,应在 4 小时内进行复核。

复核内容包括:核查施工单位报验资料是否真实、齐全;结合平行检测和跟踪检测结果等,复核工序施工质量检验项目是否符合本标准的要求;在施工单位提交的工序施工质量验收评定表中填写复核记录,并签署工序施工质量评定意见,核定工序施工质量等级,相关责任人履行相应签认手续。

4)工序施工质量验收评定包括的资料

(1)施工单位报验时,应提交下列资料:

①各班组的初检记录、施工队复检记录、施工单位专职质检员终验记录;

②工序中各施工质量检验项目的检验资料;

③施工单位自检完成后,填写的工序施工质量验收评定表。

(2)监理单位应提交下列资料:

①监理单位对工序中施工质量检验项目的平行检测资料(包括跟踪检测);

②监理工程师签署质量复核意见的工序施工质量验收评定表。

5)工序施工质量评定分级

工序施工质量评定分为合格和优良两个等级,其标准如下:

(1)合格等级标准。

①主控项目,检验结果应全部符合《单元工程质量等级评定标准》的要求。

②一般项目,逐项应有70%及以上的检验点合格,且不合格点不应集中;对于河道疏浚工程,逐项应有90%及以上的检验点合格,且不合格点不应集中。

(2)优良等级标准。

①主控项目,检验结果应全都符合《单元工程质量等级评定标准》的要求。

②一般项目,逐项应有90%及以上的检验点合格,且不合格点不应集中;对于河道疏浚工程,逐项应有95%及以上的检验点合格,且不合格点不应集中。

3. 单元工程施工质量验收评定主要要求

1)单元工程施工质量验收评定的条件

(1)单元工程所含工序(或所有施工项目)已完成,施工现场具备验收的条件。

(2)已完工序施工质量经验收评定全部合格,有关质量缺陷已处理完毕或有监理单位批准的处理意见。

2)单元工程施工质量验收评定的程序

(1)施工单位应首先对已经完成的单元工程施工质量进行自检,并填写检验记录。

(2)施工单位自检合格后,应填写单元工程施工质量验收评定表,向监理单位申请复核。

(3)监理单位收到申报后,应在8小时内进行复核。

3)单元工程施工质量验收评定包括的材料

(1)施工单位申请验收评定时,应提交下列资料:

①单元工程中所含工序(或检验项目)验收评定的检验资料;

②各项实体检验项目的检验记录资料;

③施工单位自检完成后,填写的单元工程施工质量验收评定表。

(2)监理单位应提交下列资料:

①监理单位对单元工程施工质量的平行检测资料;

②监理工程师签署质量复核意见的单元工程施工质量验收评定表。

4)划分工序单元工程施工质量评定分级标准

划分工序单元工程施工质量评定标准分为合格和优良两个等级,其标准如下:

(1)合格等级标准。

①各工序施工质量验收评定应全部合格;

②各项报验资料应符合《单元工程质量等级评定标准》要求。

(2)优良等级标准。

①各工序施工质量验收评定应全部合格,其中优良工序应达到50%及以上,且主要工序应达到优良等级;

②各项报验资料应符合《单元工程质量等级评定标准》要求。

5)不划分工序单元工程施工质量评定分级标准

不划分工序单元工程施工质量评定标准分为合格和优良两个等级,其标准如下:

(1)合格标准等级。

①主控项目,检验结果应全部符合《单元工程质量等级评定标准》的要求;

②一般项目,逐项应有70%及以上的检验合格点,且不合格点不应集中;

③各项报验资料应符合《单元工程质量等级评定标准》要求。

(2)优良等级标准。

①主控项目,检验结果应全部符合《单元工程质量等级评定标准》的要求;

②一般项目,逐项应有90%及以上的检验点合格,且不合格点不应集中;

③各项报验资料应符合《单元工程质量等级评定标准》要求。

(四)水利水电工程施工质量评定表的使用

为便于工程建设中的使用,水利部已颁发单元工程质量评定表格246张(示例见表3-2~表3-7)。

表3-2 混凝土单元工程质量评定表

<table>
<tr><td colspan="2">单位工程名称</td><td>混凝土大坝</td><td>单元工程量</td><td colspan="2">混凝土788 m³</td></tr>
<tr><td colspan="2">分部工程名称</td><td>溢流坝段</td><td>施工单位</td><td colspan="2">××水利水电第×工程局</td></tr>
<tr><td colspan="2">单元工程名称、部位</td><td>5#坝段▽4.0~2.5 m</td><td>检验日期</td><td colspan="2">2009年10月22日</td></tr>
<tr><td>项次</td><td colspan="2">工序名称</td><td colspan="3">工序质量等级</td></tr>
<tr><td>1</td><td colspan="2">基础面或混凝土施工缝处理</td><td colspan="3">优良</td></tr>
<tr><td>2</td><td colspan="2">模板</td><td colspan="3">合格</td></tr>
<tr><td>3</td><td colspan="2">△钢筋</td><td colspan="3">优良</td></tr>
<tr><td>4</td><td colspan="2">止水、伸缩缝和排水管安装</td><td colspan="3">合格</td></tr>
<tr><td>5</td><td colspan="2">△混凝土浇筑</td><td colspan="3">优良</td></tr>
<tr><td colspan="3">评定意见</td><td colspan="3">单元工程质量等级</td></tr>
<tr><td colspan="3">工序质量全部合格,主要工序——钢筋、混凝土浇筑两工序质量优良,工序质量优良率为60.0%</td><td colspan="3">优良</td></tr>
<tr><td>施工单位</td><td colspan="2">×××(签名)
××××年××月××日</td><td>建设(监理)
单位</td><td colspan="2">×××(签名)
××××年××月××日</td></tr>
</table>

(五)施工质量评定表的使用

《水利水电工程施工质量评定表(试行)》(简称《评定表》)为水利水电工程的施工质量评定提供了统一的格式,其具体规定如下:

(1)单元(工序)工程完工后,应及时评定其质量等级,并按现场检验结果如实填写《评定表》。现场检验应遵守随机取样原则。

(2)《评定表》应使用蓝色或黑色墨水钢笔填写,不得使用圆珠笔、铅笔填写。

(3)文字。应按国务院颁布的简化汉字书写。字迹应工整、清晰。

(4)数字和单位。数字使用阿拉伯数字(1、2、3、…、9、0)。单位使用国家法定计量单位,并以规定的符号表示。

(5)合格率。用百分数表示,小数点后保留一位。如果恰为整数,则小数点后以0表示。例:95.0%。

表 3-3　基础面或混凝土施工缝处理工序质量评定表

单位工程名称	混凝土大坝	单元工程量	混凝土 788 m^3、施工缝 250 m^3
分部工程名称	溢流坝段	施工单位	××水利水电第×工程局
单元工程名称、部位	5[#]坝段▽4.0～2.5 m	检验日期	2009 年 10 月 22 日

项次	检查项目	质量标准	检验记录
1	基础面		
(1)	△建基面	无松动岩块	
(2)	△地表水和地下水	妥善引排或封堵	
(3)	岩面清洗	清洗洁净，无积水、无积渣杂物	
2	混凝土施工缝		
(1)	△表面处理	无乳皮，成毛面	表面无乳皮，全部凿成毛面
(2)	混凝土表面清洗	清洗洁净，无积水、无积渣杂物	表面已清洗干净，积水已排除，无积渣杂物
3	软基面		
(1)	△建基面	预留保护层已挖除，地质条件符合设计要求	
(2)	垫层铺填	符合设计要求	
(3)	基础面清理	无乱石、杂物，坑洞分层回填夯实	

评定意见			工序质量等级
主要检查项目全部符合质量标准，一般检查项目符合质量标准			优良
施工单位	×××（签名） ××××年××月××日	建设（监理）单位	×××（签名） ××××年××月××日

（6）改错。将错误用斜线划掉，再在其右上方填写正确的文字（或数字），禁止使用改正液、贴纸重写、橡皮擦、刀片刮或用墨水涂黑等方法。

（7）表头填写：

①单位工程、分部工程名称，按项目划分确定的名称填写。

②单元工程名称、部位：填写该单元工程名称（中文名称或编号），部位可用桩号、高程等表示。

③施工单位：填写与项目法人（建设单位）签订承包合同的施工单位全称。

④单元工程量：填写本单元主要工程量。

⑤评定日期：年——填写 4 位数，月——填写实际月份（1～12 月），日——填写实际日期（1～31 日）。

表 3-4　混凝土模板工序质量评定表

单位工程名称	混凝土大坝	单元工程量	混凝土 788 m^3，模板面积 145.8 m^3
分部工程名称	溢流坝坝段	施工单位	××水利水电第×工程局
单元工程名称、部位	5#坝段 ▽4.0～2.5 m	检验日期	2009 年 10 月 8 日

项次	检查项目	质量标准	检验记录
1	△稳定性、刚度和强度	符合设计要求（支撑牢固、稳定）	采用钢模板、钢支撑和方木，稳定性、刚度和强度满足设计要求
2	模板表面	光洁、无污物、接缝严密	模板表面光洁、无污物，接缝严密

项次	检测项目	设计值	允许偏差（mm）外露表面 钢模	允许偏差（mm）外露表面 木模	允许偏差（mm）隐蔽内面	实测值（mm）	合格数（点）	合格率（%）
1	模板平整度；相邻两板面高差		2	3	5	0.3，1.2，2.8，0.7，0.2，0.7，0.9，1.5	7	87.5
2	局部不平度（用 2 m 直尺检查）		2	5	10	1.7，2.3，0.2，0.4，1.0，1.2，0.7，2.4	6	75
3	板面缝隙		1	2	2	0.2，0.5，0.7，0.2，1.1，0.4，0.5，0.9，0.3，0.7	9	90
4	结构物边线与设计边线		10		15	8.747，8.749，8.752，8.75，15.51，15.508，15.5，15.409	8	100
5	结构物水平断面内部尺寸		±20					
6	承重模板标高		±5			2.500，2.500，2.505，2.510	3	75
7	预留孔、洞尺寸及位置		±10					

检测结果	共检测 38 点，其中合格 33 点，合格率 86.8%

评定意见	工序质量等级
主要检查项目全部符合质量标准，一般检查项目符合质量标准，检测项目实测点合格率 86.8%	合格

施工单位	×××（签名） ××××年××月××日	建设（监理）单位	×××（签名） ××××年××月××日

表 3-5　混凝土钢筋工序质量评定表

单位工程名称	混凝土大坝	单元工程量	混凝土 788 m^3,钢筋 13.54 t
分部工程名称	溢流坝段	施工单位	××水利水电第×工程局
单元工程名称、部位	5#坝段 ▽4.0～2.5 m	检验日期	2009 年 10 月 8 日

项次	检查项目	质量标准	检验记录
1	△钢筋的数量、规格尺寸、安装位置	符合设计图纸(图纸图号水工 08A)	钢筋,ф20@200 纵横布置在面层,数量、规格、长度和安装位置均符合设计图纸
2	焊接表面和焊缝中	不允许有裂缝	钢筋接头采用电弧焊,纵横钢筋采用点焊,焊缝无裂缝
3	△脱焊点和漏焊点	无	无脱焊点和漏焊点

项次	检测项目				设计值	允许偏差	实测值	合格数	合格率(%)
1	电焊及电弧焊	帮条对焊头中心的纵向偏移				0.5d	—	4	80
2	电焊及电弧焊	接头处钢筋轴线的曲折				4°	2.5°,3.5°,4.5°,3°,3.8°	10	100
3	电焊及电弧焊	△焊接	长度(mm)			-0.5d	210,230,198,200,205,204,195,213,215,209	10	100
			高度(mm)			-0.05d	13.5,14,14,14.5,13.1,14.2,13.6,14,14.4,3.2	10	100
			宽度(mm)			-0.1d	14.1,13.8,14,13.9,13.5,14.5,15,13,14,13.5	10	100
			咬边深度			0.05d 且不大于 1 mm	0.5,1.0,0.8,1.0,0.7,0.4,0.7,1.0,1.0,0,0.3	10	100
			表面气孔夹渣	在 2d 长度上(个)		不大于 2 个	0,0,1,1,0,0,0,0,1,2	10	100
				气孔、夹渣直径(mm)		不大于 3 mm	1,3,1,1,2	5	100
4	△绑扎	缺扣、松扣				≤20%且不集中	—		
		弯钩朝向正确				符合设计图纸	—		
		搭接长度				-0.05d	—		

注:d 为钢筋直径。

续表 3-5

<table>
<tr><th>项次</th><th colspan="3">检测项目</th><th>设计值</th><th>允许偏差</th><th>实测值</th><th>合格数</th><th>合格率（%）</th></tr>
<tr><td rowspan="4">5</td><td rowspan="4">对焊及熔槽焊</td><td rowspan="2">△焊接接头根部未焊透深度</td><td>@25 ~40 mm 钢筋</td><td rowspan="2"></td><td>0.15d</td><td rowspan="2">—</td><td rowspan="2"></td><td rowspan="2"></td></tr>
<tr><td></td><td>0.10d</td></tr>
<tr><td colspan="2">接头处钢筋中心线的位移</td><td></td><td>0.1d 且
不大于 2 mm</td><td>—</td><td></td><td></td></tr>
<tr><td colspan="2">焊接表面(长为 2d)和焊缝截面上蜂窝、气孔非金属杂质</td><td></td><td>不大于
1.5d,3 个</td><td>—</td><td></td><td></td></tr>
<tr><td>6</td><td colspan="3">钢筋长度方向上的偏差
(mm)</td><td>17 400,
30 900</td><td>±1/2
净保护
层厚</td><td>17 430,17 380,17 400,
17 424,30 920,30 900,
30 890,30 910</td><td>8</td><td>100</td></tr>
<tr><td rowspan="2">7</td><td colspan="2" rowspan="2">同一排受力钢筋间距的局部偏差</td><td>柱及梁</td><td></td><td>±0.5d</td><td>—</td><td></td><td></td></tr>
<tr><td>板、墙
(mm)</td><td>间距
200</td><td>±0.1 间距
(±20)</td><td>200,220,219,220,218,
221,219,220,220,218</td><td>9</td><td>90</td></tr>
<tr><td>8</td><td colspan="3">同一排中分布钢筋间距的偏差</td><td></td><td>±0.1 间距</td><td>—</td><td></td><td></td></tr>
<tr><td>9</td><td colspan="3">双排钢筋,其排与排间距
的局部偏差</td><td></td><td>±0.1 排距</td><td>—</td><td></td><td></td></tr>
<tr><td>10</td><td colspan="3">梁与柱中钢筋间距
的偏差</td><td></td><td>0.1 箍筋
间距</td><td>—</td><td></td><td></td></tr>
<tr><td>11</td><td colspan="3">保护层厚度的局部偏差(mm)</td><td>50</td><td>±1 / 4
净保护层厚
(±12.5)</td><td>60,50,50,50.5,4,
50,42,38,55,50,64</td><td>10</td><td>9</td></tr>
<tr><td colspan="2">检测结果</td><td colspan="7">共检测 89 点,其中合格 86 点,合格率 96.6%</td></tr>
<tr><td colspan="7">评定意见</td><td colspan="2">工序质量等级</td></tr>
<tr><td colspan="7">主要检查项目全部符合质量标准,一般检查项目符合质量标准,
检测项目实测点合格率 96.6%</td><td colspan="2">优良</td></tr>
<tr><td colspan="2">施工单位</td><td colspan="3">×××(签名)
×××××年××月××日</td><td>建设(监理)
单位</td><td colspan="3">×××(签名)
××××年××月××日</td></tr>
</table>

表 3-6　混凝土止水、伸缩缝工序质量评定表

单位工程名称	混凝土大坝	单元工程量	混凝土 788 m^3，止水铜片长 6 m
分部工程名称	溢流坝段	施工单位	××水利水电第×工程局
单元工程名称、部位	5#坝段 ▽4.0～2.5m	检验日期	2009 年 10 月 22 日

项次	保证项目		质量标准	检验记录
1	伸缩缝制作及安装	涂敷沥青料	混凝土表面洁净干燥，涂刷均匀平整，与混凝土黏结紧密，无泡及隆起现象	—
2		粘贴沥青油毛毡	伸缩缝表面清洁干燥，蜂窝麻面已处理并填平，外露施工铁件割除，铺设厚度均匀平整，打劫紧密	伸缩缝表面清理符合质量标准要求，面贴三油儿毡
3		铺设预制油毡板	混凝土表面清洁，蜂窝麻面处理并填平，外露施工铁件割除，铺设厚度均匀、平整、牢固，相邻块安装紧密，平整无缝	—
4		沥青井、柱安装	电热元件及绝缘材料置放准确牢固，不短路，沥青填塞密实，安装位置准确、稳固，上下层衔接好	—

项次		检测项目		设计值（mm）	允许偏差（mm）	实测值（mm）	合格数（点）	合格率（%）
1	金属、塑料、橡胶止水	金属止水片的几何尺寸	宽	400	±5	400，400，405，400，400，408	5	83.3
2			高（牛鼻子）	40	±2	40，40，41，43，39，40，41，40	7	87.5
			长	4×1 500	±20	1 500，1 500，1 500，1 500	4	100
3		金属止水片搭接长度		20	双面氧焊	25，23，25，28	4	100
4		安装偏差：大体积混凝土细部结构			±30	15，10，8，12	4	100
		插入基岩部分			符合设计要求	—		
5	坝体排水管安装	排水管	平面位置		≤100	—		
6			倾斜度		≤4%	—		
7		多孔性排水管	平面位置		≤100	—		
8			倾斜度		≤4%	—		
9		△排水管通畅性			通畅	—		
检测结果				共检测 26 点，其中合格 24 点，合格率 92.3%				

评定意见	工序质量等级
主要检查项目全部符合质量标准，一般检查项目符合质量标准，检测项目实测点合格率 92.3%	优良

施工单位	×××（签名） ××××年××月××日	建设（监理）单位	×××（签名） ××××年××月××日

表 3-7 混凝土浇筑工序质量评定表

单位工程名称	混凝土大坝	单元工程量	788 m^3
分部工程名称	溢流坝坝段	施工单位	××水利水电第×工程局
单元工程名称、部位	5#坝段 ▽4.0～2.5 m	检验日期	2009年10月22日，2009年10月15日

项次	检查项目	质量标准		检验记录
		优良	合格	
1	砂浆铺筑	厚度不大于3 cm，均匀平整，无漏铺	厚度不大于3 cm，局部稍差	砂浆铺筑均匀，厚度为2～3 cm
2	△入仓混凝土料	无不合格料入仓	少量不合格料入仓，经处理尚能满足设计要求	入仓混凝土料合格
3	△平仓分层	厚度不大于50 cm，铺设均匀，分层清楚，无骨料集中现象	局部稍差	混凝土铺设均匀，分层清楚，厚度为40～50 cm
4	△混凝土振捣	垂直插入下层5 cm，有次序，无漏振	无架空和漏振	振捣均匀，无漏振，控制插入下层深度5 cm
5	△铺料间歇时间	符合要求，无初凝现象	上游迎水面15 m以内无初凝现象，其他部位初凝累计面积不超过1%，并经处理合格	铺料间歇时间符合要求，无初凝现象
6	积水和泌水	无外部水流入，泌水排除及时	无外部水流入，有少量泌水，排除不够及时	泌水和积水排除及时
7	插筋、管路等埋设件保护	保护好，符合要求	有少量位移，但不影响使用	有少量位移，但不影响使用
8	混凝土养护	混凝土表面保持湿润，无时干时湿现象	混凝土表面保持湿润，但局部短时有时干时湿现象	混凝土养护及时，表面保持湿润
9	有表面平整要求的部位	符合设计规定	局部稍超出规定，但累计面积不超过0.5%	—
10	麻面	无	有少量麻面，但累计面积不超过0.5%	无麻面
11	蜂窝狗洞	无	轻微、少量、不连续，单个面积不超过0.1 m^2，深度不超过骨料最大粒径，已按要求处理	无蜂窝狗洞
12	△露筋	无	无主筋外露，箍筋、副筋个别微露，已按要求处理	无露筋
13	破损掉角	无	重要部位不允许，其他部位轻微少量，已按要求处理	无掉角
14	表面裂缝	无	有短小、不跨层的表面裂缝，已按要求处理	未发现表面裂缝

续表 3-7

<table>
<tr><td rowspan="2">项次</td><td rowspan="2">检查项目</td><td colspan="2">质量标准</td><td rowspan="2">检验记录</td></tr>
<tr><td>优良</td><td>合格</td></tr>
<tr><td>15</td><td>深层及
贯穿裂缝</td><td>无</td><td>无</td><td>无深层及贯穿裂缝</td></tr>
<tr><td colspan="4">评定意见</td><td>单元工程质量等级</td></tr>
<tr><td colspan="4">主要检查项目全部符合优良质量标准，
一般检查项目符合合格质量标准</td><td>合格</td></tr>
<tr><td>施工单位</td><td colspan="2">×××(签名)
××××年××月××日</td><td>建设(监理)单位</td><td>×××(签名)
××××年××月××日</td></tr>
</table>

(8)质量标准中，凡有“符合设计要求”者，应注明设计具体要求(如内容较多，可附页说明)；凡有“符合规范要求”者，应标出所执行的规范名称及编号。

(9)检验记录。文字记录应真实、准确、简练。数字记录应准确、可靠，小数点后保留位数应符合有关规定。

(10)设计值按施工图填写。实测值填写实际检测数据，而不是偏差值。当实测数据多时，可填写实测组数、实测值范围(最小值—最大值)、合格数，但实测值应做表格附件备查。

(11)《评定表》中列出的某些项目，如实际工程无该项内容，应在相应检验栏用斜线“/”表示。

(12)《评定表》从表头至评定意见栏均由施工单位经“三检”合格后填写，“质量等级”栏由复核质量的监理填写。监理复核质量等级时，如对施工单位填写的质量检验资料有不同意见，可写入“质量等级”栏内或另附页说明，并在质量等级栏内填写出正确等级。

(13)单元(工序)工程表尾填写。

①施工单位由负责终验的人员签字。如果该工程由分包单位施工，则单元(工序)工程表尾由分包施工单位的人员填写分包单位全称，并签字。重要隐蔽工程、关键部位的单元工程，当分包单位自检合格后，总包单位应参加联合小组核定其质量等级。

②建设、监理单位，实行了监理制的工程，由负责该项目的监理人员复核质量等级并签字。未实行监理制的工程，由建设单位专职质检人员签字。

③评定表结尾所有签字人员，必须由本人按照身份证上的姓名签字，不得使用化名，也不得由其他人代为签名。签名时应填写填表日期。

(14)表尾填写：××单位是指具有法人资格单位的现场派出机构，若须加盖公章，则加盖该单位的现场派出机构的公章。

【应用实例 3-1】

工程背景：

某水利枢纽工程由电站、溢洪道和土坝组成。土坝的结构形式为均质土坝，上游设干砌石护坡，下游设草皮护坡和堆石排水体，坝顶设碎石路，工程实施过程中发生下述事件：

事件 1：项目法人要求该工程质量监督机构对大坝填筑按《水利水电工程单元工程施工质量验收评定标准》规定的检验数量进行质量检查。工程质量监督机构受项目法人委托，承担了该工程质量检测任务。

事件 2：土坝承包人将坝体碾压分包给具有良好碾压设备和经验的乙公司承担。为明确质量责任，单元工程的划分标准是：以 50 m 坝长、30 cm 铺料厚度为单元工程的计算单位，铺料为一个单元工程，碾压为另一个单元工程。

事件 3：土坝单位工程完工验收结论为：本单位工程划分为 20 个分部工程，其中质量合格为 8 个，质量优良为 12 个，优良率为 60%，主要部分工程（坝顶碎石路）质量优良，且施工中未发生重大质量事故；中间产品质量全部合格，其中混凝土拌和物质量达到优良；原材料质量、金属结构及启闭机制造质量合格；外观质量得分率为 82%。所以，本单位工程质量评定为优良。

问题：

(1) 简要分析事件 1 中存在的问题和理由？

(2) 简要分析事件 2 中存在的问题和理由？

(3) 土坝单位工程质量等级实际优良。依据水利工程验收和质量评定的有关规定，简要分析事件 3 中验收结论存在的问题。

分析与答案：

(1) 存在问题：项目法人要求该工程质量监督机构对大坝填筑按《水利水电工程单元工程施工质量验收评定标准》规定的检验数量进行质量检查不合理。

理由：项目法人不应要求工程质量监督机构对大坝填筑进行质量检查，应是通过施工合同由监理人要求承包人按《水利水电工程单元工程施工质量验收评定标准》规定的检验数量进行质量检查，工程质量监督机构的检查手段主要是抽查。

存在问题：质量监督机构受项目法人委托，承担了该工程质量检测任务不合理。

理由：质量监督机构与项目法人是监督与被监督的关系，质量监督机构不应该接受项目法人委托承担工程质量检测任务。

(2) 存在问题：土坝承包人将坝体碾压分包给乙公司承担不对。

理由：坝体碾压是主体工程，不能分包。

存在问题：单元工程划分不对。

理由：铺料和整平工作是一个单元工程的两个工序。

(3) 事件 3 中验收结论存在的问题有：

分部工程应为全部合格；

坝顶碎石路不是主体工程；

土坝无金属结构及启闭机；

外观质量得分率不应低于 85%；

质量检查资料应齐全。

知识链接

《水利建设质量工作考核办法》(水建管〔2014〕351号),《水利工程质量检测管理规定》(水利部令第36号),《水利水电工程施工质量检验与评定规程》(SL 176—2007),水利部《水利建设质量工作考核办法》(水建管〔2014〕351号),《水利工程质量事故处理暂行规定》(水利部令第9号),《水利工程质量管理规定》(水利部令第7号)。

【课堂自测】

项目三任务一课堂自测练习

任务二 水利工程施工进度管理

一、施工项目进度控制概述

进度控制是指在限定的工期内,以事先拟定的经济合理的工程进度计划为依据,对整个建设过程进行监督、检查、指导和纠正的过程。施工项目进度控制是施工项目管理中非常重要的一个环节,是保证施工项目按期完成、合理安排资源供应、节约成本的重要措施。

(一)施工进度控制的目标

施工合同规定的施工工期是工程建设项目施工阶段进度控制的最终目标。为了控制施工工期总目标,必须采用目标分解的原理,将施工阶段总工期目标分解为不同形式的各类目标,从而构成工程建设施工阶段进度控制的目标体系。

(1)按建设项目组成分解施工进度总目标:可分为单位工程的工期目标、分部工程的工期目标和单元工程的工期目标。

(2)按工程项目施工承包方分解施工进度总目标:分为总包方的施工工期目标、分包方的施工工期目标。

(3)按计划工期分解施工进度总目标:可分为年度施工进度目标、季度施工进度目标、月旬施工进度目标。

(二)影响施工项目进度的因素

由于水利水电工程施工项目复杂、工期较长的施工特点,尤其是大型和复杂的施工影响进度的因素较多,任何一个方面出现问题,都可能对施工项目的施工进度产生影响。施工项目进度的主要影响因素有以下几方面。

1. 有关单位的影响

施工项目的主要施工单位对施工进度起决定性作用,但建设单位、设计单位、材料供应部门、运输部门、水电供应部门及政府主管部门都可能给施工造成困难而影响施工进度。

2.施工组织管理不利

劳动力和施工机械调配不当、施工平面布置不合理等将影响施工进度计划的执行。

3.技术失误

施工单位采取技术措施不当,施工中发生技术事故等。

4.施工条件的变化

勘察资料不准确,特别是地质资料错误或遗漏而引起的未能预料的技术障碍都会影响施工进度。在施工中发现断层、溶洞、地下障碍物及恶劣的气候、暴雨和洪水等都会对施工进度产生影响,可能造成临时停工或破坏。

5.意外事件的出现

施工中出现意外事件(如战争、严重自然灾害、火灾、重大工程事故等)都会影响施工进度。

(三)进度控制的方法及措施

1.施工进度控制的方法

1)进度表控制工程进度

在工程施工过程中,为保证施工进度按期完成,承包人需按照要求提供施工进度表,由监理工程师进行详细的检查,并向建设单位报告。其进度表主要反映实际进度和计划进度的差别,以确保工程按期完成。

2)网络计划控制工程进度

用网络图法制订施工计划和控制工程进度,可以使工序安排紧凑,便于抓住关键,保证施工机械、人力、财力、时间均获得合理的安排和利用。

3)工程曲线控制工程进度

工程曲线是以横轴为工期(以计划工期为100%,各阶段工期按百分率计),竖轴为完成工程量累计数(以百分率计)所绘制的曲线。在施工过程中,把计划的工程进度曲线与实际完成的工程进度曲线绘制在同一图上,并进行对比分析,以确保工程按期完成。

2.施工进度控制措施

施工进度控制措施有组织措施、技术措施、合同措施和经济措施。

(1)组织措施。指落实各层次的进度控制人员、具体任务和工作责任;建立进度控制目标体系,明确建设工程现场监理组织机构中进度控制人员及其职责分工;建立工程进度报告制度及进度信息沟通网络;建立进度计划审核制度和进度计划实施中的检查分析制度;建立进度协调会议制度,包括协调会议举行的时间、地点,协调会议的参加人员等;建立图纸审查、工程变更和设计变更管理制度。

(2)技术措施。主要是采用加快施工进度的技术方法,主要包括:审查承包商提交的进度计划,使承包商能在合理的状态下施工;编制进度控制工作细则,指导监理人员实施进度控制;采用网络计划技术及其他科学适用的计划方法,并结合计算机的应用,对建设工程进度实施动态控制。

(3)合同措施。指对分包单位签订工程合同的合同工期与有关进度计划目标相协调。推行CM承发包模式,对建设工程实行分段设计、分段发包和分段施工;加强合同管

理,协调合同工期与进度计划之间的关系,保证合同中进度目标的实现;严格控制合同变更,对于各方提出的工程变更和设计变更,监理工程师应严格审查后再补入合同文件之中;加强风险管理,在合同中应充分考虑风险因素及其对进度的影响,以及相应的处理方法;加强索赔管理,公正地处理索赔。

(4)经济措施。指实现进度计划的资金保证措施,主要包括:及时办理工程预付款及工程进度款支付手续;对应急赶工给予优厚的赶工费用;对工期提前给予奖励;对工程延误收取误期损失赔偿金。

二、进度计划实施及其监测

施工进度计划的实施指的是按进度计划的要求组力人力、物力和财力进行施工。在进度计划实施过程中,应进行下列工作:

(1)跟踪检查,收集实际进度数据;

(2)将实际进度数据与进度计划对比;

(3)分析计划执行的情况;

(4)对产生的偏差,采取措施予以纠正或调整计划;

(5)检查措施的落实情况;

(6)进度计划的变更必须由有关单位和部门及时沟通。

(一)施工进度计划检查

施工进度计划的检查应按统计周期的规定时间进行,并应根据需要进行不定期的检查。施工进度计划检查的内容包括:①检查工程量的完成情况;②检查工作时间的执行情况;③检查资源使用及进度保证的情况;④前一次进度计划检查提出问题的整改情况。

(二)实际进度与计划进度的比较方法

实际进度与计划进度的比较是进度管理中一个非常重要的环节,通过比较,管理者可以了解进度的实际情况,进而找到出现偏差的原因,及时对进度进行调整。目前,常用的比较方法有横道图比较法、S形曲线比较法、香蕉曲线比较法和列表比较法。

1.横道图比较法

横道图比较法是指将项目实施过程中检查实际进度收集到的数据,经加工整理后直接用横道线平行绘于原计划的横道线处,进行直观比较的方法。

例如:某施工项目基础工程的计划进度和截至第8周末的实际进度如图3-1所示,其中双线条表示该工程计划进度,粗实线表示实际进度。从图中实际进度与计划进度的比较可以看出,到第8周末进行实际进度检查时,挖土方和做垫层两项工作已经完成;支模板按计划应完成75%,但实际已经全部完成,任务量超前25%;绑钢筋按计划应该完成40%,而实际只完成20%,任务量拖欠20%。

2.S形曲线比较法

S形曲线比较法是以横坐标表示进度时间,纵坐标表示累计完成任务量,绘制出一条按计划时间累计完成任务量的曲线,然后将检查过程中收集到的实际资料也按同样的方式绘制到同一图形中,然后对两者进行比较的一种方法。

从整个施工项目的施工全过程而言,一般是开始阶段和结尾阶段单位时间投入的资

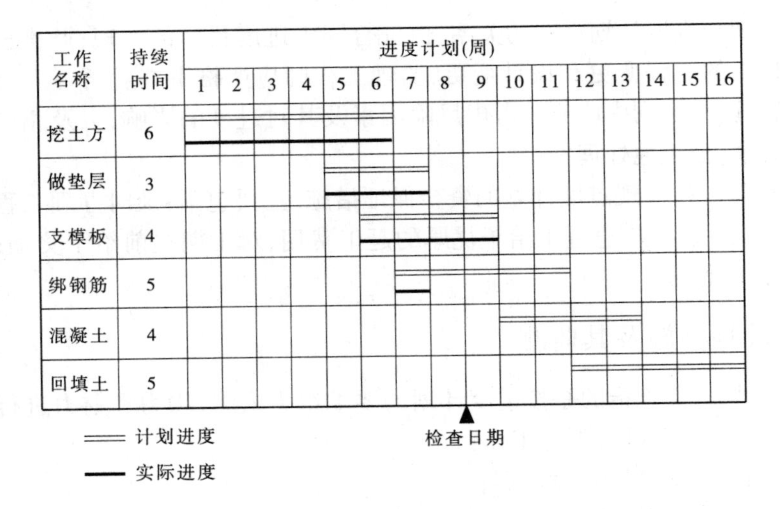

图 3-1 基础工程实际进度与计划进度比较图

源量较少,中间阶段单位时间投入的资源量较多,与其相对应,单位时间完成的任务量也是呈同样变化的,随时间发展的累计完成的任务量,则应该呈 S 形变化,如图 3-2 所示。

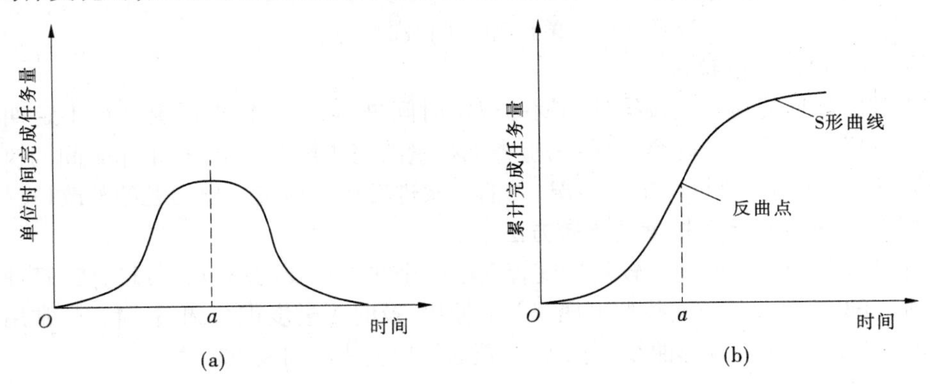

图 3-2 时间与完成任务量关系曲线

1)S 形曲线绘制方法

【应用实例 3-2】 某混凝土工程的浇筑总量为 2 000 m^3,按照施工方案,计划 9 个月完成,每月计划完成的混凝土浇筑量如图 3-3 所示。绘制该混凝土工程的计划 S 形曲线。

解:(1)参照图形中给定每月完成任务量,确定单位时间完成任务量,并填入表 3-8 中。

(2)计算不同时间累计完成任务量,也绘制在表 3-8 中。

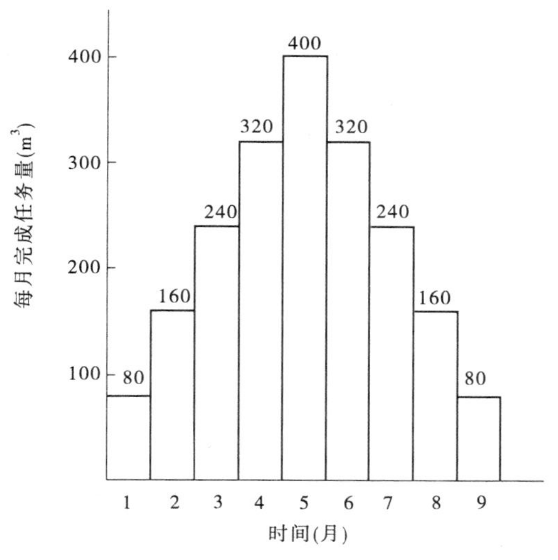

图 3-3　时间与每月完成任务量关系曲线

表 3-8　完成任务量汇总

时间(月)	1	2	3	4	5	6	7	8	9
每月完成任务量(m^3)	80	160	240	320	400	320	240	160	80
累计完成任务量(m^3)	80	240	480	800	1 200	1 520	1 760	1 920	2 000

(3)根据累计完成任务量绘制 S 形曲线,如图 3-4 所示。

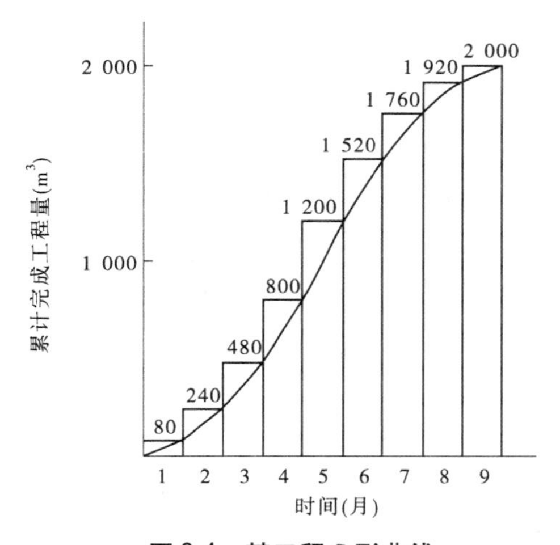

图 3-4　某工程 S 形曲线

2)实际进度与计划进度比较

S 形曲线比较法与横道图比较法一样,都是从图上直观地进行施工项目实际进度与计划进度比较。工作开始前,计划进度控制人员在计划实施前绘制 S 形曲线。工作施工过程中，按规定时间将检查的实际完成情况绘制在与计划 S 形曲线同一张图上，即可得出实际进度 S 形曲线，比较两条 S 形曲线可以得到如下信息：

(1) 项目实际进度与计划进度比较。当实际工程进展点落在 S 形曲线左侧，则表示此时实际进度比计划进度超前；若落在其右侧，则表示拖后；若刚好落在其上，则表示两者一致。

(2) 项目实际进度比计划进度超前或拖后的时间。如图 3-5 所示，ΔT_a 表示 T_a时刻实际进度超前的时间，ΔT_b 表示 T_b时刻实际进度拖后的时间。

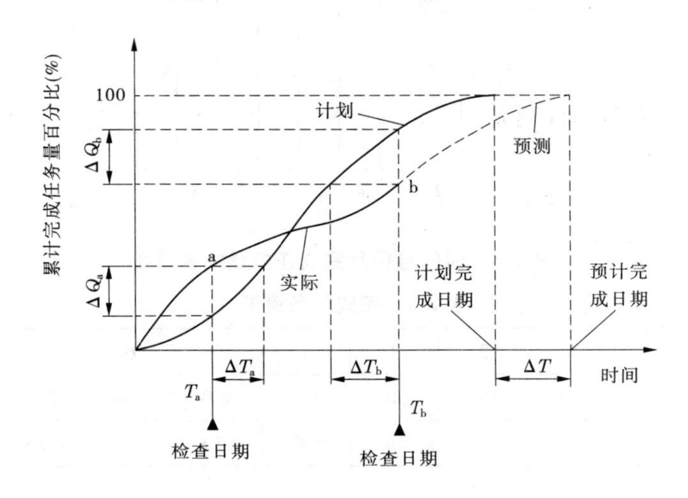

图 3-5　S 形曲线比较图

(3) 项目实际进度比计划进度超前或拖后的任务量。如图 3-5 所示，ΔQ_a表示在 T_a 时刻超前完成的任务量；ΔQ_a表示在 T_b时刻拖后的任务量。

(4) 预测工程进度。如图 3-5 所示，后期工程按原计划速度进行，则工期拖延预测值为 ΔT_a。

3. 香蕉曲线比较法

香蕉曲线是由两条 S 形曲线组合而成的闭合曲线。对于一个施工项目的网络计划来说，如果以其中各项工作的最早开始时间安排进度而绘制 S 形曲线，称为 ES 曲线；如果以其中各项工作的最迟开始时间安排进度而绘制 S 形曲线，称为 LS 曲线。两条 S 形曲线具有相同的起点和终点，因此两条曲线是闭合的。在一般情况下，ES 曲线上的其余各点均落在 LS 曲线的相应点的左侧。由于该闭合曲线形似“香蕉”，故称为香蕉曲线，如图 3-6 所示。

1) 香蕉曲线绘制方法

香蕉曲线绘制方法与 S 形曲线类似，不同之处在于香蕉曲线是由 ES 曲线和 LS 分别绘制的 S 形曲线组合而成的。

香蕉曲线的绘制步骤如下：

(1) 计算时间参数。在项目的网络计划基础上，确定项目数目 n 和检查次数 m，计算项目工作的时间参数 ES_i、LS_i($i=1,2,\cdots,n$)。

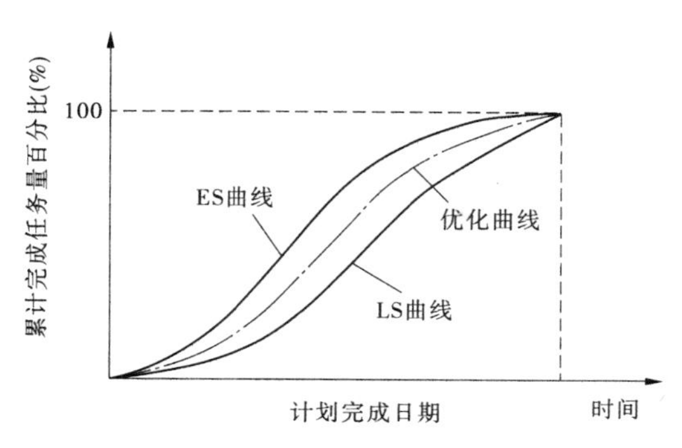

图3-6　香蕉曲线图

(2)确定在不同时间计划完成工程量。以项目的最早时标网络计划确定工作在各单位时间的计划完成工程量 q'^{ES}_{ij},即第 i 项工作按最早开始时间开工,第 j 时段内计划完成的工程量 $(1\leqslant i\leqslant n\ ;\ 0\leqslant j\leqslant m)$;以项目的最迟时标网络计划确定工作在各单位时间的计划完成工程量 q^{LS}_{ij},即第 i 项工作按最迟开始时间开工,第 j 时段内计划完成的工程量 $(1\leqslant i\leqslant n;0\leqslant j\leqslant m)$。

(3)计算项目总工程量 Q。

$$Q = \sum_{i=1}^{n}\sum_{j=1}^{m} q_{ij}^{ES} \tag{3-1}$$

$$Q = \sum_{i=1}^{n}\sum_{j=1}^{m} q_{ij}^{LS} \tag{3-2}$$

(4)计算到 j 时段末完成的工程量。按最早时标网络计划计算完成的工程量 Q_j^{ES} 为

$$Q_j^{ES} = \sum_{i=1}^{n}\sum_{j=1}^{m} q_{ij}^{ES}\quad (1\leqslant i\leqslant n;0\leqslant j\leqslant m) \tag{3-3}$$

按最迟时标网络计划计算完成的工程量 Q_j^{LS} 为

$$Q_j^{LS} = \sum_{i=1}^{n}\sum_{j=1}^{m} q_{ij}^{LS}\quad (1\leqslant i\leqslant n;0\leqslant j\leqslant m) \tag{3-4}$$

(5)计算到 j 时段末完成项目工程量百分比。按最早时标网络计划计算完成工程量的百分比 μ_j^{ES} 为

$$\mu_j^{ES} = \frac{Q_j^{ES}}{Q}\times 100\% \tag{3-5}$$

按最迟时标网络计划计算完成工程量的百分比 μ_j^{LS} 为

$$\mu_j^{LS} = \frac{Q_j^{LS}}{Q}\times 100\% \tag{3-6}$$

(6)绘制香蕉曲线。以 $(\mu_j^{ES},j)(j=0,1,\cdots,m)$ 绘制 ES 曲线;以 $(\mu_j^{LS},j)(j=0,1,\cdots,m)$ 绘制 LS 曲线,由 ES 曲线和 LS 曲线构成项目的香蕉曲线。

【应用实例3-3】　某工程项目网络计划图如图3-7所示,图中箭线上方括号内数字表示各项工作计划完成的任务量,以劳动消耗量表示;箭线下方数字表示各项工作的持续时间(周)。试绘制香蕉曲线。

解:假设各项目工作都以匀速进展,即各项工作每周的劳动消耗量相等。

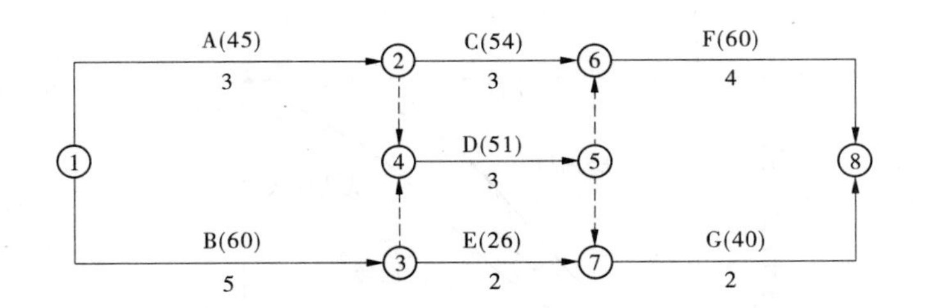

图 3-7　某工程项目网络计划图

(1)确定各项工作每周的劳动消耗量。

工作 A:45 ÷3 =15　　工作 B:60 ÷5 =12

工作 C:54 ÷3 =18　　工作 D:51 ÷3 =17

工作 E:26 ÷2 =13　　工作 F:60 ÷4 =15

工作 G:40 ÷2 =20

(2)计算工程项目劳动消耗总量。

$$Q = 45 + 60 + 54 + 51 + 26 + 60 + 40 = 336$$

(3)根据各项工作按最早开始时间安排进度计划,确定工程项目每周计划劳动消耗量及各周累计劳动消耗量,如图 3-8 所示。

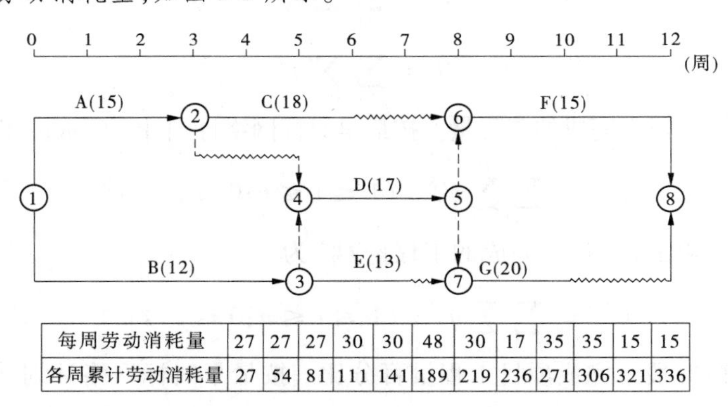

每周劳动消耗量	27	27	27	30	30	48	30	17	35	35	15	15
各周累计劳动消耗量	27	54	81	111	141	189	219	236	271	306	321	336

图 3-8　按最早开始时间安排进度计划及劳动消耗量

(4)根据各项工作按最迟开始时间安排进度计划,确定工程项目每周计划劳动消耗量及各周累计劳动消耗量,如图 3-9 所示。

(5)根据不同的累计劳动消耗量分别绘制 ES 曲线和 LS 曲线,便得到香蕉曲线,如图 3-10 所示。

4. 列表比较法

当工程进度计划用非时标网络图表示时,可以采用列表比较法进行实际进度与计划进度比较。这种方法是记录检查日期应该进行的工作名称及其已经作业的时间,然后列表计算时间参数,并根据工作总时差进行实际进度与计划进度比较的方法。其步骤如下:

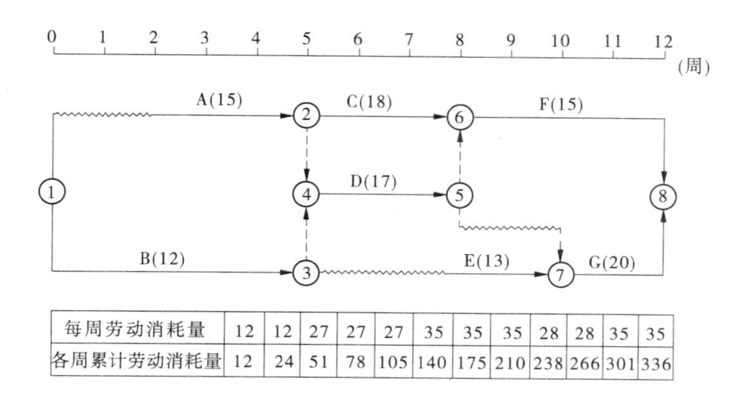

每周劳动消耗量	12	12	27	27	27	35	35	35	28	28	35	35
各周累计劳动消耗量	12	24	51	78	105	140	175	210	238	266	301	336

图 3-9 按工作最迟开始时间安排的进度计划及劳动消耗量

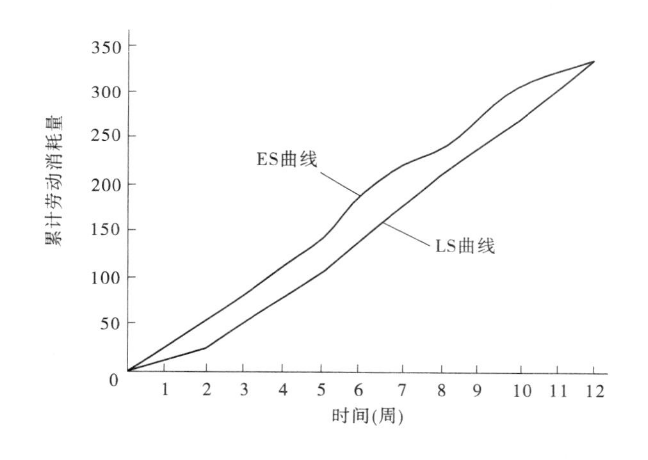

图 3-10 香蕉曲线图

(1)对于实际进度检查日期应该进行的工作,根据已经作业的时间,确定其尚需作业时间。

(2)根据原进度计划,计算检查日期时应该进行的工作,确定从检查日期到原计划最迟完成时尚余时间。

(3)计算工作尚有总时差,其值等于工作从检查日期到原计划最迟完成时尚余时间与该工作尚需作业时间之差。

(4)比较实际进度与计划进度,可能有以下几种情况:

①如果工作尚有总时差与原有总时差相等,则说明该工作实际进度与计划进度一致。

②如果工作尚有总时差大于原有总时差,则说明该工作实际进度超前,超前的时间为两者之差。

③如果工作尚有总时差小于原有总时差,且仍为非负值,则说明该工作实际进度拖后,拖后的时间为两者之差,但不影响总工期。

④如果工作尚有总时差小于原有总时差,且为负值,则说明该工作实际进度拖后,拖

后的时间为两者之差，此时工作实际进度偏差将影响总工期。

【应用实例 3-4】　某工程项目进度计划如图 3-11 所示。该计划执行到第 10 周末检查实际进度时，发现工作 A、B、C、D、E 已经全部完成，工作 F 已进行 1 周，工作 G 和工作 H 均已进行 2 周，试用列表比较法进行实际进度与计划进度的比较。

解：根据工程项目进度计划及实际进度检查结果，可以计算出检查日期应进行工作的尚需工作时间、原有总时差及尚有总时差等，计算结果如表 3-9 所示。通过比较尚有总时差和原有总时差，即可判断目前工程实际进展状况。

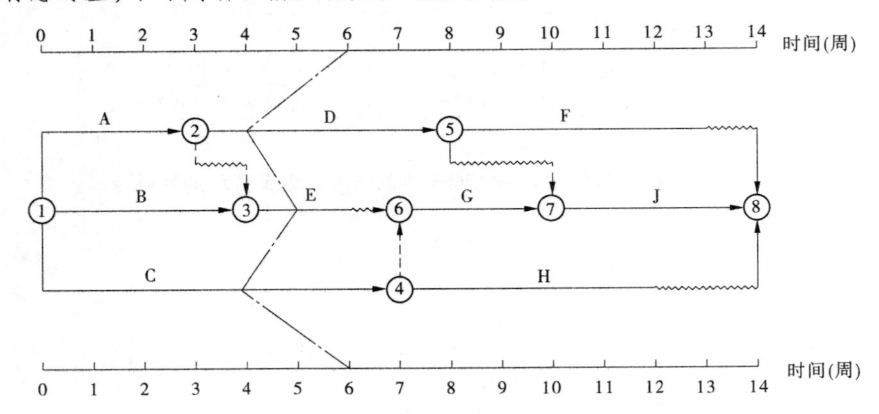

图 3-11　某工程前锋线比较图

表 3-9　工程进度检查比较

工作代号	工作名称	检查计划时尚需作业时间(周)	到计划最迟完成时间尚余(周)	原有总时差(周)	尚有总时差(周)	情况判断
5—8	F	4	4	1	0	拖后 1 周，但不影响工期
6—7	G	1	0	0	-1	拖后 1 周，影响工期 1 周
4—8	H	3	4	2	1	拖后 1 周，但不影响工期

（三）进度计划实施中的调整方法

利用各种比较方法对实际进度和计划进行比较，如果出现进度偏差，应当分析偏差对后续工作和对总工期的影响。进度控制人员由此可以确认应该调整产生进度偏差的工作和调整偏差值的大小，以便确定采取调整措施，获得符合实际进度情况和计划目标的新进度计划。

1. 分析进度偏差对后续工作及总工期的影响

进度偏差的大小及其所处的位置不同，对后续工作和总工期的影响程度是不同的，分析时需要利用网络计划中工作总时差和自由时差的概念进行判断，分析步骤如下：

(1)分析出现进度偏差的工作是否为关键工作。

如果出现进度偏差的工作为关键工作,则无论其偏差大小,都将对后续工作和总工期产生影响,必须采取相应的调整措施;如果出现偏差的工作是非关键工作,则需要根据进度偏差值与总时差和自由时差的关系做进一步分析。

(2)分析进度偏差是否超过总时差。

如果工作的进度偏差大于该工作的总时差,则此进度偏差必将影响其后续工作和总工期,必须采取相应的调整措施;否则,此进度偏差不影响总工期。至于对后续工作的影响程度,还需要根据偏差值与自由时差的关系做进一步分析。

(3)分析进度偏差是否超过自由时差。

如果工作的进度偏差大于该工作的自由时差,则此进度偏差将对其后续工作产生影响,此时应根据后续工作的限制条件确定调整方法;如果工作的进度偏差未超过该工作的自由时差,则此进度偏差不影响后续工作,因此原进度计划可以不做调整。

通过分析,进度控制人员可以根据进度偏差的影响程度,制订相应的纠偏措施进行调整,以获得符合实际进度情况和计划目标的新进度计划。

2. 进度计划的调整方法

当实际进度偏差影响到后续工作、总工期而需要调整时,调整方法主要有以下两种。

1)改变某些工作间的逻辑关系

当工程项目实施中产生的进度偏差影响到总工期,且有关工作的逻辑关系允许改变时,可以改变关键线路和超过计划工期的非关键线路上的有关工作之间的逻辑关系,以达到缩短工期的目的。例如,将顺序进行的工作改为平行作业,或搭接作业,或分段组织流水作业等,都可以有效地缩短工期。

2)缩短某些工作的持续时间

这种方法是不改变工程项目中各项工作之间的逻辑关系,而采取措施缩短某些工作的持续时间,以保证按计划工期完成该工程项目的方法。这些被压缩持续时间的工作是位于关键线路和超过计划工期的非关键线路上的工作。同时,这些工作又是其持续时间可被压缩的工作。这种调整方法通常可以在网络计划图上直接进行。其调整方法视限制条件及对其后续工作的影响程度的不同而有所区别,一般可分为以下两种情况:

(1)网络计划中某项工作进度拖延的时间已超过其自由时差但未超过其总时差。有些工作的实际进度不会影响总工期,而只对其后续工作产生影响。因此,在进行调整前,需要确定其后续工作允许拖延的时间限制,并以此作为进度调整的限制条件。该限制条件的确定常常较复杂,尤其是当后续工作由多个平行的承包单位负责实施时更是如此。后续工作如不能按原计划进行,在时间上产生的任何变化都可能使合同不能正常履行,而导致蒙受损失的一方提出索赔。因此,必须寻求合理的调整方案,把进度拖延对后续工作的影响减小到最低程度。

(2)网络计划中某项工作进度拖延的时间超过其总时差。如果网络计划中某项工作进度拖延的时间超过其总时差,则无论该工作是否为关键工作,其实际进度都将对后续工作和总工期产生影响。此时,进度计划的调整方法又可以分为以下三种情况:

①项目总工期不允许拖延。

如果工程项目必须按照原计划工期完成,则只能采取缩短关键线路上后续工作持续时间的方法来达到调整计划的目的。

②项目总工期允许拖延。

如果项目总工期允许拖延,则此时只需以实际数据取代原计划数据,并重新绘制实际进度检查日期之后的简化网络计划图即可。

③项目总工期允许拖延的时间有限。

如果项目总工期允许拖延,但允许拖延的时间有限,则当实际进度拖延的时间超过此限制,也需要对网络计划进行调整,以满足要求。

具体的调整方法是以总工期的限制时间作为规定工期,对检查日期之后尚未实施的网络计划进行工期优化,即用缩短关键线路上后续工作持续时间的方法使总工期满足规定工期的要求。

以上三种情况均是以总工期为限制条件调整进度计划的。值得注意的是,当某项工作实际进度拖延的时间超过其总时差需要对进度计划进行调整时,除需考虑总工期的限制条件外,还应考虑网络计划中后续工作的限制条件,特别是对总进度计划的控制更应注意这一点。因为在这类网络计划中,后续工作也许就是一些独立的合同段。时间上的任何变化,都会带来协调上的麻烦或者引起索赔。因此,当网络计划中某些后续工作对时间的拖延有限制时,同样需要以此为条件,按前述方法进行调整。

《水利工程进度管理规定》(水利部令第7号),《中华人民共和国合同法》,《中华人民共和国建筑法》,《水利技术标准编写规定》(SL 1—2014)。

【应用实例3-5】 某水利工程经监理人批准的施工网络进度计划如图3-12所示(单位:d)。

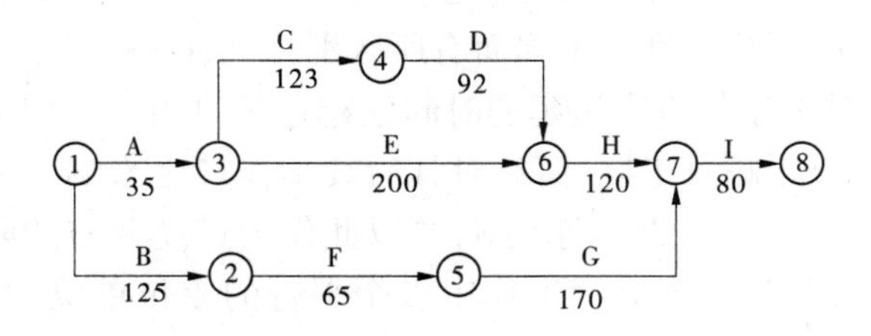

图3-12　施工网络进度计划

合同约定:如工程工期提前,奖励标准为10 000元/d;如工程工期延误,支付违约金标准为10 000元/d。

当工程施工按计划进行到第110天末时,因承包人的施工设备故障造成E工作中断施工。为保证工程顺利完成,有关人员提出以下施工调整方案:

方案一:修复设备。设备修复后E工作继续进行,修复时间是20 d。

方案二:调剂设备。B 工作所用的设备能满足 E 工作的需要,故使用 B 工作的设备完成 E 工作未完成工作量,其他工作均按计划进行。

方案三:租赁设备。租赁设备的运输安装调试时间为 10 d。设备正式使用期间支付租赁费用,其标准为 350 元/d。

1. 问题

(1)计算施工网络进度计划的工期以及 E 工作的总时差,并指出施工网络进度计划的关键线路。

(2)若各工作均按最早开始时间施工,简要分析采用哪个施工调整方案较合理。

2. 分析与解答

(1)可用工作(节点)计算法计算,也可用标号法确定计划工期。

计划工期为 450 d,E 工作的总时差为 15 d。

关键线路为:A→C→D→H→I(①→③→④→⑥→⑦→⑧)。

(2)从工期和费用两方面进行分析:

方案一:设备修复时间为 20 d,E 工作的总时差为 15 d,影响工期 5 d,且增加的工期延期的违约费用为 1×5=5(万元)。

方案二:B 工作第 125 天末结束,E 工作将推迟 15 d 完成,但不超过 E 工作的总时差,也就是计划工期仍为 450 d,不影响工期;不增加费用。

方案三:租赁设备安装调试 10 d,不超过 E 工作的总时差,不影响工期,E 工作还需工作 125 d,增加设备租赁费用为 43 750 元(350 元/d×125 d=43 750 元)。

三个方案综合比较,方案二合理。

【课堂自测】

项目三任务二课堂自测练习

任务三 水利工程施工成本管理

一、施工项目成本管理概述

施工项目成本是在施工过程中所发生的全部生产费用的总和,也就是建筑企业以施工项目作为核算对象,在施工过程中所耗费的生产资料转移价值和劳动者必要劳动所创造的价值的货币形式。它包括所消耗的主辅材料、构配件、周转材料的摊销费或租赁费、施工机械的材料费或租赁费、支付给生产工人的工资和奖金,以及在施工现场进行施工组织与管理所发生的全部费用。

施工项目成本是建筑企业的主要产品成本,一般以单位工程为成本核算的对象,通过各单位工程成本核算的综合来反映施工项目的施工成本。

(一)施工项目成本构成

建筑企业在施工项目施工过程中所发生的各项费用支出,按照国家规定计入成本费用。按成本的经济性质和国家的规定,施工项目成本由直接成本和间接成本组成,见表3-10所示。

表3-10 施工项目成本

直接成本	基本直接费	人工费
		材料费
		施工机械使用费
	其他直接费	环境保护费、文明施工费、安全施工费
		临时设施费、夜间施工费、二次搬运费
		大型机械设备进出场及安装费
		混凝土、钢筋混凝土模板及支架费
		脚手架费、已完成工程及设备保护费、施工排水、降水费
间接成本	规费	工程排污费、工程定额测定费、住房公积金
		社会保障费,包括:养老、失业、医疗保险费
		危险作业意外伤害保险费
	企业管理费	管理人员工资、办公费、差旅交通费、工会经费
		固定资产使用费、工具用具使用费、劳动保险费
		职工教育经费、财产保险费、财务费
		税金,包括房产税、车船使用税、土地使用税、印花税

(二)施工项目成本分类

根据建筑产品的特点和成本管理的要求,施工项目成本可进行以下划分。

1.预算成本、计划成本和实际成本

按成本水平和作用不同,施工成本可分为预算成本、计划成本和实际成本。

(1)预算成本,是按建筑安装工程实物量和国家(或地区、企业)制定的预算定额及取费标准计算的社会平均成本或企业平均成本;是以施工图预算为基础进行分析、预测和计算确定的,是控制成本支出、衡量和考核项目实际成本节约与超支的重要尺度。

(2)计划成本,是在预算成本的基础上,根据企业自身的要求,结合施工项目的技术特点、自然地理特征、劳动力素质、设备情况等确定的标准成本,即目标成本。计划成本是控制项目成本支出的标准,也是成本管理的目标。

(3)实际成本,是施工项目在施工过程中实际发生的可以列入成本支出的各项费用的总和,是工程项目施工活动中劳动耗费的综合反映。

三种成本的比较,可以反映出施工成本管理的水平和成效。实际成本与计划成本比

较,可以揭示出成本的节约与超支情况。实际成本与预算成本比较则反映工程的盈亏。

2. 固定成本和变动成本

按生产费用与工程量之间的关系可分为固定成本和变动成本。

(1)固定成本,是指在一定的期间和一定的工程量范围内,发生的成本额不受工程量增减变动的影响而相对固定的成本,如折旧费、大修理费、管理人员工资、办公费等。所谓固定,是指总额固定,分配到每个项目单位工程量上的费用则是变动的。

(2)变动成本,是指发生总额随着工程量的增减变动而成正比例变动的费用,如直接用于工程的材料费、人工费等。

将施工过程中发生的全部费用划分为固定成本和变动成本,对于成本管理和成本决策具有重要的作用。它是成本控制的前提条件。

(三)施工项目成本管理

施工项目成本管理通常是指在项目成本的形成过程中,对生产经营所消耗的人力资源、物资资源和费用开支,进行指导、监督、调节和限制,及时纠正将要发生和已经发生的偏差,把各项生产费用控制在计划成本范围之内,以保证成本目标的实现。

进行项目成本管理时,项目经理部应建立以项目经理为中心的成本控制体系,按内部各岗位和作业层进行成本目标分解,明确各管理人员和作业层的成本责任、权限及相互关系。企业应建立和完善项目管理层作为成本控制中心,并为项目成本控制创造优化配置生产要素和实施动态管理的环境与条件。项目经理部应对施工过程中发生的、在项目经理部管理职责权限内能控制的各种消耗和费用进行成本控制,成本目标一旦确定,项目经理部的主要职责就是通过组织施工生产、加强过程控制,确保成本目标的实现。

工程项目建设过程中,成本管理的任务包括成本预测、成本计划、成本控制、成本核算、成本分析和成本考核。

1. 施工项目成本预测

施工项目成本预测是通过成本信息和施工项目的具体情况,并运用一定的专门方法,对未来的成本水平及其可能的发展趋势做出科学的估计,这是施工企业在项目施工以前对成本进行的核算。成本预测可以使项目经理部在满足业主和企业要求的前提下,选择成本低、效益好的最佳成本方案,并能够在施工项目成本形成过程中,针对薄弱环节,加强成本控制,克服盲目性,提高预见性。因此,施工企业对项目成本预测是施工项目成本决策与计划的依据。

2. 施工项目成本计划

施工项目成本计划是项目经理部对项目成本进行计划管理的工具。它是以货币形式编制施工项目在计划期内的生产费用、成本水平、成本降低率,以及为降低成本所采取的主要措施和规划的书面方案,是建立施工项目成本管理责任制、开展成本控制和核算的基础。一般来说,一个施工项目成本计划应包括从开工到竣工所必需的施工成本,它是该施工项目降低成本的指导性文件,是设立目标成本的依据。可以说,成本计划是目标成本的一种形式。

3. 施工项目成本控制

施工项目成本控制是在施工过程中,对影响施工成本的各种因素加强管理,并采取各种有效措施，将施工中实际发生的各种消耗和支出严格控制在成本计划范围之内；通过动态监控并及时反馈，严格审查各项费用是否符合标准，计算实际成本和计划成本之间的差异并进行分析，进而采取多种措施，减少或消除施工中的损失浪费。

建设工程项目施工成本控制应贯穿于项目从投标阶段开始直至保证金返还的全过程，它是企业全面成本管理的重要环节。因此，在进行成本控制时，应按照下列要求进行。

(1)要按照计划成本目标值来控制生产要素的采购价格，并认真做好材料、设备进场数量和质量的检查、验收与保管。

(2)要控制生产要素的利用效率和消耗定额，如任务单管理、限额领料、验工报告审核等。同时要做好不可预见成本风险的分析和预控，包括编制相应的应急措施等。

(3)控制影响效率和消耗量，进而引起成本增加的其他因素(如工程变更等)。

(4)把施工成本管理责任制度与对项目管理者的激励机制结合起来，以增强管理人员的成本意识，提高成本控制的能力。

(5)承包人必须有一套健全的财务管理制度，按照规定的权限和程序对项目资金的使用和费用的结算支付进行审批，使其成为施工成本控制的一个重要手段。

4. 施工项目成本核算

施工项目成本核算是正确及时地核算施工过程中发生的各种费用，计算施工项目的实际成本，即进行施工成本核算。它包括两个基本环节：一是按照规定的成本开支范围对施工费用进行归集，计算出施工费用的实际发生额；二是根据成本核算对象，采用适当的方法计算出该施工项目的总成本和单位成本。施工项目成本核算所提供的各种成本信息，是成本预测、成本计划、成本控制、成本分析和成本考核等环节的依据。

施工成本核算一般以单位工程为对象，但也可以按照承包工程项目的规模、工期、结构类型、施工组织和施工现场等情况，结合成本管理要求，灵活划分成本核算对象。施工成本核算的基本内容包括：

(1)人工费核算。

(2)材料费核算。

(3)周转材料费核算。

(4)结构件费核算。

(5)机械使用费核算。

(6)措施费核算。

(7)分包工程成本核算。

(8)企业管理费核算。

(9)项目月度施工成本报告编制。

5. 施工项目成本分析

施工项目成本分析是在施工成本跟踪核算的基础上，动态分析成本项目的节约、超支原因的工作，它贯穿于施工项目成本管理的全过程。施工项目成本分析是利用施工项目成本核算的资料(成本信息)，与目标成本(计划成本)、预算成本以及类似的施工项目的实际成本等进行比较，了解成本的变动情况；同时也要分析主要技术经济指标对成本的影响。系统地研究成本变动的因素，检查成本计划的合理性，并通过成本分析，深入揭示成本变动的规律，寻找降低施工成本的途径，以便有效地进行成本控制，减少施工中的浪费，加强施工项目的全员成本管理。

6.施工项目成本考核

所谓施工项目成本考核，就是施工完成后，对施工项目成本形成中的各责任者，按施工项目成本目标责任制的有关规定，将成本的实际指标与计划、定额、预算进行对比和考核，评定施工项目成本计划的完成情况和各责任者的业绩，并以此给以相应的奖励和处罚的过程。通过成本考核，做到有奖有惩，赏罚分明，有效调动企业每名职工的积极性。

施工项目成本考核是衡量成本降低的实际成果，也是对成本指标完成情况的总结和评价。成本考核制度包括考核的目的、时间、范围、对象、方式、依据、指标、组织领导、评价与奖惩原则等内容。

综上所述，施工项目成本控制系统中每一个环节都是相互联系和相互作用的。成本预测是成本决策的前提，成本计划是成本决策确定目标的具体化。成本计划的实施过程则是对成本计划的实施进行控制和监督，保证决策中成本目标的实现，而成本核算是对成本计划是否实现的最后检验。核算所提供的成本信息为下一个施工项目的成本预测和决策提供基础资料。成本考核是实现成本目标责任制的保证和实现决策目标的重要手段。

二、施工项目成本计划

计划管理是一切管理活动的首要环节，施工项目成本计划是在预测和决策的基础上对成本的实施做出的计划性安排和布置，是施工项目降低成本的指导性文件。

（一）施工成本计划的编制依据和原则

1.施工成本计划的编制依据

施工成本计划是施工项目成本控制的一个重要环节，是实现降低施工成本任务的指导性文件。

施工成本计划依据以下几方面：

(1)合同文件。

(2)项目管理实施规划。

(3)相关设计文件。

(4)价格信息。

(5)相关定额。

(6)类似项目的成本资料。

2.施工成本计划的编制原则

(1)从实际出发。根据国家的方针政策，从企业的实际情况出发，充分挖掘企业内部潜力，使降低成本指标切实可行。

(2)与其他目标计划相结合。制订工程项目成本计划必须与其他各项计划(如施工方案、生产进度、财务计划等)密切结合。

(3)采用先进的经济技术定额的原则。根据施工的具体特点有针对性地采取切实可行的技术组织措施来保证。

(4)统一领导、分级管理。在项目经理的领导下，以财务和计划部门为中心，发动全体职工共同总结降低成本的经验,找出降低成本的正确途径。

(5)弹性原则。应留有充分的余地,保持目标成本的一定弹性。

(二)施工成本计划编制的程序和内容

1. 施工成本计划编制的程序

编制成本计划的程序,因项目的规模大小、管理要求不同而不同,大中型项目一般采用分级编制的方式,即先由各部门提出部门成本计划,再由项目经理部汇总编制全项目工程的成本计划;小型项目一般采用集中编制方式,即由项目经理部先编制各部门成本计划,再汇总编制全项目的成本计划。无论采用哪种方式,其编制的基本程序如下:

(1)预测项目成本;

(2)确定项目总体成本目标;

(3)编制项目总体成本计划;

(4)项目管理机构与组织的职能部门根据其责任成本范围,分别确定自己的成本目标,并编制相应的成本计划;

(5)针对成本计划制订相应的控制措施;

(6)由项目管理机构与组织的职能部门负责人分别审批相应的成本计划。

2. 施工成本计划编制的内容

1)编制说明

编制说明指对工程的范围,投标竞争过程及合同文件,承包人对项目经理提出的责任成本目标,施工成本计划编制的指导思想和依据等的具体说明。

2)施工成本计划的指标

施工成本计划的指标应经过科学的分析预测确定,可采用对比法、因素分析法等进行测定。一般情况下,施工成本计划有以下三类指标:

(1)成本计划的数量指标;

(2)成本计划的质量指标;

(3)成本计划的效益指标。

3)按工程量清单列出的单位工程计划成本汇总表

按工程量清单列出的内容运用清单计价法将单位工程计划成本进行汇总。

4)按成本性质划分的单位工程成本汇总表

根据工程清单项目的造价分析,分别对人工费、材料费、施工机械使用费、措施费、企业管理费和税费进行汇总,形成单位工程成本汇总表。

(三)施工成本计划编制的方法

施工成本计划的编制以成本预测为基础,关键是确定目标成本。计划的制订需结合施工组织设计的编制过程,通过不断地优化施工技术方案和合理配置生产要素,进行工、料、机消耗的分析,制订一系列节约成本的措施,确定施工成本计划。

1. 按施工成本构成编制施工成本计划

施工成本按照成本构成分解为人工费、材料费、施工机械使用费和企业管理费等。在此基础上,编制按施工成本构成分解的施工成本计划。

2. 按施工项目组成编制

大中型工程项目通常是由若干单项工程构成的,每个单项工程又包含若干单位工程,每个单位工程又包含了若干分部分项工程。因此,首先把项目总施工成本分解到单项工程和单位工程中,再进一步分解到分部工程和分项工程中。接下来就要具体地分配成本,编制分项工程的成本支出计划,从而得到详细的成本计划表。

在编制成本支出计划时,要在项目总体方面考虑预备费,也要在主要的分项工程中安排适当的不可预见费,避免在具体编制成本计划时,由于某项内容工程量计算有较大出入,使原来的成本预算失实。

3. 按施工进度编制

编制按工程进度的施工成本计划,通常可利用控制项目进度的网络图进一步扩充而得到。在建立网络图时,一方面确定完成各项工作所需花费的时间;另一方面确定完成这一工作的合适的施工成本支出计划。通过对施工成本目标按时间进行分解,在网络计划的基础上,可获得项目进度计划的横道图,并在此基础上编制成本计划。其表示方式有两种:一种是在时标网络图上按月编制的成本计划;另一种是利用时间—成本累计曲线(S形曲线)表示。

时间—成本累计曲线的绘制步骤如下:

(1)确定工程项目进度计划,编制进度计划的横道图。

(2)根据每单位时间内完成的实物工程量或投入的人力、物力和财力,计算单位时间(月或旬)的成本,在时标网络图上按时间编制成本支出计划。

(3)计算规定时间计划累计支出的成本额,其计算方法为:各单位时间计划完成的成本额累加求和。

(4)按各规定时间的 a 值绘制S形曲线。

每一条S形曲线都对应某一特定的工程进度计划。因为在进度计划的非关键线路中存在许多有时差的工序或工作,因而S形曲线(成本计划值曲线)必然包络在由全部工作都按最早开始时间开始和全部工作都按最迟必须开始时间开始的曲线所组成的香蕉曲线内。项目经理可根据编制的成本支出计划来合理安排资金,同时项目经理也可以根据筹措的资金来调整S形曲线,即通过调整非关键线路上的工序项目的最早或最迟开工时间,力争将实际的成本支出控制在计划的范围内。

一般而言,所有工作都按最迟开始时间开始,对节约资金贷款利息是有利的;但同时,也降低了项目按期竣工的保证率,因此项目经理必须合理地确定成本支出计划,以达到既节约成本支出,又能控制项目工期的目的。

以上三种编制施工成本计划的方式并不是相互独立的。在实践中,往往是将这几种方式结合起来使用,从而可以取得扬长避短的效果。例如,将按项目分解总施工成本与按施工成本构成分解总施工成本两种方式相结合,横向按施工成本构成分解;纵向按项目分解;或相反。这种分解方式有助于检查各分部分项工程施工成本构成是否完整,有无重复计算或漏算;同时还有助于检查各项具体的施工成本支出的对象是否明确或落实,并且可以从数字上校核分解的结果有无错误。

三、施工项目成本控制

（一）施工项目成本控制的任务

施工项目的成本控制应伴随项目建设进程逐渐展开，同时要注意各个时期的特点和要求。各个阶段的工作内容不同，成本控制的主要任务也不同。

1. 施工前期的成本控制

在工程投标阶段，成本控制的主要任务是编制适合本企业施工管理水平和施工能力的报价。

（1）根据工程概况和招标文件，以及建筑市场和竞争对手的情况，进行成本预测，提出投标决策意见。

（2）中标以后，应根据项目的建设规模，组建与之相适应的项目经理部，同时以标书为依据确定项目的成本目标，并下达给项目经理部。

2. 施工准备阶段

（1）根据设计图纸和有关技术资料，对施工方法、施工顺序、作业组织形式、机械设备选型、技术组织措施等进行认真的研究分析，并运用价值工程原理，制订出科学先进、经济合理的施工方案。

（2）根据企业下达的成本目标，以分部（单元）工程的实物工程量为基础，联系劳动定额、材料消耗定额和技术组织措施的节约计划，在优化施工方案的指导下，编制明细、具体的成本计划，并按照部门、施工队和班组的分工进行分解，作为部门、施工队和班组的责任成本落实下去，为今后的成本控制做好准备。

（3）间接费用预算的编制。根据项目建设时间的长短和参加建设人数的多少，编制间接费用预算，并对上述预算进行明细分解，以项目经理部有关部门（或业务人员）责任成本的形式落实下去，为今后控制和绩效考评提供依据。

3. 施工阶段的成本控制

施工阶段成本控制的主要任务是确定项目经理部的成本控制目标，在项目经理部建立成本管理体系，将项目经理部各项费用指标进行分解以确定各个部门的成本控制指标，加强成本的过程控制。

（1）加强施工任务单和限额领料单的管理，特别要做好每一个分部分项工程完成后的验收（包括实际工程量的验收和工作内容、工程质量、文明施工的验收），以及对实耗工、实耗材料的数量核对，以保证施工任务单和限额领料单的结算资料绝对正确，为控制成本提供真实可靠的数据。

（2）将施工任务单和限额领料单的结算资料与施工预算进行核对，计算分部分项工程成本差异，分析差异产生的原因，并采取有效的纠偏措施。

（3）做好月度成本原始资料的收集和整理，正确计算月度成本，分析月度预算成本与实际成本的差异。一般的成本差异要在充分注意不利差异的基础上，认真分析差异产生的原因，以防对后续作业成本产生不利影响或因质量低劣而造成返工损失；对于盈亏比异常的现象要特别重视，并在查明原因的基础上采取果断措施，尽快加以纠正。

（4）在月度成本核算的基础上，实行责任成本核算。也就是利用原有会计核算的资料重新按责任部门或责任者归集成本费用，每月结算一次，并与责任成本进行对比，由责任部门或责任者自行分析成本差异和产生差异的原因，自行采取措施纠正差异，为全面实现责任成本创造条件。

(5)经常检查对外经济合同的履约情况，为顺利施工提供物质保障。如遇拖期或质量不符合要求的情况，应根据合同规定向对方索赔；对缺乏履约能力的单位要采取果断措施，即中止合同，并另找可靠的合作单位，以免影响施工，造成经济损失。

(6)定期检查各责任部门和责任者的成本控制情况，检查成本控制责、权、利的落实情况(一般为每月一次)。如发现成本差异偏高或偏低的情况，应会同责任部门或责任者分析产生差异的原因，并督促他们采取相应的对策来纠正差异；如有因责、权、利不到位的情况，应针对责、权、利不到位的原因，调整有关各方的关系，根据责、权、利相结合的原则，使成本控制工作顺利进行。

4.竣工验收阶段的成本控制

(1)精心安排、干净利落地完成工程竣工扫尾工作。从现实情况看，很多工程一到竣工扫尾阶段，就把主要施工力量抽调到其他在建工程上，以致扫尾工作拖拖拉拉，战线拉得很长，机械、设备无法转移，成本费用照常发生，使在建阶段取得的经济效益逐步流失。因此，一定要精心安排，把竣工扫尾时间缩短到最少。

(2)重视竣工验收工作，顺利交付使用。在验收以前，要准备好验收所需要的各种书面资料(包括竣工图)送甲方备查；对验收中甲方提出的意见，应根据设计要求和合同内容认真处理，如果涉及费用，应请甲方签证，列入工程结算。

(3)及时办理工程结算。一般来说，工程结算造价等于原施工图预算加上或减去增减账。但在施工过程中，有些按实际结算的经济业务，是由财务部门直接支付，项目预算员并不掌握，往往在工程结算时遗漏。因此，在办理工程结算以前，项目预算员和成本员进行一次认真、全面的核对。

(4)在工程保修期间，项目经理指定保修工作的责任者，并责成保修责任者根据实际情况提出保修计划(包括费用计划)，以此作为控制保修费用的依据。

(二)施工项目成本控制的内容

1.材料费的控制

材料费的控制按照“量价分离”的原则：一是进行材料用量的控制；二是进行材料价格的控制。

1)材料用量的控制

在保证符合设计规格和质量标准的前提下，要合理使用材料和节约使用材料，要通过定额管理、计量管理以及施工质量控制，避免返工等来有效地控制材料物资的消耗。

(1)定额控制。对于有消耗定额的材料，项目以消耗定额为依据，实行限额发料制度。项目各工长只能在规定限额内分期分批领用材料，需要超过限额领用的材料，必须先查明原因，经过一定审批手续方可领料。

(2)指标控制。没有消耗定额的材料要实行计划管理和指标控制的办法进行控制。根据长期实际耗用材料，结合当月具体情况和节约要求，制订领用材料指标，据以控制发料。超过指标领用材料必须经过一定的审批手续方可领用。

(3)计量控制。为准确核算项目实际材料成本,保证材料消耗准确,在各种材料进场时,项目材料员必须准确计量,查明是否发生损耗或短缺,如有发生,则要查明原因,明确责任。发料过程中,要严格计量,防止多发或少发。

(4)包干控制。在材料使用的过程中,部分小型或零星材料采用以钱代物、包干发放的办法进行控制。具体的做法:根据工程量结算处所需材料,将其折算成现金,每月结算时发给施工班组,一次包死,班组需要用料时,再从项目材料员购买,超支部分由班组自负,节约部分归班组所得。

2)材料价格的控制

材料价格主要由材料采购部门在采购中加以控制。由于材料价格是由出厂价、运杂费、运输中保管费组成的,因此可以通过市场信息、询价、应用竞争机制和经济合同手段等来控制价格。

损耗控制验收人员应及时、严格办理验收手续,准确计量,以防止将损耗或短缺计入材料。

2. 人工费的控制

人工费的控制采取与材料控制相同的原则,实行"量价分离"。人工用工数通过项目经理与施工劳务承包人的承包合同,按照内部施工图预算、钢筋翻样单或模板量计算出定额人工工日,并考虑将安全生产、文明施工及零星用工按定额工日的一定比例一起发包。

3. 施工机械使用费的控制

施工机械使用费主要由台班数量和台班单价两方面决定,为有效控制台班费支出,主要从以下几方面进行控制:

(1)合理安排施工生产,加强设备租赁计划管理,减少因安排不当而引起的设备闲置。

(2)加强机械设备的调度工作,尽量避免窝工,提高现场设备利用率。

(3)加强现场设备的维修保养,避免因不正当使用而造成机械设备的停置。

(4)做好上机人员与辅助生产人员的协调与配合,提高机械台班产量。

4. 管理费的控制

现场施工管理费在成本中占有一定比例,其控制与核算都较难把握,在使用和开支时弹性较大,主要采取以下措施:

(1)根据现场施工管理费占施工项目计划总成本的比例,确定施工项目经理部施工管理费总额。

(2)在施工项目经理的领导下,编制项目经理部施工管理费总额预算和各管理部门、各施工作业面的施工管理费预算,作为现场施工管理费的控制依据。

(3)制定施工项目管理开支标准和范围,落实各部门人员岗位的控制责任。

(4)制定并严格执行施工项目经理部的施工管理费使用的审批、报销程序。

(三)施工成本控制的方法

1. 赢得值(挣值)法(EVE)

赢得值法作为一项先进的项目管理技术,最初是美国国防部于1967年首次确立的。截至目前,国际上先进的工程公司已普遍采用赢得值法进行工程项目的费用、进度综合分析控制。其基本参数有三项,即已完工作预算费用、计划工作预算费用和已完工作实际费用。

1)赢得值法的三个基本参数

(1)已完工作预算费用(*BCWP*)。

已完工作预算费用是指在某一时间已经完成的工作(或部分工作),以批准认可的预算为标准所需要的资金总额,由于业主正是根据这个值为承包人完成的工作量支付相应的费用,也就是承包人获得的金额,故称赢得值或挣值。

已完工作预算费用(*BCWP*) = 已完成工作量 × 预算单价　(3-7)

(2)计划工作预算费用(*BCWS*)。

计划工作预算费用是指在某一时刻应当完成的工作(或部分工作),以预算为标准所需要的资金总额,一般来说,除非合同有变更,*BCWS* 在工程实施过程中应保持不变。

计划工作预算费用(*BCWS*) = 计划工作量 × 预算单价　(3-8)

(3)已完工作实际费用(*ACWP*)。

已完工作实际费用是指到某一时刻为止,已完成的工作(或部分工作)所实际花费的总金额。

已完工作实际费用(*ACWP*) = 已完成工作量 × 实际单价　(3-9)

2)赢得值法的四个评价指标

在这三个基本参数的基础上,可以确定赢得值法的四个评价指标,它们都是时间的函数。

(1)费用偏差(*CV*)。

费用偏差(*CV*) = 已完工作预算费用(*BCWP*) - 已完工作实际费用(*ACWP*)　(3-10)

当费用偏差 *CV* 为负值时,即表示项目运行超出预算费用;当费用偏差 *CV* 为正值时,表示项目运行节支,实际费用没有超出预算费用。

(2)进度偏差(*SV*)。

进度偏差(*SV*) = 已完工作预算费用(*BCWP*) - 计划工作预算费用(*BCWS*)　(3-11)

当进度偏差 *SV* 为负值时,表示进度延误,即实际进度落后于计划进度;当进度偏差 *SV* 为正值时,表示进度提前,即实际进度快于计划进度。

(3)费用绩效指数(*CPI*)。

费用绩效指数(*CPI*) = 已完工作预算费用(*BCWP*)/已完工作实际费用(*ACWP*)　(3-12)

当费用绩效指数(*CPI*) <1 时,表示超支,即实际费用高于预算费用;

当费用绩效指数(*CPI*) >1 时,表示节支,即实际费用低于预算费用。

(4)进度绩效指数(*SPI*)。

进度绩效指数(*SPI*) = 已完工作预算费用(*BCWP*)/计划工作预算费用(*BCWS*)　(3-13)

当进度绩效指数(*SPI*) <1 时,表示进度延误,即实际进度比计划进度拖后;

当进度绩效指数(*SPI*) >1 时,表示进度提前,即实际进度比计划进度快。

费用(进度)偏差反映的是绝对偏差,结果很直观,有助于费用管理人员了解项目费用出现偏差的绝对数额，并采取一定措施，制订或调整费用支出计划和资金筹措计划。但是，绝对偏差有其不容忽视的局限性。例如同样是10万元的费用偏差，对于总费用1 000万元的项目和总费用1亿元的项目而言，其严重性显然是不同的。因此，费用（进度）偏差仅适合于对同一项目做偏差分析。费用（进度）绩效指数反映的是相对偏差，它不受项目层次的限制，也不受项目实施时间的限制，因而在同一项目和不同项目比较中均可采用。

3）偏差分析的表示方法

偏差分析可以采用不同的表达方法，常用的有横道图法和曲线法。

（1）横道图法。

用横道图法进行费用偏差分析，是用不同的横道标识已完工作预算费用（*BCWP*）、计划工作预算费用（*BCWS*）和已完工作实际费用（*ACWP*），横道的长度与其金额成正比。

横道图法具有形象、直观、一目了然等优点，它能准确表达出施工成本的绝对偏差，而且能一眼感受到偏差的严重性。但这种方法反映的信息量少，一般在项目的较高管理层应用。

（2）曲线法。

曲线法是用时间—成本累计曲线（S形曲线）来进行施工成本偏差分析的一种方法。在项目实施的过程中，将计划工作预算费用（*BCWS*）、已完工作预算费用（*BCWP*）、已完工作实际费用（*ACWP*）绘制成三条S形曲线，如图3-13所示。

$$ES_{i-j} = 0 \quad (i = 1)$$

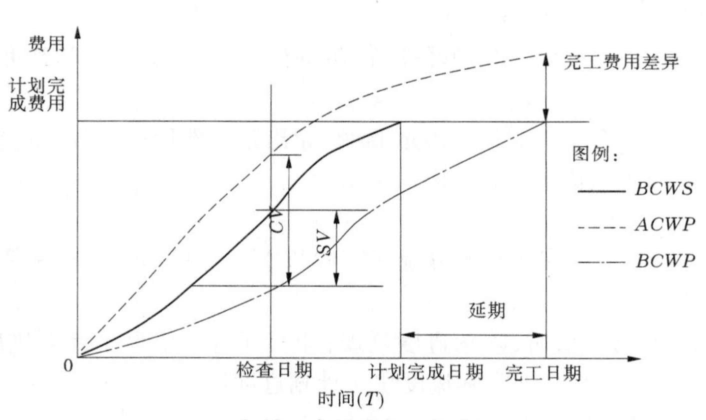

图3-13　赢得值法评价曲线

图3-13中：$CV = BCWP - ACWP$，由于两项参数均以已完工作为计算基准，所以两项参数之差反映项目进展的费用偏差。

$SV = BCWP - BCWS$，由于两项参数均以预算值（计划值）作为计算基准，所以两者之差反映项目进展的进度偏差。

四、施工项目成本核算

（一）施工项目成本核算的作用

施工项目成本核算在施工项目管理中的作用体现在两个方面：一方面是施工项目进行成本预测、制订成本计划和实行成本控制所需信息的重要来源；另一方面是施工项目进行成本分析和成本考核的依据。

（二）施工项目成本核算的对象

成本核算对象是指在计算工程成本中，确定归集和分配生产费用的具体对象，即生产费用承担的客体。成本计算对象的确定是设立工程成本明细分类账户、归集和分配生产费用以及正确计算工程成本的前提。

施工项目成本一般应以每一独立编制施工图预算的单位工程为成本核算对象，但也可以按照承包工程项目的规模、工期、结构类型、施工组织和施工现场等情况，结合成本管理要求，灵活划分核算对象。一般来说，成本核算对象有以下几种划分方法：

（1）一个单位工程由几个施工单位共同施工时，各施工单位都应以同一单位工程为成本核算对象，各自核算自行完成的部分。

（2）规模大、工期长的单位工程，可以将工程划分为若干部位，以分部工程作为成本核算对象。

（3）同一建设项目由同一施工单位施工，并在同一施工地点，属同一结构类型，开竣工时间相近的若干单位工程可以合并作为一个成本核算对象。

（4）改建、扩建的零星工程可以将开竣工时间相接近、属于同一建设项目的各个单位工程合并作为一个成本核算对象。

（5）土石方工程、打桩工程可以根据实际情况，以一个工程项目为成本核算对象，或将同一施工地点的若干个工程量较少的工程项目合并，作为一个成本核算对象。

（三）施工项目成本核算的内容

1. 人工费核算

内包人工费是指管理层和作业层两层分开后企业所属的劳务分公司（内部劳务市场自有劳务）和项目经理部签订的劳务合同结算的全部工程价款，适用于类似外包工程的合同定额结算支付办法，按月结算并计入项目单位工程成本。

外包人工费是指按企业或项目经理部与劳务分包公司或直接与劳务分包公司签订的包清工合同，以当月验收完成的工程实物量计算出定额工日数乘以合同人工单价确定的人工费。

上述内包、外包合同履行完毕，根据分部单元的工期、质量、安全等验收考核情况，进行合同结算，以结账单按实据来调整项目实际成本。

2. 材料费核算

工程耗用的材料根据限额领料单、退料单、报损报耗单、大堆材料耗用计算单等，由项目材料员按单位工程编制“材料耗用汇总表”计入项目成本。

3. 周转材料费核算

（1）周转材料实行内部租赁制，以租费的形式反映其消耗情况，按“谁租用谁负担”的原则，核算其项目成本。

（2）按周转材料租赁办法和租赁合同，由出租方与项目经理部按月结算租赁费。租赁费按租用的数量、时间和内部租赁单价计算，计入项目成本。

（3）周转材料在调入移出时，项目经理部必须加强计量验收制度，如有短缺、损坏，一律按原价赔偿，计入项目成本。

（4）租用周转材料的进退场运费，按其实际发生数由调入项目负担。

(5)对于一些零星的部件，考虑到其比较容易散失，按照规定实行定额计提摊耗，摊耗数计入项目成本，相应减少月租赁数及租赁费。单位工程竣工后，必须进行盘点，盘点后的实物数与前期逐月按控制定额摊销后的数量差，据实调整清算，计入成本。

(6)实行租赁制的周转材料，一般不再分配负担周转材料差价。退场后发生的修复整理费用应由出租单位编制出租成本核算，不再向项目另行收费。

4. 施工机械使用费核算

(1)机械设备租赁办法和租赁合同，由机械设备租赁单位与项目经理部按月结算租赁费。租赁费根据机械设备使用台班、停置台班和内部租赁单价计算，计入成本。

(2)机械设备实行内部租赁制，以租赁费形式反映其消耗情况，按“谁租用谁负担”的原则，核算其项目成本。

(3)机械设备进场费，按规定由承租项目负担。

(4)项目经理部租赁的各类大中小型机械，其租赁费全额计入项目机械使用费成本。

(5)根据内部机械设备租赁市场运行规则要求，结算原始凭证由项目指定专人签证开班和停班数，据以结算费用。现场机、电、修等操作工奖金由项目考核支付，计入项目机械使用费成本，并分配到有关单位工程。

5. 其他直接费核算

项目施工生产过程中实际发生的其他直接费，能分清受益对象的，应直接计入受益成本核算对象的工程施工的“其他直接费”中，如与若干个成本核算对象有关的，可先归集到项目经理部的“其他直接费”中，再按规定的方法分配计入有关成本核算对象的工程施工的“其他直接费”成本项目内。

(1)施工过程中的材料二次搬运费，按项目经理部向劳务公司包天或包月租费进行结算，或以运输公司的汽车运费计算。

(2)临时设施摊销费按项目经理部搭建的临时设施总价除以项目合同工期求出每月应摊销额，临时设施使用一个月摊销一个月，摊销完为止。项目竣工搭拆差额按实际调整成本。

(3)生产工具、用具的使用费。大型机动工具、用具等可以套用类似内部机械租赁办法，以租赁形式计入成本，也可按购置费用一次摊销法计入项目成本，并做好在用工具实物借用记录，以便反复使用。工具、用具的修理费按实际发生数计入成本。

(4)除上述外的其他直接费，均应按实际发生的有效结算凭证计入项目成本。

6. 施工间接费核算

(1)项目经理部工资总额每月要正确核算，以此计提职工福利费、工会经费、教育经费、劳保统筹费等。

(2)内部银行的存贷利息，计入“内部利息”。

(3)施工间接费先在项目“施工间接费”总账目归集，再按一定的分配标准计入受益成本核算对象。

五、施工项目成本分析

施工项目成本分析就是在成本核算的基础上采用一定的方法，对所发生的成本精心比较分析,检查成本发生的合理性,找出成本的变动规律,寻求降低成本途径的过程。施工项目成本分析的基本方法有比较法、因素分析法、差额计算法、比率法等几种。

(一)比较法

比较法也叫对比分析法,就是通过技术经济指标的对比,检查目标的完成情况,分析产生差异的原因,进而挖掘内部潜力的方法。这种方法具有通俗易懂、简单易行、便于掌握的特点,因而得到广泛的应用,但在应用时必须注意各技术经济指标的可比性。比较法的应用通常有以下形式:

(1)将实际指标与目标指标对比。通过这种对比来检查目标完成情况,分析影响目标完成的积极因素和消极因素,以便及时采取措施,保证成本目标的实现。在进行实际指标与目标指标对比时,还应注意目标本身有无问题。如果目标本身出现问题,则应调整目标,重新正确评价实际工作的成绩。

(2)本期实际指标与上期实际指标对比。通过这种对比,可以看出各项技术经济指标的变动情况,反映施工管理水平的提高程度。

(3)与本行业平均水平、先进水平对比。这种对比可以反映本项目的技术管理和经济管理与行业的平均水平和先进水平的差距,进而采取措施以赶超先进水平。

(二)因素分析法

因素分析法又称为连环置换法,这种方法可用分析各种因素对成本的影响程度。在进行分析时,首先要假定众多因素中的一个因素发生变化,其他因素则不变,然后逐个替换,分别比较其计算结果,以确定各个因素的变化对成本的影响程度。因素分析法的计算步骤如下:

(1)确定分析对象,并计算出实际数与目标数的差异。

(2)确定该指标是由哪几个因素组成的,并按其相互关系进行排序(排序原则:先实物量,后价值量;先绝对值,后相对值)。

(3)以目标数为基础,将各因素的目标数相乘,作为分析替代的基数。

(4)将各个因素的实际数按上面的排列顺序进行替换计算,并将替换后的实际数保留下来。

(5)将每次替换计算所得的结果与前一次的计算结果比较,两者的差异即为该因素对成本的影响程度。

(6)各个因素的影响程度之和应与分析对象的总差异相等。

【应用实例3-6】 商品混凝土目标成本为443 040元,实际成本为473 697元,比目标成本增加30 657元,其相关参数见表3-11。

表3-11　某商品混凝土目标成本与实际成本对比

项目	单位	目标	实际	差额
产量	m^3	600	630	+30
单价	元	710	730	+20
损耗率	%	4	3	-1
成本	元	443 040	473 697	+30 657

解:分析成本增加的原因如下:

(1)分析对象是商品混凝土的成本,实际成本与目标成本的差额为 30 657 元,该指标是由产量、单价、损耗率三个因素组成的。

(2)以目标成本 443 040($600 \times 710 \times 1.04$)元为分析替代的基础。

第一次替代产量因素,以 630 m^3 替代 600 m^3 后的值为

$$630 \times 710 \times 1.04 = 465\ 192(\text{元})$$

第二次替代单价因素,以 730 元替代 710 元,并保留上次替代后的值为

$$630 \times 730 \times 1.04 = 478\ 296(\text{元})$$

第三次替代损耗率因素,以 1.03 元替代 1.04 元,并保留上次替代后的值为

$$630 \times 730 \times 1.03 = 473\ 697(\text{元})$$

(3)计算差额。

第一次替代与目标数的差额为 $465\ 192 - 443\ 040 = 22\ 152$(元)

第二次替代与第一次替代的差额为 $478\ 296 - 465\ 192 = 13\ 104$(元)

第三次替代与第二次替代的差额为 $473\ 697 - 478\ 296 = -4\ 599$(元)

(4)产量增加使成本增加了 22 152 元,单价提高使成本增加了 13 104 元,而损耗率下降使成本减少了 4 599 元。

(5)各因素的影响程度之和为 $22\ 152 + 13\ 104 - 4\ 599 = 30\ 657$(元),实际成本与目标成本的总差额相等。

为了使用方便,企业也可以运用因素分析表来求出各因素变动对实际成本的影响程度,其形式如表 3-12 所示。

表 3-12　连环替代法计算因素变化

顺序	连环替代结果(元)	差异(元)	因素分析
目标数	$600 \times 710 \times 1.04$		
第一次替代	$630 \times 710 \times 1.04$	22 152	由于产量增加 30 m^3,成本增加 22 152 元
第二次替代	$630 \times 730 \times 1.04$	13 104	由于单价提高,成本增加 13 104 元
第三次替代	$630 \times 730 \times 1.03$	−4 599	由于损耗率下降 1%,成本减少 4 599 元
合计	22 152 + 13 104 − 4 599	30 657	

(三)差额计算法

差额计算法是因素分析法的一种简化形式,它利用因素的目标值与实际值的差额来计算其对成本的影响程度。

【应用实例 3-7】　某施工项目某月的实际成本降低额比计划提高了 2.40 万元,见表 3-13所示,应用差额计算法分析预算成本和成本降低率对成本降低额的影响。

表 3-13　降低成本计划与实际对比

项目	单位	计划	实际	差额
预算成本	万元	300	320	+20
成本降低率	%	4	4.5	+0.5
成本降低额	万元	12	14.4	+2.4

解:(1)预算成本增加对成本降低额的影响程度

$$(320-300)\times 4\% = 0.8(\text{万元})$$

(2)成本降低率提高对成本降低额的影响程度

$$(4.5\% - 4\%)\times 320 = 1.6(\text{万元})$$

两项合计:0.8 + 1.6 = 2.4(万元)。

(四)比率法

比率法是指用两个以上指标的比例进行分析的方法。它的基本特点是先把对比分析的数值变成相对数,再观察其相互之间的关系。常用的比例法有以下几种。

1. 相关比率法

由于项目经济活动的各个方面是相互联系、相互依存、相互影响的,因而可以将两个性质不同而又相关的指标加以对比,求出比率,并以此来考察经营成果的好坏。例如,产值和工资是两个不同的概念,但它们的关系又是投入和产出的关系。一般情况下,都希望以最少的工资支出完成最大的产值。因此,用产值工资率指标来考核人工费的支出水平,可以很好地分析人工成本。

2. 构成比率法

构成比率法又称为比重分析法或结构对比分析法,通过过程比率,可以考察成本总量的构成情况及各成本项目占成本总量的比例,同时也可以看出量、本、利的比例关系(预算成本、实际成本和降低成本的比例关系),从而为寻求降低成本的途径指明方向,如表 3-14所示。

表 3-14　成本构成比例分析　(单位:万元)

成本项目	预算成本		实际成本		降低成本		
	金额	比例(%)	金额	比例(%)	金额	占本项(%)	占总量(%)
一、直接成本	1 263.79	93.2	1 200.31	92.38	63.48	5.02	4.68
1. 人工费	113.36	8.36	119.28	9.18	-5.92	-1.09	-0.44
2. 材料费	1 006.56	74.23	939.67	72.32	66.89	6.65	4.93
3. 施工机械使用费	87.6	6.46	89.65	6.9	-2.05	-2.34	-0.15
4. 措施费	56.27	4.15	51.71	3.98	4.56	8.1	0.34
二、间接成本	92.21	6.8	99.01	7.62	-6.8	-7.37	0.5
总成本	1 356	100	1 299.32	100	56.68	4.18	4.18
比例(%)	100	—	95.82	—	4.18	—	—

3. 动态比率法

动态比率法就是将同类指标、不同时期的数值进行对比，求出比率，以分析该指标的发展方向和发展速度的方法。动态比率的计算通常采用基期指数和环比指数两种方法，如表 3-15 所示。

表 3-15　指标动态比较

指标	第一季度	第二季度	第三季度	第四季度
降低成本(万元)	45.60	47.80	52.50	64.30
基期指数(%)(第一季度=100)		104.82	115.13	141.01
环比指数(%)(上一季度=100)		104.82	109.83	122.48

六、降低施工项目成本的途径

降低施工项目成本的途径应该是既开源又节流，只开源不节流或者说只节流不开源都不可能达到降低成本的目的。其一方面是控制各种消耗和单价，另一方面是增加收入。

(一)加强图纸会审，减少设计浪费

施工单位应该在满足用户的要求和保证工程质量的前提下，联系项目施工的主客观条件，对设计图纸进行认真地会审，并提出积极的修改意见，在取得用户和设计单位的同意后，修改设计图纸，同时办理增减账。

(二)加强合同预算管理，增加工程预算收入

深入研究招标文件、合同文件，正确编写施工图预算；把合同规定的“开口”项目作为增加预算收入的重要方面；根据工程变更资料及时办理增减账。因此，项目承包方应就工程变更对既定施工方法、机械设备使用、材料供应、劳动力调配和工期目标影响程度，以及实施变更内容所需要的各种资料进行合理估价，及时办理增减账手续，并通过工程结算从建设单位取得补偿。

(三)制订先进合理的施工方案，减少不必要的窝工等损失

施工方案不同、工期就不同，所需的机械也不同，因而发生的费用也不同。因此，制订施工方案要以合同工期和上级要求为依据，联系项目规模、性质、复杂程度、现场条件、装备情况、人员素质等因素综合考虑。

(四)落实技术措施，组织均衡施工，保证施工质量，加快施工进度

(1)根据施工具体实际情况，合理规划施工现场平面布置(包括机械布置、材料、构件的对方场地，车辆进出施工现场的运输道路，临时设施搭建数量和标准等)，为文明施工、减少浪费创造条件。

(2)严格执行技术规范和预防为主的方针，确保工程质量，减少零星工程的修补，消灭质量事故，不断降低质量成本。

(3)根据工程设计特点和要求，运用自身的技术优势，采取有效的技术组织措施，走经济与技术相结合的道路。

(4)严格执行安全施工操作规程，减少一般安全事故，确保安全生产，将事故损失降到最低。

（五）降低材料因为量差和价差所产生的材料成本

（1）材料采购和构件加工，要求质优、价廉、运距短的供应单位。对到场的材料、构件要正确计量、认真验收，如遇到不合格产品或用量不足的情况，则要进行索赔。切实做到降低材料、构件的采购成本，减少采购加工过程中的管理损耗。

（2）根据项目施工的进度计划，及时组织材料、构件的供应，保证项目施工顺利进行，防止因停工造成的损失。在构件生产过程中，要按照施工顺序组织配套供应，以免因规格不齐造成施工间隙，浪费时间、浪费人力。

（3）在施工过程中，严格按照限额领料制度，控制材料消耗，同时，还要做好余料回收和利用，为考核材料的实际消耗水平提供正确的数据。

（4）根据施工需要，合理安排材料储备，减小资金占用率，提高资金利用效率。

（六）提高机械的利用效果

（1）根据工程特点和施工方案，合理选择机械的型号、规格和数量。

（2）根据施工需要，合理安排机械施工，充分发挥机械的效能，减少机械使用成本。

（3）严格执行机械维修和养护制度，加强平时的机械维修保养，保证机械完好和在施工过程中运转良好。

（七）重视人的因素，加强激励职能的利用，调动职工的积极性

（1）对关键工序施工的关键班组要实行重奖。

（2）对材料操作损耗特别大的工序，可由生产班组直接承包。

（3）实行钢模零件和脚手架螺栓有偿回收。

（4）实行班组“落手清”承包。

知识链接

水利部《水利工程建设项目管理规定》（水建〔1995〕128 号），《水利水电工程项目建议书编制暂行规定》（水利部水规计〔1996〕608 号），《水利水电工程可行性研究报告编制规程》（SL 618—2013）。

【应用实例 3-8】 背景：某工程项目有 2 000 m^2 地面施工任务，交由某分包商承担，计划于 6 个月内完成，计划的各工作项目单价和计划完成的工作量如表 3-16 所示，该工程进行了 3 个月以后，发现实际已完成的工作量及实际单价与原计划有偏差。

表 3-16　工作量

工作名称	平整场地	室内夯土	垫层	砖面结合	踢脚
单位	100 m^2	100 m^2	100 m^2	100 m^2	100 m^2
计划工作量（3 个月）	150	20	60	100	13.55
计划单价（元/单位）	16	46	450	1 520	1 620
已完成工作量（3 个月）	150	18	48	70	9.5
实际单价（元/单位）	16	46	450	1 800	1 650

问题:试计算出至第三个月末时各工作的计划工作预算费用、已完工作预算费用、已完工作实际费用,并分析费用偏差、费用绩效指数、进度偏差、进度绩效指数,以及费用累计偏差和进度累计偏差。

解:费用与进度偏差如表 3-17 所示。

表 3-17　施工费用分析

项目编号	001	002	003	004	005	总计
项目名称	平整土地	室内夯土	垫层	砖面结合	踢脚	
单位	100 m^2	100 m^2	100 m^2	100 m^2	100 m^2	
计划工作量(3 个月)	150	20	60	100	13.55	
计划单价(元/单位)	16	46	450	1 520	1 620	
计划工作预算费用	2 400	920	27 000	152 000	21 951	204 271
已完成工作量(3 个月)	150	18	48	70	9.5	
已完工作预算费用	2 400	828	21 600	106 400	15 390	146 618
实际单价(元/单位)	16	46	450	1 800	1 650	
已完工作实际费用	2 400	828	21 600	126 000	15 675	166 503
费用偏差	0	0	0	-19 600	-285	
费用绩效指数	1	1	1	0.844	0.98	
费用累计偏差	-19 885					
进度偏差	0	-92	-5 400	-45 600	-6 561	
进度绩效指数	1	0.9	0.8	0.7	0.7	
进度累计偏差	-57 653					

【课堂自测】

项目二任务三课堂自测练习

任务四　水利工程施工合同管理

一、施工合同文件的构成

工程项目在建设的过程中离不开招标投标工作。招标投标工作主要在设计前的准备阶段、设计阶段和施工阶段中进行。施工合同文件指构成合同的各项文件，包括：协议书、中标通知书、投标函及投标函附录、专用合同条款、通用合同条款、技术标准和要求（合同技术条款）、图纸、已标价工程量清单、经合同双方确认进入合同的其他文件。以下是《建设工程施工合同（示范文件）》（GF—2017—0201）通用条款规定的优先顺序。

（一）协议书

通过招标工作已确定中标候选人，承包人按中标通知书规定的时间与发包人签订合同协议书。发包人和承包人的法定代表人或其委托代理人在合同协议书上签字并盖章后，合同生效。若法律另有规定或合同另有约定的除外。

（二）中标通知书

建设工程施工合同的订立需要经历一个较长的过程。在明确中标人并发出中标通知书后，表明发包人已接受其投标并通知该中标人在规定的时间期限内，双方即可就建设工程施工合同的具体内容和有关条款展开谈判，直到最终签订合同。

（三）投标函及投标函附录

投标函，是指投标人按照招标文件的条件和要求，向招标人提交的有关报价、质量目标等承诺和说明的函件。它是投标人为响应招标文件相关要求所做的概括性说明和承诺的函件，一般位于投标文件的首要部分，其格式、内容必须符合招标文件的规定。投标函单独密封，是指投标函及其附件按要求装入单独信封，按招标要求密封。可与其他已经密封的文件同时密封于更大的密封袋或密封箱中。

投标函附录是附在投标函后面，填写对招标文件重要条款响应承诺的地方，也是评标时评委重点评审的内容。一般在工程招标中，投标函附录为项目经理姓名、工期、缺陷责任期、投标有效期等。

（四）专用合同条款

专用合同条款是发包人与承包人根据法律、行政法规规定，结合具体工程实际，经协商达成一致意见的条款，对比通用条款更加的具体化。

专用合同条款是补充和修改通用合同条款中条款号相同的条款或当需要时增加的条款。通用合同条款与专用合同条款应对照阅读，一旦出现矛盾或不一致，则以专用合同条款为准，通用合同条款中未补充和修改的部分仍有效。专用合同条款和通用合同条款主要是划清发包人和承包人双方在合同中各自的责任、权利和义务。

（五）通用合同条款

通用合同条款的编制依据是《中华人民共和国合同法》和《中华人民共和国标准施工招标文件》，其编制参照了国际通用的 FIDIC 施工合同条件及建设工程施工的需要，通用于建设工程施工的条款。

（六）技术标准和要求

技术标准和要求即合同技术条款，列入施工合同的技术条款是构成施工合同的重要组成部分，是双方责任、权利和义务在工程施工中的具体工作内容，也是合同责任、权利和义务在工程安全和施工质量管理等工作的进一步具体化。技术条款同时是发包人委托监理人进行合同管理的实物标准，也是发包人和监理人在工程施工过程中实施进度、质量和费用控制的操作程序和方法。

技术条款是投标人进行投标报价和发包人进行合同支付的实物依据。投标人应根据合同进度要求和技术条款规定的质量标准,结合自身的施工能力和管理水平,计算投标报价。中标后,承包人应根据合同约定和技术条款的规定组织工程施工,发包方和监理方则应根据技术条款规定的质量标准进行检查和验收,并按计量支付条款的约定执行支付。

(七)图纸

图纸指列入合同的招标图纸、投标图纸和发包人按合同约定向承包人提供的施工图纸和其他图纸(包括配套说明和有关资料)。列入合同的招标图纸已成为合同文件的一部分,具有合同效力,主要用于在履行合同中作为衡量变更的依据,但不能直接用于施工。经发包人确认进入合同的投标图纸亦成为合同文件的一部分,用于在履行合同中检验承包人是否按其投标时承诺的条件进行施工的依据。如果在整个施工过程中,出现图纸变更,经发包人确认进入合同文件的一部分,设计单位发布设计变更说明,以设计变更说明(图纸)为准。

(八)已标价工程量清单

已标价工程量清单是构成合同文件组成的一部分,由承包人按照规定的格式和要求填写并标明价格的工程量清单。

二、施工合同的谈判与签约

(一)合同的订立

施工合同订立之前,要采用招标的方式。投标人按照招标人的要求完成标书的准备与填报之后,就可以向招标人正式提交投标文件。中标是合同订立的必备条件之一。有关规定详见《中华人民共和国招标投标法》。

与其他合同的订立程序相同,建设工程合同的订立也要采用要约和承诺方式。依据《中华人民共和国招标投标法》对招标、投标的规定,招标、投标、中标的过程实质就是要约、承诺的一种具体方式。招标人通过媒体发布招标公告,或向符合条件的投标人发出招标邀请,为要约邀请;投标人根据招标文件内容在约定的期限内向招标人提交投标文件,为要约;招标人通过评标确定中标人,发出中标通知书,为承诺;招标人和中标人按照中标通知书、招标文件和中标人的投标文件等订立书面合同时,合同成立并生效。

建设工程施工合同的订立要经历一个漫长的过程,在明确中标人并发出中标通知书后,双方即可就建设工程施工合同的具体内容和有关条款展开谈判,直到最终签订合同。

(二)施工承包合同谈判的主要内容

1. 关于工程内容和范围的确认

招标人和中标人就招标文件中的某些具体工作内容进行讨论、修改、明确或细化,从而确定工程承包的具体内容和范围。在谈判中双方达成一致的内容,应以文字方式确定下来,并以“合同补遗”或“会议纪要”方式作为合同附件,并明确它是构成合同的一部分。

2. 关于技术要求、技术规范和施工技术方案

承包人与发包人结合工程项目背景对技术要求、技术规范和施工技术方案等进行进一步讨论和确认,甚至可以变更技术要求和施工方案。

3. 关于合同价格条款

根据计价方式的不同,建设工程施工合同可以分为总价合同、单价合同和成本加酬金合同。一般在招标文件中会明确规定合同将要采用什么计价方式,在合同谈判阶段不再讨论合同的价格条款。

4. 关于价格调整条款

由于工程建设项目周期长,容易遭受货币贬值或通货膨胀、主要材料费用的上涨或下调以及一些不可抗力因素的影响,可能给承包方造成较大损失,故在合同谈判期间,价格调整条款就可以比较公正地解决未知、无法控制的风险损失。

不管采用哪种计价方式,都可以确定价格调整条款,即在合同中约定是否调整、如何调整等具体的条款。通过合同计价方式以及价格调整方式共同确定了工程承包合同的实际价格,与承包方的经济利益息息相关。通过诸多工程案例,在具体实践过程中,由于各种原因导致费用增加的概率远比费用减少的概率大,甚至增加的费用可能远远超过原定的合同总价,因此关于价格调整条款在合同谈判阶段,双方都应该足够重视。

5. 关于合同款支付方式的条款

水利工程施工合同的付款分四个阶段进行,即预付款、工程进度款、最终付款和退还保留金。关于支付时间、支付方式、支付条件和支付审批程序等有多种情况的选择,由于选择的不同,对承包人的成本、进度等产生比较大的影响,因此关于合同款支付方式的条款也是谈判的重要方面。

6. 关于工期和维修期

有关工期的确定,中标人与招标人可依据招标文件中要求的工期,或者也可以根据投标人在投标文件中承诺的工期。在谈判期间要考虑到由于一些外界因素,导致工程量范围和工程量变动而产生的影响来协商确定工期。同时,还要明确开工日期、竣工日期等。由于工程变更(设计变更)、恶劣气候影响以及不可抗力因素等对工期产生不利影响,通常情况下应该给予承包人要求合理延长工期的权利。

水利水电工程维修期从竣工验收合格之日起开始计算。合同文本中应当对维修工程的范围、维修责任及维修期的开始和结束时间有明确的规定,承包人应该只承担由于材料和施工方法及操作工艺等不符合合同规定而产生的缺陷。承包人应力争以维修保函来代替业主扣留的保留金。与保留金相比,维修保函对承包人有利,主要是因为可提前取回被扣留的现金,而且保函是有时效的,期满将自动作废。同时,它对业主并无风险,若真正发生维修费用,业主可凭保函向银行索回款项。因此,这一做法是比较公平的。维修期满后,承包人应及时从业主处撤回保函。

7. 合同条件中其他特殊条款的完善

合同中还有需要其他条款完善的地方,比如合同图纸、违约罚金和工期提前奖金、隐蔽工程施工的验收程序以及工程交付的注意事项。

(三)合同文本的确定和签订

在签订合同之前,承包人应对合同进行风险评估,对合同的合法性、完备性、合同双方的责任、权益等进行评审、认定和评价。双方在合同谈判结束后,形成一个完整的合同文本草案,并经双方认可后形成正式文件,核对无误后双方代表草签。承包人应及时递交履约保函准备正式签署施工承包合同。

三、发包人与承包人的义务和责任

除合同另有约定外，根据《建设工程施工合同（示范文本）》（GF—2017—0201），发包人义务、承包人义务以及监理人在合同中的作用主要内容如下。

（一）发包人的义务

发包人是指具有工程发包主体资格和支付工程价款能力的当事人以及取得该当事人资格的合法继承人。发包人义务详见以下内容。

（1）遵守法律。发包人在履行合同过程中应遵守法律，并保证承包人免于承担因发包人违反法律而引起的任何责任。

（2）发出开工通知。发包人应委托监理人按合同约定向承包人发出开工通知。

（3）发包人应按专用合同条款约定向承包人提供施工场地，以及施工场地内地下管线和地下设施等有关资料，并保证资料的真实、准确、完整。做好施工前的一切准备工作，确保建设承包单位准时进入施工现场。发包人应最迟于开工日期 7 d 前向承包人移交施工现场。《中华人民共和国合同法》规定，发包人未按约定的时间和要求提供原材料、设备、场地、资金、技术资料的，承包人可以顺延工程日期，并要求停工、窝工损失赔偿。

（4）发包人依照专用合同条款约定的期限、数量和内容向承包人免费提供图纸，并组织承包人、监理人和设计人员进行图纸会审和设计交底。发包人应根据合同进度计划，组织设计单位向承包人进行设计交底。

（5）向承包人提供符合质量的材料、设备，因提供的材料质量存在瑕疵和提供的设备不符合要求而延误工期，造成质量责任的，应承担责任。

（6）对工程质量、进度进行检查。《中华人民共和国合同法》规定，发包人在不妨碍承包人正常作业的情况下，可以随时对作业进行进度、质量检查。

（7）组织竣工验收。建设工程竣工后，发包人应按照合同约定组织验收。《中华人民共和国合同法》规定，建设工程竣工后，发包人应当根据施工图纸说明书、国家颁发的施工验收规范和质量检验标准进行验收。

（8）支付合同价款。发包人应按合同约定向承包人及时支付合同价款。

（9）资金来源证明及支付担保。除专用合同条款另有约定外，发包人应在收到承包人要求提供资金来源证明的书面通知后 28 d 内，向承包人提供能够按照合同约定支付合同价款的相应资金来源证明。若专用合同条款另有约定外，发包人要求承包人提供履约担保的，发包人应当向承包人提供支付担保。

（10）交付使用。发包方对承包方完成的建设工程项目，经验收合格，支付价款后应及时交付使用，发挥建设工程效益。

（11）其他义务。发包人应履行合同约定的其他义务。

（12）协助承包人办理证件和批件。发包人应协助承包人办理法律规定的有关施工证件和批件。

（二）监理人的职责

发包人委托工程监理单位进行工程建设监理活动，是一种高智能有偿技术服务。监

理工作的任务是“建筑工程监理应当依照法律、行政法规及有关的技术标准、设计文件和建筑工程承包合同，对承包单位在施工质量、建设工期和建设资金使用等方面，代表建设单位实施监督”(引自《中华人民共和国建筑法》)。监理工程师的职责如下：

(1)本着守法、公正、诚信、科学的原则，按专用合同条款约定的监理服务内容为委托人提供优质服务。

(2)在专用合同条款约定的时间内组建监理机构，并进驻现场。将监理机构人员名单、监理工程师和监理员的授权范围通知承包人，实施期间有变化的，应当及时通知承包人。更换总监理工程师和其他监理人员应征得委托人同意。

(3)发现设计文件不符合有关规定或合约约定时，应向委托人报告。

(4)检验建筑材料、建筑构配件和设备质量，检查、检验并确认工程的施工质量，检查施工安全生产情况。发现存在质量、安全事故隐患，或发生质量、安全事故，应按有关规定及时采取相应的监理措施。

(5)监督检查施工进度。

(6)按照委托人签订的工程险合同，做好施工现场工程险合同的管理。协助委托人向保险公司及时提供一切必要的材料和证据。

(7)协调施工合同各方之间的关系。

(8)按照施工作业程序，采用旁站、巡视、跟踪检测和平行检测等方法实施监理。需要旁站的重要部位和关键工序在专用合同条款中约定。

(9)及时做好工程施工过程中各种监理信息的收集、整理和归档，并保证现场记录、试验、检验、检查等资料的完整和真实。

(10)编制《监理日志》，并向委托人提供月报、监理专题报告、监理工作报告和监理工作总结报告。

(11)按有关规定参加工程验收，做好相关配合工作。委托人委托监理人主持的分部工程验收由专用条款约定。

(12)妥善做好委托人所提供的工程建设文件资料的保存、回收及保密工作。在本合同期限内或专用合同条款约定的合同终止后的一年期限内，未征得委托人同意，不得公开涉及委托人的专利、专有技术或其他保密的资料，不得泄漏与本合同业务有关的技术、商务等秘密。

(三)承包人的义务

承包人在履行合同过程中应遵守法律和工程建设标准规范，并履行以下义务：

(1)遵守法律。承包人在履行合同过程中应遵守法律，并保证发包人免于承担因承包人违反法律而引起的任何责任。

(2)依法纳税。承包人应按有关法律规定纳税，应缴纳的税金包括在合同价格内。

(3)完成各项承包工作。按法律规定和合同约定完成工程，并在保修期内承担保修义务。承包人应按合同约定以及监理人指示，实施完成全部工程，并修补工程中的任何缺陷。除合同条款另有约定外，承包人应提供为完成合同工作所需的劳务、材料、施工设备、工程设备和其他物品，并按合同约定负责临时设施的设计、建造、运行、维护、管理和拆除。

(4)对施工作业和施工方法的完备性负责。承包人应按合同约定的工作内容和施工

进度要求,编制施工组织设计和施工措施计划,并对所有施工作业和施工方法的完备性和安全可靠性负责。

(5)保证工程施工和人员的安全。承包人应采取施工安全措施,确保工程及其人员、材料、设备和设施的安全,防止因工程施工造成的人身伤害和财产损失。承包人必须按国家法律法规、技术标准和要求,通过详细编制并实施经批准的施工组织设计和措施计划,确保建设工程能满足合同约定的质量标准和国家安全法规的要求。按法律规定和合同约定采取施工安全和环境保护措施,办理工伤保险,确保工程及人员、材料、设备和设施的安全。

(6)将发包人按合同约定支付的各项价款专用于工程,且应及时支付其雇用人员的工资,并及时向分包人支付合同价款。

(7)负责施工场地及其周边环境与生态的保护工作。

(8)避免施工对公众与他人的利益造成损害,承包人在进行合同约定的各项工作时,不得侵害发包人与他人使用公用道路、水源、市政管网等公共设施的权利,避免对邻近的公共设施产生干扰。承包人占用或使用他人的施工场地,影响他人作业或生活的,应承担相应责任。

(9)为他人提供方便。承包人应按监理人的指示为他人在施工场地或附近实施与工程有关的其他各项工作提供可能的条件。除合同另有约定外,提供有关条件的内容和可能发生的费用,由监理人在权限范围内进行商定或确定。

(10)工程的维护和照管。除合同另有约定外,合同工程完工证书颁发前,承包人应负责照管和维护工程。合同工程完工证书颁发时尚有部分未完工程的,承包人还应负责该未完工程的照管和维护工作,直至完工后移交给发包人。

(11)按照法律规定和合同约定编制竣工资料,完成竣工资料立卷及归档,并按专用合同条款约定的竣工资料的套数、内容、时间等要求移交发包人。

(12)专用合同条款约定的其他义务和责任。

(四)项目经理的职责

项目经理在承担工程项目施工管理过程中,履行下列职责:

(1)贯彻执行国家和工程所在地政府的有关法律法规和政策,执行企业的各项管理制度。

(2)严格财务制度,加强财经管理,正确处理国家、企业与个人的利益关系。

(3)执行项目承包合同中由项目经理负责履行的各项条款,项目经理应按合同约定以及监理人指示,负责组织合同工程的实施。

(4)对工程项目施工进行有效控制,执行有关技术规范和标准,积极推广应用新技术,确保工程质量和工期,实现安全、文明生产,努力提高经济效益。在情况紧急且无法与监理人取得联系时,可采取保证工程和人员生命财产安全的紧急措施,并在采取措施后24小时内向监理人提交书面报告。

(5)承包人为履行合同发出的一切函件均应盖有承包人授权的施工场地管理机构章,并由承包人项目经理或其授权代表签字。

(6)承包人项目经理可以授权其下属人员履行其某项职责,但事先应将这些人员的

姓名和授权范围通知监理人。

四、质量条款的内容

（一）承包人的质量管理

（1）承包人应在施工场地设置专门的质量检查机构，配备专职质量检查人员，建立完善的质量检查制度。

（2）施工单位必须建立、健全施工质量的检验制度，严格工序管理，做好隐蔽工程的质量检查和记录。隐蔽工程在隐蔽前，施工单位应当通知建设单位和建设工程质量监督机构。

（3）承包人应编制工程质量保证措施文件，包括质量检查机构的组织和岗位责任、质量检查人员的组成、质量检查程序和实施细则等，提交监理人审批。

（4）承包人应加强对施工人员的质量教育和技术培训，定期考核施工人员的劳动技能，严格执行规范和操作规程。加强对职工的教育培训，未经教育培训或者考核不合格的人员，不得上岗作业。

（5）承包人应按合同约定对材料、工程设备以及工程的所有部位及其施工工艺进行全过程的质量检查和检验，并做详细记录，编制工程质量报表，报送监理人审查。施工单位对施工中出现质量问题的建设工程或者竣工验收不合格的建设工程，应当负责返修。

（6）施工人员对涉及结构安全的试块、试件以及有关材料，应当在建设单位或者工程监理单位监督下现场取样，并送具有相应资质等级的质量检测单位进行检测。

（二）监理人的质量检查

承包人应为监理人的检查和检验提供方便。包括监理人到施工现场，或制造、加工地点，或合同约定的其他地方进行察看和查阅施工原始记录。承包人应按监理人指示，进行施工场地取样试验、工程复核测量和设备性能检测，提供试验样品、提交试验报告、测量成果以及监理人要求进行的其他工作。监理人为此进行的检查和检验，不免除或减轻承包人按照合同约定应当承担的责任。

监理人按照法律规定和发包人授权对工程的所有部位及其施工工艺、材料和工程设备进行检查和检验。进行巡视检验、旁站检验和平行检验，对发现的质量问题应及时通知施工单位整改，并做好相关的监理记录。监理人的检查和检验不应影响施工正常进行。监理人的检查和检验影响施工正常进行的，且经检查检验不合格的，影响正常施工的费用由承包人承担，工期不予顺延；经检查检验合格的，由此增加的费用和（或）延误的工期由发包人承担。

由于隐蔽工程在施工中一旦完成隐蔽，将很难再对其进行质量检查（这种检查往往成本很大），因此必须在隐蔽前进行检查验收。对于中间验收，应按专用条款中约定，对需要进行中间验收的单位工程和部位及时进行检查、试验，不应影响后续工程的施工。

1.通知监理人检查

经承包人自检确认的工程隐蔽部位具备覆盖条件后，承包人应通知监理人在约定的期限内检查。承包人的通知应附有自检记录和必要的检查资料。监理人应按时到场检查。经监理人检查确认质量符合隐蔽要求，并在检查记录上签字后，承包人才能进行覆盖。监理人检查确认质量不合格的，承包人应在监理人指示的时间内修整返工后，由监理人重新检查。

2. 监理人未到场检查

监理人未按约定的时间进行检查的，除监理人另有指示外，承包人可自行完成覆盖工作，并做相应记录报送监理人，监理人应签字确认。监理人事后对检查记录有疑问的，可重新检查。

3. 监理人重新检查

承包人覆盖工程隐蔽部位后，监理人对质量有疑问的，可要求承包人对已覆盖的部位进行钻孔探测或揭开重新检验，承包人应遵照执行，并在检验后重新覆盖恢复原状。经检验证明工程质量符合合同要求的，由发包人承担由此增加的费用和(或)工期延误，并支付承包人合理利润。经检验证明工程质量不符合合同要求的，由此增加的费用和(或)工期延误由承包人承担。

4. 承包人私自覆盖

承包人未通知监理人到场检查，私自将工程隐蔽部位覆盖的，监理人有权指示承包人钻孔探测或揭开检查，由此增加的费用和(或)工期延误由承包人承担。

(三)保修

1. 缺陷责任期

缺陷责任期是指承包人按照合同约定承担缺陷修复义务，且发包人预留质量保证金的期限，自工程实际竣工日期起计算。除专用合同条款另有约定外，缺陷责任期(工程质量保修期)从工程通过合同工程完工验收后开始计算。在合同工程完工验收前，已经发包人提前验收的单位工程或部分工程，若未投入使用，其缺陷责任期(工程质量保修期)亦从工程通过合同工程完工验收后开始计算。若已投入使用，其缺陷责任期(工程质量保修期)从通过单位工程或部分工程投入使用验收后开始计算，缺陷责任期(工程质量保修期)的期限在专用合同条款中约定。

2. 保修期

保修期是指承包人按照合同约定对工程承担保修责任的期限，从工程竣工验收合格之日起计算。合同工程完工验收或投入使用验收后，发包人与承包人应办理工程交接手续，承包人应向发包人递交工程质量保修书。工程质量保修期满后30个工作日内，发包人应向承包人颁发工程质量保修责任终止证书，并退还剩余的质量保证金，但保修责任范围内的质量缺陷未处理完成的应除外。水利水电工程质量保修期通常为一年，河湖疏浚工程无工程质量保修期。

五、进度条款的内容

(一)合同进度

1. 合同进度计划

除非专用条款另有约定，承包人应编制详细的施工总进度计划提交监理人审批，监理人应在约定的期限内批复承包人，否则该进度计划视为已得到批准。承包人还应根据合同进度计划，编制更为详细的分阶段、单位工程、分部工程进度计划，报监理人审批。

监理人应在收到进度计划21 d内批复或提出修改意见，否则该进度计划视为已得到批准。经监理人批准的施工进度计划是控制合同工程进度的依据。监理人应有权按照该进度计划安排其他承包人的活动。

2. 合同进度计划的修订

当工程的实际进度与监理人批准的进度计划不符时，承包人可以在14 d内向监理人提交修订合同进度计划的申请报告，并附有关措施和相关资料，报监理人审批；监理人应在收到申请报告后的14 d内批复。当监理人认为需要修订合同进度计划时，承包人应按监理人的指示，在14 d内向监理人提交修订的合同进度计划，并附调整计划的相关资料，提交监理人审批。监理人应收到进度计划后的14 d内批复。

监理人也可以直接向承包人做出修订合同进度计划的指示，承包人应按该指示修订合同进度计划，报监理人审批。监理人对进度计划的修改在批复前应获得发包人同意。无论何种原因造成施工进度延迟，承包人均应按监理人的指示，采取有效措施赶上进度。承包人应向监理人提交修订合同进度计划的同时，编制一份赶工措施报告提交监理人审批。施工进度延迟在分清责任的基础上按合同约定处理。

（二）开工与完工

1. 开工

开工前承包人和发包人应做好相关的开工前准备工作，双方在合同约定的开工日期前7 d，经发包人同意，由监理人向承包人发出开工通知。工期自监理人发出开工通知中载明的开工日期起计算。在此期间，承包人应向监理人提交开工报审表，经监理人审批后执行。若发包人未能按照合同约定向承包人提供开工的必要条件，承包人有权要求延长工期。如果承包人在接到开工通知后14 d内，未能按照合同约定的进度计划进场施工，监理人可通知承包人在接到通知后7 d内提交一份书面报告，说明不能及时进场的原因和补救措施，由此增加的费用和工期延误由承包人承担。

2. 完工

完工是指待工程所有的工序都已经全部完成并且资料手续等方面也全部完成，应在合同约定的期限内完成工程。

（三）工期延误

1. 发包人的工期延误

由于发包人的下列原因造成的工期延误，承包人有权要求发包人延长工期和（或）增加费用，并支付合理利润。

（1）增加合同工作内容。

（2）改变合同中任何一项工作的质量要求或其他特性。

（3）发包人延迟提供材料、工程设备或变更交货地点的。

（4）因发包人原因导致的暂停施工。

（5）未及时提供图纸。

（6）未按合同约定及时支付预付款、进度款。

（7）发包人造成工期延误的其他原因。

2. 承包人导致的工期延误

由于承包人原因导致暂停施工或造成工期延误的，承包人应采取措施加快进度，并自行承担加快进度可能增加的费用，工期不予顺延。

3. 逾期竣工违约金

由于承包人原因造成工期延误，承包人应支付逾期竣工违约金。逾期竣工违约金的计算方法及限额在专用条款中约定。承包人支付逾期竣工违约金，不免除承包人完成工程及修补缺陷的义务。

（四）暂停施工

1. 监理人指示暂停施工

监理人认为有必要时，可向承包人做出暂停施工的指示，承包人应按监理人指示暂停施工。无论由于何种原因引起的暂停施工，暂停施工期间承包人应负责妥善保护工程并提供安全保障，发生的费用由责任方承担。

暂停施工后，监理人应与发包人和承包人协商，采取有效措施积极消除暂停施工的影响。当工程具备复工条件时，监理人应立即向承包人发出复工通知。承包人收到复工通知后，应在监理人指定的期限内复工。

2. 发包人导致的暂停施工

属于下列任何一种情况引起的暂停施工，均为发包人的责任：

（1）由于发包人违约引起的暂停施工。

（2）由于不可抗力的自然因素或社会因素引起的暂停施工。

（3）专用合同条款中约定的其他由于发包人原因引起的暂停施工。

非承包人原因引起的暂停施工，监理人发出暂停施工指示后 28 d 内未向承包人发出复工通知，承包人可向监理人提交书面通知，要求监理人在收到书面通知后 14 d 内，准许已暂停施工，但目前已经具备复工条件的部分或全部工程继续施工。如监理人逾期不予批准，则承包人可以通知监理人，将工程受影响的部分视为可取消工作。如暂停施工影响到整个工程，可视为发包人严重违约。

3. 承包人原因引起的暂停施工

由于承包人原因引起的暂停施工，如承包人在收到监理人暂停施工指示后 56 d 内没有采取有效的复工措施，造成工期延误由承包人承担。

（1）承包人违约引起的暂停施工；

（2）由于承包人原因为工程合理施工和安全保障所必需的暂停施工；

（3）承包人擅自暂停施工；

（4）由于承包人其他原因引起的暂停施工；

（5）专用合同条款约定由承包人承担的其他暂停施工。

4. 暂停施工持续 56 d 以上

由于发包人原因，该项暂停施工除承包人责任外的情况，监理人发出暂停施工指示后 56 d 内未向承包人发出复工通知，承包人可向监理人提交书面通知，要求监理人在收到书面通知后 28 d 内准许已暂停施工的工程或其中一部分工程继续施工。如监理人逾期不予批准，则承包人可以通知监理人，将工程受影响的部分视为可取消工作。如暂停施工影响到整个工程,可视为发包人责任。

5. 暂停施工后的复工

暂停施工后,监理人应与发包人和承包人协商,采取有效措施积极消除暂停施工的影响。当工程具备复工条件时,监理人应立即向承包人发出复工通知。承包人收到复工通知后,应在监理人指定的期限内复工。

6. 不可抗力事件

"不可抗力"是一个法律术语,按照《中华人民共和国民法通则》和《中华人民共和国合同法》等法律的定义,不可抗力是指不能预见、不能避免,并不能克服的客观情况。它包括自然现象和社会现象两种,自然现象诸如地震、台风、洪水、海啸;社会现象如战争、海盗、罢工、政府行为等。由于不可抗力因素导致的暂停施工,该部分责任一般由发包人承担。

(五)工期提前

发包人要求承包人提前竣工的,不得任意压缩合同合理的工期,而且不能对工程质量与安全生产产生不利的影响,由此发生的费用由发包人承担。承包人通过合理的施工组织,提前完成工程的,发包人应按照专用条款约定的数额或方式向承包人支付提前竣工奖励。

六、工程结算

工程价款的结算是指施工单位与建设单位之间根据双方签订合同(含补充协议)进行的工程合同价款结算,工程建设周期长,耗用资金数大,为使建筑安装企业在施工中耗用的资金及时得到补偿,需要对工程价款进行进度款结算、年终结算,全部工程竣工验收后应进行竣工结算。

(一)工程结算编制依据

(1)国家有关法律法规、规章制度和相关的司法解释。

(2)国务院建设行政主管部门以及各省、自治区、直辖市和有关部门发布的工程造价计价标准、计价办法、有关规定及相关解释。

(3)施工方承包合同、专业分包合同及补充合同,有关材料、设备采购合同。

(4)招标投标文件,包括招标答疑文件、投标承诺、中标报价书及其组成内容。

(5)工程竣工图或施工图、施工图会审记录,经批准的施工组织设计,以及设计变更、工程洽商和相关会议纪要。

(6)经批准的开、竣工报告或停、复工报告。

(7)建设工程工程量清单计价规范或工程预算定额、费用定额及价格信息、调价规定等。

(8)工程预算书。

(9)影响工程造价的相关资料。

(10)安装工程定额基价。

(11)结算编制委托合同。

(二)计量

1. 单价子目的计量

(1)已标价工程量清单中的单价子目工程量为估算工程量。结算工程量是承包人实际完成的,并按合同约定的计量方法进行计量的工程量。

(2)承包人对已完成的工程进行计量,向监理人提交进度付款申请单、已完成工程量报表和有关计量资料。

(3)监理人对承包人提交的工程量报表进行复核,以确定实际完成的工程量。对数量有异议的,可要求承包人进行共同复核和抽样复测。承包人应协助监理人进行复核并按监理人要求提供补充计量资料。承包人未按监理人要求参加复核,监理人复核或修正的工程量视为承包人实际完成的工程量。

(4)监理人认为有必要时,可通知承包人共同进行联合测量、计量,承包人应遵照执行。

(5)承包人完成工程量清单中每个子目的工程量后,监理人应要求承包人共同对每个子目的历次计量报表进行汇总,以核实最终结算工程量。监理人可要求承包人提供补充计量资料,以确定最后一次进度付款的准确工程量。承包人未按监理人要求派员参加的,监理人最终核实的工程量视为承包人完成该子目的准确工程量。

(6)监理人应在收到承包人提交的工程量报表后的7 d内进行复核,监理人未在约定时间内复核的,承包人提交的工程量报表中的工程量视为承包人实际完成的工程量,据此计算工程价款。

2. 总价子目的计量

总价子目的分解和计量按照下述约定进行:

(1)总价子目的计量和支付应以总价为基础,不因价格调整因素而进行调整。承包人实际完成的工程量,是进行工程目标管理和控制进度支付的依据。

(2)承包人应按工程量清单的要求对总价子目进行分解,并在签订协议书后的28 d内将各子目的总价支付分解表提交监理人审批。分解表应标明其所属子目和分阶段需支付的金额。承包人应按批准的各总价子目支付周期,对已完成的总价子目进行计量,确定分项的应付金额列入进度付款申请单中。

(3)监理人对承包人提交的上述资料进行复核,以确定分阶段实际完成的工程量和工程形象目标。对其有异议的,可要求承包人进行共同复核和抽样复测。

(4)除变更外,总价子目的工程量是承包人用于结算的最终工程量。

(三)预付款

1. 预付款的定义

施工企业承包工程,一般需要有一定数量的备料周转金,由建设单位在开工前拨给施工企业一定数额的预付备料款,构成施工企业为该承包工程储备和准备主要材料、结构件所需的流动资金。预付款用于承包人为合同工程施工购置材料、工程设备、施工设备、修建临时设施以及组织施工队伍进场等,分为工程预付款和工程材料预付款。

一般工程预付款为签约合同价的10%,分两次支付,招标项目包含大型设备采购的可适当提高但不宜超过20%。

2. 工程预付款预付和扣回

预付款的支付按照专用合同条款的约定执行,应在开工通知载明的开工日期7 d前支付,发包人要求承包人提供预付款担保的,专用合同条款另有约定除外。

承包人在第一次收到工程预付款的同时需提交等额的工程预付款保函(担保),第二次工程预付款保函可用承包人进入工地的主要设备代替。

当履约担保的保证金额度大于工程预付款额度,发包人分析认为可以确保履约安全的情况下,承包人可与发包人协商不提交工程预付款保函,但应在履约保函中写明其兼具预付款保函的功能。此时,工程预付款的扣款办法不变,但不能递减履约保函金额。工程预付款担保的担保金额可根据工程预付款扣回的金额相应递减。工程预付款可按式(3-14)扣回:

$$R = \frac{A}{(F_2 - F_1)S}(C - F_1 S) \tag{3-14}$$

式中 R——每次进度付款中累计扣回的金额;

A——工程预付款总金额;

S——签约合同价;

C——合同累计完成金额;

F_1——开始扣款时合同累计完成金额达到签约合同价的比例,一般取20%;

F_2——全部扣清时合同累计完成金额达到签约合同价的比例,一般取80%~90%。

上述合同累计完成金额均指价格调整前未扣质量保证金的金额。

其中,起扣点的计算公式如下:

$$T = P - M/N \tag{3-15}$$

式中 T——起扣点,即工程预付备料款开始扣回时的累计已完成工程价值;

M——工程预付款数额;

N——主要材料及构件所占比例;

P——承包工程合同总额。

(四)工程进度付款

1. 进度付款申请单

除专用合同条款另有约定外,付款周期应与计量周期保持一致。监理人应在收到承包人进度付款申请单以及相关资料后7 d内完成审查并报送发包人,发包人应在收到后7 d内完成审批并签发进度款支付证书。发包人逾期未完成审批且未提出异议的,视为已签发进度款支付证书。其中,进度付款申请单内容如下:

(1)截至本次付款周期末已实施工程的价款。

(2)变更金额。

(3)索赔金额。

(4)应支付的预付款和扣减的返还预付款。

(5)应扣减的质量保证金。

(6)根据合同应增加和扣减的其他金额。

2. 进度付款的支付

工程进度款的支付，一般按当月实际完成工程量进行结算，工程竣工后办理竣工结算。在工程价款结算中，应在施工过程中双方确认计量结果后14 d内，按完成工程数量支付工程进度款。监理人在收到承包人进度付款申请单以及相应的支持性证明文件后的14 d内完成核查，经发包人审查同意后，出具经发包人签认的进度付款证书。

发包人应在监理人收到进度付款申请单后的28 d内，将进度应付款支付给承包人。发包人不按期支付的，按专用合同条款的约定支付逾期付款违约金。若监理人出具进度付款证书，不应视为监理人已同意、批准或接受了承包人完成的该部分工作。进度付款涉及政府投资资金的，按照国库集中支付等国家相关规定和专用合同条款的约定办理。

（五）质量保证金

建设工程质量保证金是指发包人与承包人在建设工程承包合同中约定，从应付的工程款中预留，用以保证承包人在缺陷责任期内对建设工程出现的缺陷进行维修的资金，即预先交付给建设单位，用以保证施工质量的资金。有关质量保证金的扣留与退还如下。

1. 扣留

从第一个付款周期在付给承包人的工程进度付款中（不包括预付款支付和扣回）扣留5%～8%，直至达到规定的质量保证金总额。一般情况下，质量保证金总额为签约合同价的2.5%～5%。

2. 退还

缺陷责任期内，承包人认真履行合同约定的责任，到期后，承包人向发包人申请返还保证金。发包人在接到承包人返还保证金申请后，应于14 d内会同承包人按照合同约定的内容进行核实。如无异议，合同工程完工证书颁发后14 d内，发包人将质量保证金总额的一半支付给承包人。发包人应当在核实后14 d内将保证金返还给承包人，逾期支付的，从逾期之日起，按照同期银行贷款利率计付利息，并承担违约责任。发包人在接到承包人返还保证金申请后14 d内不予答复，经催告后14 d内仍不予答复，视同认可承包人的返还保证金申请。

在工程质量保修期满时，发包人将在30个工作日内核实后将剩余的质量保证金支付给承包人。承包人没有完成缺陷责任的，发包人有权扣留与未履行责任的剩余工作所需金额相应的质量保证金余额，并有权延长缺陷责任期，直至完成剩余工作。

根据《关于清理规范工程建设领域保证金的通知》（国办发〔2016〕49号），对保留的投标保证金、履约保证金、工程质量保证金、农民工工资保证金，推行银行保函制度，建筑业企业可以银行保函方式缴纳。对保留的保证金，要严格执行相关规定，确保按时返还。未按规定或合同约定返还保证金的，保证金收取方应向建筑业企业支付逾期返还违约金。工程质量保证金的预留比例上限不得高于工程价款结算总额的5%。在工程项目竣工前，已经缴纳履约保证金的，建设单位不得同时预留工程质量保证金。

（六）完工结算

承包人应在合同工程完工证书颁发后28 d内，向监理人提交完工付款申请单，并提供相关证明材料。完工付款申请单应包括下列内容：完工结算合同总价、发包人已支付承包人的工程价款、应扣留的质量保证金、应支付的完工付款金额。

监理人在收到承包人提交的完工付款申请单后的14 d内完成核查,提出发包人到期应支付给承包人的价款送发包人审核并抄送承包人。发包人应在收到后14 d内审核完毕,由监理人向承包人出具经发包人签认的完工付款证书。监理人未在约定时间内核查,又未提出具体意见的,视为承包人提交的完工付款申请单已经监理人核查同意。发包人未在约定时间内审核又未提出具体意见的,监理人提出发包人到期应支付给承包人的价款视为已经发包人同意。

发包人应在监理人出具完工付款证书后的14 d内,将应付款支付给承包人。发包人不按期支付的,将逾期付款违约金支付给承包人。承包人对发包人签认的完工付款证书有异议的,发包人可出具完工付款申请单中承包人已同意部分的临时付款证书。完工付款涉及政府投资资金的,按照国库集中支付等国家相关规定和专用合同条款的约定办理。

(七)最终结清

1.最终结清证书

工程质量保修责任终止证书签发后,承包人应按监理人批准的格式提交最终结清申请单。监理人收到承包人提交的最终结清申请单后的14 d内,提出发包人应支付给承包人的价款送发包人审核并抄送承包人。发包人应在收到后14 d内审核完毕,由监理人向承包人出具经发包人签认的最终结清证书。监理人未在约定时间内核查,又未提出具体意见的,视为承包人提交的最终结清申请已经监理人核查同意。

2.支付时间

发包人未在约定时间内审核又未提出具体意见的,监理人提出应支付给承包人的价款视为已经发包人同意。发包人应在监理人出具最终结清证书后的14 d内,将应支付款支付给承包人。发包人不按期支付的,将逾期付款违约金支付给承包人。最终结清付款涉及政府投资资金的,按照国库集中支付等国家相关规定和专用合同条款的约定办理。最终结清后,发包人的支付义务结束。

最终结清时,如果承包人被扣留的质量保证金不足以抵减发包人工程缺陷修复费用的,承包人应承担不足部分的补偿责任。承包人对发包人支付的最终结清款有异议的,按照合同约定的争议解决方式处理。

七、变更与索赔

(一)工程变更

在工程项目的实施过程中,由于种种原因,常常会出现设计、工程量、计划进度、使用材料等方面的变化,这些变化统称工程变更,包括设计变更、进度计划变更、施工条件变更以及原招标文件和工程量清单中未包括的“新增工程”。

所谓工程变更(engineering change,EC),是指在工程项目实施过程中,按照合同约定的程序对部分或全部工程在材料、工艺、功能、构造、尺寸、技术指标、工程数量及施工方法等方面做出的改变。变更是指承包人根据监理签发设计文件及监理变更指令进行的。在合同工作范围内各种类型的变更,包括合同工作内容的增减、合同工程量的变化、因地质原因引起的设计更改、根据实际情况引起的结构物尺寸、标高的更改、合同外的任何工作等。

1. 变更的范围及内容

在履行合同中发生以下情形之一的,应进行变更:

(1)取消合同中任何一项工作,但被取消的工作不能转由发包人或其他人实施。

(2)改变合同中任何一项工作的质量或其他特性。

(3)改变合同工程的基线、标高、位置或尺寸。

(4)改变合同中任何一项工作的施工时间或改变已批准的施工工艺或顺序。

(5)为完成工程需要追加的额外工作。

(6)增加或减少专用合同条款中约定的关键项目工程量超过其工程总量的一定数量百分比。

上述变更内容引起工程施工组织和进度计划发生实质性变动和影响其原定的价格时,才予调整该项目的单价。第(6)种情形下单价调整方式在专用合同条款中约定。

2. 变更权

合同的一方当事人通过为变更的意思表示而使合同内容发生变更的权利,称之为变更权。在履行合同过程中,经发包人同意,监理人可按变更程序向承包人做出变更指示,承包人应遵照执行。没有监理人的变更指示,承包人不得擅自变更。

3. 变更程序

承包商、业主方、监理方均可根据需要提出工程变更。具体工程变更的批准程序如下。

1)由承包商提出的工程变更

承包商提出工程变更申请报告,填报变更原因、相关图纸、变更工程量和造价等。监理方审核工程变更造价合理性,对工期的影响并签署审核意见。设计单位审核工程变更图纸以及相关图纸是否满足设计规范,是否符合原设计要求,并签署审核意见。建设单位按相关规定的审批权限进行申报或批复,向监理公司出具工程变更审批意见,明确变更是否执行。具体流程见图3-14。

2)由业主方提出的工程变更

业主方根据实际需要向监理方提出工程变更申请意向,监理方委托承包商根据业主意向填报变更原因、变更工程量和造价等,设计单位提交相应的变更初步图纸。监理方审核工程变更必要性和可行性,审核工程变更造价合理性,工程变更对工期的影响。设计单位需要完成详细工程变更图纸,审核变更设计图纸是否符合原设计要求,并签署审核意见。建设单位按相关规定的审批权限进行申报或批复,向监理方出具工程变更审批意见,明确变更是否执行。

监理方下发工程变更通知令,在变更通知中明确变更工程项目的详细内容、变更工程量、变更项目的施工技术要求、质量标准、相关图纸,明确变更工程的预算造价和工期影响。承包方按工程变更通知令执行工程变更,如承包方对工程变更持有异议,承包方也应遵照执行,并在7 d内向监理公司提交争议问题,协商解决。

3)由监理方提出的工程变更

监理方提出工程变更申请报告,委托承包商填报变更原因、相关图纸、变更工程量和造价等。建设单位项目主管审核工程变更必要性和可行性,监理方审核工程变更造价合

理性,审核工程变更对工期的影响,并签署审核意见。设计单位审核变更设计图纸是否符合设计规范,是否符合原设计要求,并签署审核意见。建设单位项目主管按上级批复意见向监理方出具工程变更审批意见,明确变更是否执行。监理方下发工程变更通知后,承包方按工程变更通知令执行工程变更。

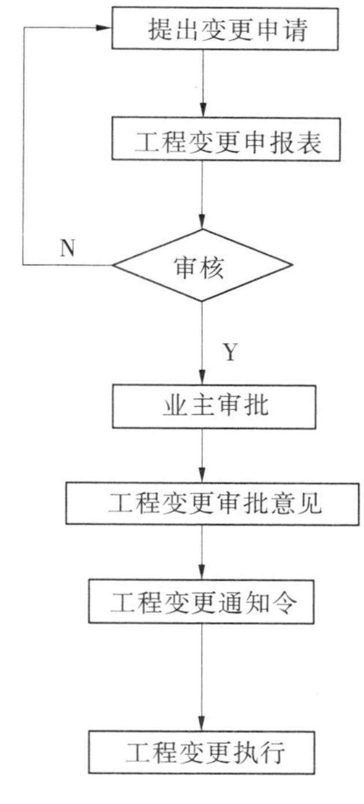

图 3-14　由承包商提出的工程变更程序图

4. 工程变更指示

为了避免耽误工程,工程师和承包人就变更价格和工期补偿达成一致意见之前有必要先行发布变更指示,先执行工程变更工作,然后就变更价格和工期补偿进行协商和确定。

工程变更指示的发出有两种形式:书面形式和口头形式。一般情况下,要求用书面形式发布变更指示,如果由于情况紧急而来不及发出书面指示,承包人应该根据合同规定要求工程师书面认可。变更指示只能由监理人发出,变更指示应说明变更的目的、范围、变更内容以及变更的工程量及其进度和技术要求,并附有关图纸和文件。承包人收到变更指示后,应按变更指示进行变更工作。

5. 变更估价

(1)除专用合同条款对期限另有约定外,承包人应在收到变更指示或变更意向书后的 14 d 内,向监理人提交变更报价书,报价内容应根据约定的估价原则,详细列出变更工作的价格组成及其依据,并附必要的施工方法说明和有关图纸。

(2)变更工作影响工期的,承包人应提出调整工期的具体细节。监理人认为有必要时,可要求承包人提交要求提前或延长工期的施工进度计划及相应施工措施等详细资料。

(3)除专用合同条款对期限另有约定外,监理人收到承包人变更报价书后的 14 d 内,根据约定的估价原则,商定或确定变更价格。

6. 暂估价

暂估价是《中华人民共和国标准施工招标文件》中的新增术语,根据《中华人民共和国标准施工招标文件》中通用合同条款的相关规定,暂估价是指发包人在工程量清单中给定的用于支付必然发生但暂时不能确定价格的材料、工程设备的单价以及专业工程等金额,签约合同价包括暂估价。

招标投标中的暂估价是指总承包招标时不能确定价格而由招标人在招标文件中暂时估定的工程、货物、服务的金额。发包人与承包人在采用之前的标准(或示范)文本签订合同之后,在合同履行过程中往往会发生一些争议和纠纷。在工程招标阶段已经确定的材料、工程设备或工程项目,但又无法在当时确定准确价格,而可能影响招标效果的,可由

发包人在工程量清单中给定一个暂估价。

1)必须招标的暂估价项目

若承包人不具备承担暂估价项目的能力或具备承担暂估价项目的能力但明确不参与投标的,由发包人和承包人组织招标;若承包人具备承担暂估价项目的能力且明确参与投标的,由发包人组织招标;暂估价项目中标金额与工程量清单中所列金额差以及相应的税金等其他费用列入合同价格;必须招标的暂估价项目招标组织形式、发包人和承包人组织招标时双方的权利义务关系在专用合同条款中约定。

2)不招标的暂估价项目

(1)给定暂估价的材料和工程设备不属于依法必须招标的范围或未达到规定的规模标准的,应由承包人提供。经监理人确认的材料、工程设备的价格与工程量清单中所列的暂估价的金额差以及相应的税金等其他费用列入合同价格。

(2)给定暂估价的专业工程不属于依法必须招标的范围或未达到规定的规模标准的,由监理人按照变更处理原则进行估价,但专用合同条款另有约定的除外。经估价的专业工程与工程量清单中所列的暂估价的金额差以及相应的税金等其他费用列入合同价格。

(二)工程索赔

索赔是工程承包中经常发生的正常现象。由于施工现场条件、气候条件的变化,施工进度、物价的变化,以及合同条款、规范、标准文件和施工图纸的变更、差异、延误等因素的影响,使得工程承包中不可避免地出现索赔。

1. 索赔的依据

建设工程索赔通常是指在工程合同履行过程中,合同当事人一方因对方不履行或未能正确履行合同或者由于其他非自身因素而受到经济损失或权利损害,通过合同规定的程序向对方提出经济或时间补偿要求的行为。索赔是一种正当的权利要求,它是合同当事人之间一项正常的而且普遍存在的合同管理业务,是一种以法律和合同为依据的合情合理的行为。总体而言,索赔的依据主要有三个方面:

(1)合同文件。

(2)法律法规。

(3)工程建设惯例。

2. 索赔的起因

(1)发包人违约,包括发包人和工程师没有履行合同责任,没有正确地行使合同赋予的权力,工程管理失误,不按合同支付工程款等。

(2)合同错误,如合同条文不全、错误、矛盾、有二义性,设计图纸、技术规范错误等。

(3)合同变更,如双方签订新的变更协议、备忘录、修正案,发包人下达工程变更指令等。

(4)工程环境变化,包括法律、市场物价、货币兑换率、自然条件的变化等。

(5)不可抗力因素,如恶劣的气候条件、地震、洪水、战争状态、禁运等。

3. 索赔成立的条件

索赔的成立,应该同时具备以下三个前提条件,缺一不可:

(1)与合同对照,事件已造成了承包人工程项目成本的额外支出,或直接工期损失。

(2)造成费用增加或工期损失的原因,按合同约定不属于承包人的行为责任或风险责任。

(3)承包人按合同规定的程序和时间提交索赔意向通知和索赔报告。

4. 索赔证据

索赔事件确立的前提条件是必须有正当的索赔理由,正当的索赔理由的说明须有有效证据。

1)对索赔证据的要求

(1)事实性。

(2)全面性即所提供的证据应能说明事件的全过程,不能零乱和支离破碎。

(3)关联性即索赔证据应能互相说明,相互具有关联性,不能互相矛盾。

(4)及时性即索赔证据的取得及提出应当及时。

(5)具有法律效力。一般要求证据必须是书面文件,有关记录、协议、纪要须是双方签署的,工程中的重大事件、特殊情况的记录、统计必须由监理工程师签证认可。

2)索赔证据的种类

(1)本工程合同协议书。

(2)中标通知书。

(3)投标书及附件。

(4)本合同专用条款。

(5)本合同通用条款。

(6)标准、规范及有关技术文件。

(7)图纸。

(8)工程量清单。

(9)工程报价单或预算书。

工程变更、来往信函、指令、通知、答复、会议纪要等应视为合同协议书的组成部分。由于构成索赔证据的内容广泛,有时会形成相互抵触(或矛盾),或做不同解释的情况,导致合同纠纷。根据我国相关规定,合同文件应能互相解释、互为说明,除合同另有约定外,上述索赔证据的种类排序即为其组成和解释顺序。

5. 索赔的程序

工程施工中承包人向发包人索赔、发包人向承包人索赔以及分包人向承包人索赔的情况都有可能发生,以下说明承包人向发包人索赔的一般程序和方法。

1)索赔意向通知

在工程实施过程中发生索赔事件以后,或者承包人发现索赔机会,首先要提出索赔意向,即在合同规定时间内将索赔意向用书面形式及时通知发包人或者工程师,向对方表明索赔愿望、要求或者声明保留索赔权利,这是索赔工作程序的第一步。索赔意向通知要简明扼要地说明索赔是由发生的时间、地点、简单事实情况描述和发展动态、索赔依据和理由、索赔事件的不利影响等。

2) 索赔资料的准备

在索赔资料准备阶段,主要工作就是要掌握事件产生的详细经过以及跟踪和调查干扰事件,分析干扰事件产生的原因,划清各方责任,确定索赔依据。对责任方所引起的损失进行调查分析计算,确定工期索赔和费用索赔。在此期间要收集证据,获得充分而有效的各种证据,起草并编写与工程相关的索赔文件。

3) 索赔文件的提交

索赔报告的具体内容,应根据索赔事件的性质和特点有所不同,但从内容上来看,一般分为四个部分:

(1) 总述部分。

总述部分即索赔事件总论。总论部分的阐述要求简明扼要,说明问题。它一般包括序言、索赔事项概述、具体索赔要求。概要论证索赔事项发生的日期和过程,承包人为该索赔事项付出的努力和附加开支以及承包人的具体索赔要求。

(2) 论证部分。

论证部分是索赔报告的关键部分,其目的是说明自己有索赔权,索赔依据主要是说明自己具有索赔权利,这是索赔能否成立的关键。该部分的内容主要来自该工程的合同文件,并参照有关法律规定。

(3) 索赔款项(工期)计算部分。

索赔计算的目的,是以具体的计算方法和计算过程,说明自己应得的经济补偿的款项或延长的工期。如果说索赔报告论证部分的任务是解决索赔权能否成立,则款项计算是为解决能得多少款项。前者定性,后者定量。实际费用法是计算工程索赔时最常用的一种方法。这种方法的计算原则是以承包人为某项索赔工作所支付的实际开支为根据,向业主要求费用补偿。

(4) 证据部分。

索赔证据包括该索赔事件所涉及的一切证据材料,以及对这些证据的说明。证据是索赔报告的重要组成部分,没有切实可靠的证据,索赔是不可能成功的。要注意引用的每个证据的效力或可信程序,对重要的证据资料最好附以文字说明,或附以确认。

4) 索赔文件的审核

对于承包人向发包人的索赔请求,索赔文件首先应该交由工程师审核。工程师根据发包人的委托或授权,对承包人索赔的审核工作主要分为判定索赔事件是否成立和核查承包人的索赔计算是否正确、合理两个方面,并可在授权范围内做出判断,初步确定补偿额度,或者要求补充证据,或者要求修改索赔报告等,对索赔的初步处理意见要提交发包人。

知识链接

《关于清理规范工程建设领域保证金的通知》(国办发〔2016〕49 号);住房和城乡建设部和国家工商行政管理总局《建设工程施工合同(示范文本)》(GF—2017—0201)、《中华人民共和国招标投标法》、《中华人民共和国合同法》。

【课堂自测】

项目三任务四课堂自测练习

任务五　施工项目安全管理

一、施工项目安全管理概述

（一）施工项目安全概述

工程项目安全从广义角度来说，指工程建筑物本身的安全，即质量是否达到了合同要求、能否在设计规定的年限内安全使用，设计质量和施工质量直接影响到工程本身的安全，二者缺一不可；另外是指在工程施工过程中人员的安全，特别是合同有关各方在现场工作人员或者第三方人的生命安全。

水利施工项目的安全是深受关注的重点问题。水利工程施工环境复杂、工序较多、参与人员多、工期长、工程占地范围大、涉及方面也较大，工程本身的特点决定了安全管理的重要性，稍有不慎，便会发生安全事故。近几年来，各级政府部门重视对安全生产的监管力度，但是事故仍不断发生。水利工程一旦发生事故，将会给下游人民的生命财产造成巨大损失。因此，安全管理仍应常抓不懈，提高警惕、毫不放松，义不容辞地搞好工程施工安全。

根据《生产安全事故报告和调查处理条例》，事故划分为特别重大事故、重大事故、较大事故和一般事故 4 个等级。特别重大事故，是指造成 30 人以上死亡，或者 100 人以上重伤，或者 1 亿元以上直接经济损失的事故；重大事故，是指造成 10 人以上 30 人以下死亡，或者 50 人以上 100 人以下重伤，或者 5 000 万元以上 1 亿元以下直接经济损失的事故；较大事故，是指造成 3 人以上 10 人以下死亡，或者 10 人以上 50 人以下重伤，或者 1 000万元以上 5 000 万元以下直接经济损失的事故；一般事故，是指造成 3 人以下死亡，或者 10 人以下重伤，或者 1 000 万元以下直接经济损失的事故。

水利工程施工企业应该从工程施工的全过程进行安全管理，在工程的每一个施工环节、施工步骤都要认真落实安全管理。下面就水利工程施工安全管理进行阐述。

（二）施工前的安全管理

工程项目开工前，觉得不存在安全事故隐患，就是设备进场、项目部布置、工程施工技术准备，因此人们往往会忽略这一阶段的安全管理问题。水利工程施工项目部在工程开工前做了以下安全管理工作。

1. 建立安全管理监督机构

施工项目经理承担控制、管理施工生产进度、成本、质量、安全等目标的责任。同时承担安全管理、实现安全生产的责任。因此，建立、完善以项目经理为首的安全生产领导组织,有组织、有领导地开展安全管理活动。

以项目经理、项目副经理、总工程师及各部门负责人为成员的安全管理监督小组。制定详细的检查管理制度,定期或不定期地对施工现场和项目部进行安全检查,每周召开一次安全管理工作会议,研究、解决工程施工中出现的安全管理问题。

2. 制定各项安全管理制度

根据该工程的特点,结合项目部的管理水平以及相关的行业规范标准,制定切实可行的安全管理制度。做到以制度约束、规范施工中的安全行为,并明确责任、权利及奖惩办法,使其管理制度贯穿到整个施工过程。项目部制定了《项目部安全管理制度》《施工机械安全管理制度》《施工员安全管理制度》《测量员安全管理制度》《质检员安全管理制度》《施工协作队伍安全管理制度》等,并把这些制度制作成版面,悬挂在项目部。

3. 专兼职安全员的设立和配置

根据工程的规模、施工特点,安排专职安全员,主要负责该工程的安全工作。具体工作包括:负责施工现场的安全检查,整理安全管理的日志,对安全工作的处理、整改、验收、上报和监督各兼职安全的各项安全工作等。

依据项目划分及工程的位置,同时得配备兼职安全员,具体负责该工程施工的安全管理工作。主要工作是:负责分部工程施工的安全管理,日志、标语警示牌的管理,安全防护设施的管理,施工人员的安全教育、安全问题的监督处理、整改、验收及材料整理等具体工作。

4. 加强安全生产教育制度

企业安全生产教育培训一般包括对管理人员、特种作业人员和企业员工的安全教育。加强对项目部人员进行安全知识培训和教育,着重加强对项目部的管理制度进行认真学习。项目部各专业人员的安全管理制度做到人手一册。其中包括特种作业人员安全教育,必须经专门的安全技术培训并考核合格,取得中华人民共和国特种作业操作证,方可上岗作业。企业员工的安全教育主要有新员工上岗前的三级安全教育、改变工艺和变换岗位安全教育、经常性安全教育。新员工上岗前三级安全教育通常是指进厂、进车间、进班组三级,对建设工程来说,具体指企业(公司)、项目(或工区、工程处、施工队)、班组三级。

特种作业操作资格证书在全国范围内有效。特种作业操作资格证书,每三年复审一次。离开特种作业岗位达6个月以上的特种作业人员,应当重新进行实际操作考核,经确认合格后方可上岗作业。对于未经培训考核,即从事特种作业的,只有造成重大安全事故,构成犯罪的,对直接责任人员,依照刑法的有关规定追究刑事责任。

5. 强化机械安全管理、杜绝无证上岗

施工准备阶段对进场机械设备的运行状态、安全性能进行认真的检查和测试。必要时找专业人士进行调试和安装。发现问题立即解决,确保施工现场的设备安全系数达到100%。明确每个设备的安全责任人,制定每台机械设备的安全操作规范。印发到每个操作员手中,便于随时学习。

持证上岗是机械设备安全管理的基本保证,机械操作员只有取得操作证,才能确保工程机械在工程施工中安全运行。设备进场时审核进场设备操作员的操作证,无证人员驾

驶的设备拒绝进入施工工地。

（三）施工中的安全管理

工程施工中的安全管理最主要的阶段就是施工阶段，该阶段是安全事故的多发期。由于机械化程度的不断提高，现在工程施工各种施工设备都被充分运用到工程中来，因此做好施工中的安全管理工作是整个工程施工的关键。施工中的安全管理就是对人、机械、材料及施工工序的安全管理。

1. 人的安全管理

对人的管理是最难的，人是安全管理的核心。有了人的不安全因素，才会造成物的不安全结果。项目部应该在加强对人的安全教育的同时，制定安全管理制度来管理和约束人的不安全行为。

1）项目部管理人员的安全管理

项目部的领导负责工程施工安全管理，领导层必须取得安全考核证，对该工程的安全管理具备很强的管理能力。安全工作是一切工作的中心，出现了安全问题，再宏伟的工程也要否定它的成就。因此，管理人员应不违章指挥，按安全管理制度办事。认真例行安全检查，详细听取安全人员的回报和建议，对于工程要求相关的安全款项应该专款专用。施工项目的安全检查应由项目经理组织，定期进行。

其他管理人员的安全管理要做到认真学习项目部的安全管理制度，熟记自己担负岗位的安全管理责任，积极做好本岗位的安全检查、监督。养成了凡事讲安全、生产中抓安全的好习惯。上班前先检查所负责施工现场的安全隐患，叮嘱、监督机械操作员检查设备的安全状态。在施工现场时刻监督各施工人员、施工机械在绝对安全的环境下工作。发现不安全因素及时处理，将安全事故消灭在萌芽状态。每天做好负责工作的安全日志，总结安全施工的经验，协助专职安全人员和项目部领导做好安全管理的其他工作。

2）机械操作人员的安全管理

对于进入工地现场的操作工人，提前针对性地进行安全培训和学习。部分人员每天上岗前对所操作的机械进行安全性能检查，发现问题及时处理和维修，同时做好检修记录。熟记机械设备的安全操作规程，在施工时要求操作人员严格按照操作规程进行作业，严禁违规作业。对那些存在不安全的指挥或者安全隐患操作，有权拒绝，当发生安全事故时有合理的避险权。

3）施工人员的安全管理

施工人员上岗前项目部组织学习国家的安全法律法规及相关政策，学习项目部制定的安全管理制度。向进入施工现场的人员进行安全技术交底，让他们了解该工程的特点、潜在的不安全因素。要他们清楚在工程施工中他们的权利和义务，掌握紧急避险、撤离危险现场的方法，以及各种安全防护用品的合理使用。项目部制作了针对工程特点的安全知识挂图，利用图片的直观性进行安全教育。在工程施工中，项目部的安全员进行旁站监督、检查对施工人员的安全现场管理，发现不安全因素立刻制止、处理、纠正、整改。

2. 机械的安全管理

机械设备的安全是该工程安全管理的重点，对施工机械的安全管理，项目部针对各种机械的特点及用途，印发了安全操作规程。不但要操作人员认真学习，还将安全操作规程粘贴到机械的明显位置,时时提醒操作员按规程操作。项目部将该工作作为重点工作进行检查,对违反安全操作规程的,不但对机械负责人进行批评教育及经济处罚,还责令违章操作员离开施工现场。

项目部坚持做到对机械每天进行安全检查,上班前有专职安全人员对机械的性能、运行状态进行检查和测试,确保进入施工状态的机械安全可靠,性能良好。发现有问题的责令机械负责人进行维修,直到符合要求,方可进入施工现场操作。下班或业余时间督促机械负责人对机械进行保养和维修,确保施工期间机械安全状态良好。

3. 物的安全管理

物的不安全状态也是造成安全事故的主要原因,项目部应紧紧围绕对物的安全管理做好以下工作。

1)原材料的质量验收

原材料进场验收的标准按采购合同所规定的具体要求与条件,合格样品,各类材料的国家标准、行业标准或国际标准进行验收。

原材料进场核对凭证,验收必须核对到料凭证,经确认不属于应收的材料不得办理验收,并及时通知供料部门处理。通过目测对材料的外观质量以及证件进行检查测定,验证其是否符合产品质量标准或合同规定的要求。根据原材料特性的不同数量验收,采取点数、检斤、检尺的方法进行核对,材料的名称、规格、型号、数量(件数、长度、重量)等运货清单、发货证明、技术证件、材质单等资料是否相符进行验收。到场原材料凭证和实际验收一致,验收员和库管员开具收料单据并双方签字。

2)物的堆放管理

经验收合格的料物进入存放场地后,按规范要求堆放整齐,防止坍塌造成安全隐患。铅丝笼、钢筋等材料按型号及规格存放,注意阴雨等不良天气的保护。

4. 其他方面的安全管理

1)用电的安全管理

安全用电是项目部建设和运行安全的必要保证,为了保证施工期间整个项目部建设的用电安全,项目部安排专业的电工对项目部及施工场地的用电线路按规范进行了架设。并专门制定了项目部安全用电管理制度,项目部定期或不定期地对安全用电进行检查,定期安排专业电工对项目部的用电线路、用电器进行检查与检修。

2)警示牌的安全管理

安全警示牌是提醒现场的工作人员要高度重视安全施工,在施工现场设置施工安全警示牌、标语、安全宣传彩旗等,尤其在交通路口、危险路段设置交通安全警示牌。

二、施工项目不安全因素分析

与一般建筑工程施工比较,水利工程施工存在更多、更大的安全隐患,体现在工程规模较大、场地分散、施工班次班组多、联络多有不便、系统安全管理难度大等方面。如土石方爆破作业,接触火工材料,具有爆破安全问题;汛期或潮汐期间施工,面临洪水和潮汐侵袭情况下的施工安全;基础开挖(如大型闸室基础)时基坑边坡的安全支撑;引(输)水隧洞施工洞室开挖衬砌封堵的安全问题;大型机械设备使用保证架设及作业的安全等。

施工难度大，技术复杂，易造成安全隐患。如隧洞洞身钢筋混凝土衬砌，特别是封堵段的混凝土衬砌；泵送混凝土及模板系统的安全；高（悬）空大体积混凝土立模、扎筋、浇筑等安全问题。施工现场均为“敞开式”，难以有效封闭隔离，给工地设备器材和人员安全管理增加了难度。

（一）人的不安全因素

人的不安全因素，是指影响安全的人的因素。能够使系统发生故障或发生性能不良的事件的人员，个人的不安全因素和违背设计和安全要求的错误行为。人的不安全因素可分为个人的不安全因素和人的不安全行为两个大类。

1. 个人的不安全因素

个人的不安全因素是指人员的心理、生理、能力中所具有不能适应工作、作业岗位要求而影响安全的因素。个人的不安全因素包括以下几个方面：

（1）视觉、听觉等感觉器官不能适应工作、作业岗位的要求，影响安全的因素。

（2）体能不能适应工作、作业岗位要求的影响安全的因素。

（3）年龄不能适应工作作业岗位要求的因素。

（4）有不适合工作作业岗位要求的疾病。

（5）疲劳和酒醉或刚睡过觉。

2. 人的不安全行为

人的不安全行为是指能造成事故的人为错误，是人为地使系统发生故障或发生性能不良事件，是违背设计和操作规程的错误行为。人的不安全行为，通俗地用一句话讲，就是指能造成事故的人的失误。不安全行为在施工现场的类型详见以下内容：

（1）操作失误、忽视安全、忽视警告。

（2）造成安全装置失效。

（3）使用不安全设备。

（4）手代替工具操作。

（5）物体存放不当。

（6）冒险进入危险场所。

（7）攀坐不安全位置。

（8）在起吊物下作业、停留。

（9）在机器运转时，检查、维修、保养等。

（10）有分散注意力行为。

（11）没有正确使用个人防护用品、用具。

（12）不安全装束。

（13）对易燃易爆等危险物品处理错误。

产生不安全行为的主要原因有系统组织上的原因、思想上责任性的原因、工作上的原因、产生不安全行为的主要工作上的原因、工作知识的不足或工作方法不适当、技能不熟练或经验不充分，但又不听或不注意管理提示等。

（二）物的不安全状态

物的不安全状态是指能导致事故发生的物质条件，包括机械设备等物质或环境所存在的不安全因素,通常人们将此称之为物的不安全状态或称之为物的不安全条件,也有直接称其为不安全状态。

物的不安全状态大致包括七个方面:

(1)物(包括机器、设备、工具、其他物质等)本身存在的缺陷。

(2)防护保险方面的缺陷。

(3)物的放置方法的缺陷。

(4)作业环境场所的缺陷。

(5)外部的和自然界的不安全状态。

(6)作业方法导致的物的不安全状态。

(7)保护器具信号、标志和个体防护用品的缺陷。

(三)管理方面不安全因素

(1)组织结构不合理。

(2)组织机构不健全,机构职责不明晰。

(3)规章制度不全、不符合实际。

(4)文件、记录管理不符合要求。

(5)作业规程、操作规程、安全技术措施的编制、审批、管理不符合规定,贯彻学习不到位。

(6)未根据风险评估及本单位生产计划编制应急预案,预案不完善、不合理。

(7)岗位职责不明,设置不合理。

(8)员工安全教育、培训不符合规定。

(9)未开展班组建设活动。

(10)其他管理的不安全因素。

(四)事故潜在的不安全因素

事故潜在的不安全因素是造成人的伤害、物的损失事故的先决条件,各种人身伤害事故均离不开物与人这两个因素。人身伤害事故就是人与物之间产生的一种意外现象。在人与物这两个因素中,人的因素是最根本的,因为物的不安全因素的背后,实质上还是隐含着人的因素。人的不安全行为和物的不安全状态,是造成绝大部分事故的两个潜在的不安全因素,通常也可称作事故隐患。

分析大量事故的原因可以得知,单纯由于不安全状态或者单纯由于不安全行为导致事故的情况并不多,事故几乎都是由多种原因交织而成的,是由人的不安全因素和物的不安全状态结合而成的。

三、施工安全管理体系

目前,随着水利水电工程施工项目的逐项加大,施工中的安全管理工作成为不可忽略的中心问题,施工安全应放在第一位。既要保护生产活动中人的安全与健康,又要保证工程施工顺利进行。建立施工安全生产管理制度体系应贯彻的方针是安全第一,预防为主。因此,建立一套完整的施工安全管理体系是保持社会安定团结和经济可持续发展的重要条件。

(一)安全管理体系的作用

目前,随着水利水电工程施工项目,施工中的安全管理工作成为不可忽略的中心问题,施工安全应放在第一位。既要保护生产活动中人的安全与健康,又要保证工程施工顺利进行。安全管理体系是项目管理体系中的一个子系统,其循环也是整个管理系统循环的一个子系统。因此,建立一套完整的施工安全管理体系是保持社会安定团结和经济可持续发展的重要条件。

(二)安全管理体系的目标

安全是项目四大控制的核心,实现以人为本的安全管理,通过实施《职业安全卫生管理体系》,尽量使面临的风险减少到最低限度,并最终实现预防和控制工伤事故、职业病及其他损失的目标。水利工程这种周期很长、工作环境复杂的项目,力争"零事故"的出现,促进项目管理现代化,增强对国家经济发展的能力。

(三)建立安全管理体系的要求

安全生产管理体系应符合安全生产法规的要求,建立安全管理体系并形成文件,文件应包括安全计划,企业制定的各类安全管理标准,相关的国家、行业、地方法律和法规文件、各类记录、报表和台账。

针对工程项目的规模、结构、环境、技术含量、施工风险和资源配置等因素进行安全生产策划,策划内容包括:

(1)配置必要的设施、装备和专业人员,确定控制和检查的手段、措施。

(2)确定整个施工过程中应执行的文件、规范。

(3)冬季、雨季、雪天和夜间施工安全技术措施及夏季的防暑降温工作。

(4)确定危险部位和过程,对风险大和专业性较强的工程项目进行安全论证。同时采取相应的安全技术措施,并得到有关部门的批准。

(四)建立安全管理体系

1. 安全保证体系

保证工程项目能够保质保量地完成,杜绝因工死亡事故,不发生重大施工、交通和火灾事故,力争实现零事故。项目部成立以项目经理为首的安全领导小组,安全管理部门负责人全面负责安全工作,下设专职安全员和兼职安全员。安全管理体系构成包括以下内容:

(1)施工安全领导小组。

项目经理为施工安全第一责任人,下设以项目经理为组长,成员以安全管理部门负责人为主,由各管理部门负责人参加的施工安全领导小组,负责监督安全施工,制订安全生产管理措施及方法。

(2)安全管理部门负责人。

安全管理部门负责人为施工安全的重要责任人,负责实施施工安全规章和落实全面的安保工作。

(3)安全员。

安全员包括专职安全员和兼职安全员。专职安全员以各施工班组专业安全员为成员,具体负责日常的安全工作。检查施工现场的安全隐患,对穿拖鞋上工地、不戴安全帽上工地及高空作业不系安全带等安全违章行为进行纠正和处罚,同时负责爆破、拆除、混

凝土及土方施工过程中人及设备的安全和防护工作。由施工员及各专业班组长兼任，负责具体落实分部工程、各工序的安全检查和督促工作，把安全隐患消除在萌芽状态。

综上所述，安全管理体系各部门应结合工程的实际情况，严格管理制度，抓好施工项目安全管理工作的同时，也要关心每个成员的身体健康和心理健康状况，充分体现以人为本的管理理念。外来的控制与赏罚并不是安全管理的唯一方法，如果能让施工人员深刻理解安全管理的目标和意义，以增强对整个项目的安全管理的参与程度，施工人员就能够进行自我控制，真正体现“以人为本”的管理理念。

2. 安全生产管理预警体系

安全生产管理预警体系的建立就要防患于未然，类似于安全事故的发生随时都有可能，故预警体系是以事故现象的成因、特征及发展作为研究对象，运用现代系统理论和预警理论避免安全事故的发生，减少事故的损失量。

1）预警体系建立的原则

（1）及时性。预警体系的出发点在当事故还在萌芽状态时，就通过细致的观察、分析，提前做好各种防范的准备，及时发现、及时报告、及时采取有效措施加以控制和消除。

（2）全面性。项目施工过程中，对人、物、环境、管理等各个方面进行全面监督，及时发现问题，及时采取措施。

（3）高效性。只有高效率才能对各种隐患和事故的发生进行及时预告，并制订合理适当的应急措施迅速改变不利局面。

（4）客观性。项目在整个施工过程中，安全隐患的存在是客观的，相关部门人员要积极主动应对。

2）预警体系的运行

完善的预警体系为事故预警提供了物质基础。预警体系通过预警分析和预控对策实现事故的预警和控制，预警分析完成检测、识别、诊断与评价功能，而预控对策完成对事故征兆的不良趋势进行纠错和治理的功能。

（1）检测。检测是预警活动的前提，首先对现场施工过程中的薄弱、重要环节进行全方位、全过程、无死角检测。预警信息系统对大量的检测信息进行收集、整理、分析、存储和比较。

（2）识别。对于所检测到的信息进行分析，来识别生产活动中各类事故征兆、事故诱因以及将要发生的安全事故。

（3）诊断。已经识别的事故现象，进行成因分析和发展趋势的预测。在许多引起安全事故的因素中找出危险性最高、最严重的主要原因，并对成因进行分析，对未来发展趋势进行准确的定量。

（4）评价。对已经确认的事故进行描述性评价，明确此次安全事故发生导致的结果和损失量。通过描述性评价来判断目前的生产状况是正常的、危险的、极度危险的，必要的时候要报警。

3. 安全生产检查监督体系

安全生产检查监督主要内容包括查思想、查管理、查隐患、查整改、查事故处理以及查制度。安全检查制度是消除隐患、防止事故、改善劳动条件的重要手段。

安全生产检查能够减少事故的发生率,可以发现工程中的危险因素,以便有计划地采取措施,保证安全生产。安全生产检查监督体系主要包括以下内容。

1)全面安全检查

全面安全检查应包括职业健康安全管理方针、管理组织机构及其安全管理的职责、安全设施、操作环境、防护用品、卫生条件、运输管理、危险品管理、火灾预防、安全教育和安全检查制度等内容。施工的整个过程中应面面俱到,对全面检查的结果进行分析,找出问题并找出相应措施。

2)经常性安全检查

在进行全面检查的同时,工程项目班组应展开经常性安全检查,及时发现安全隐患,及时排除事故隐患。安全检查领导班组应时刻关注工地的现状,工作人员必须在工作前,对所用的机械设备和工具进行仔细检查,发现问题及时上报和处理。工作结束后还必须进行班后检查,保证交接安全。

3)专业或专职安全管理人员的专业安全检查

专业或专职安全管理人员在进行安全检查时,必须不徇私情,按章检查,发现违章作业情况要立即纠正,发现隐患及时指正并提出相应防护措施,及时上报。

4)季节性安全检查

对于大风、沙尘暴、雷电、夏季高温、冬季寒冷、洪涝灾害等季节性危害进行检查,根据各个季节自然灾害的发生规律,及时采取相应的防护措施。

5)节假日检查

国家法定节假日,工作人员往往放松警惕,容易发生意外,一旦发生意外事故,也难以进行有效的救援和控制。所有节假日必须安排专业安全管理人员,对重点部位进行安全巡检。

6)其他

整个施工过程中,对于一些重要的、关键的施工工艺,或者重要工序所涉及的重要的设备必须进行重点检查,防患于未然。

四、施工项目安全技术措施和安全技术交底

(一)施工安全控制

1. 安全控制的概念

安全控制指生产过程中涉及的计划、组织、监控、调节和改进等一系列致力于满足生产安全所进行的管理活动。安全控制的目标是减少和消除生产过程中的事故,保证人员健康安全和财产免受损失。具体包括:减少或消除人的不安全行为的目标;减少或消除设备、材料的不安全状态的目标;改善生产环境和保护自然环境的目标。

2. 施工安全的控制程序

1)确定每项具体的安全目标

按“目标管理”方法在以项目经理为首的项目管理系统内进行分解,从而确定每个岗位的安全目标,实现全员安全控制。

2)编制安全技术措施计划

工程施工安全技术措施计划是对生产过程中的不安全因素,用技术手段加以消除和控制的文件,是落实“预防为主”方针的具体体现,是进行工程项目安全控制的指导性文件。

3)落实与实施

安全技术措施计划的落实和实施包括建立健全安全生产责任制,设置安全生产设施,采取安全技术和应急措施,进行安全教育和培训,安全检查,事故处理,沟通和交流信息,通过一系列安全措施的贯彻,使生产作业的安全状况处于受控状态。

4)验证

安全技术措施计划的验证是通过施工过程中对安全技术措施计划实施情况的安全检查,纠正不符合安全技术措施计划的情况,保证安全技术措施的贯彻和实施。

(二)施工安全技术措施

施工安全技术措施必须在工程开工前制订,按照有关法律法规的要求,在编制工程施工组织设计时,应当根据工程特点制订相应比较全面的施工安全技术措施。必须掌握工程概括、施工方法、施工环境、条件等资料,有针对性地制订安全技术措施,力求全面、具体、可靠。

有关施工安全技术措施的主要内容如下:

(1)进入施工现场的安全规定。

(2)地面及深槽作业的防护。

(3)高处及立体交叉作业的防护。

(4)施工用电安全。

(5)施工机械设备的安全使用。

(6)在采取“四新”技术时,有针对性的专门安全技术措施。

(7)有针对自然灾害预防的安全措施。

(8)预防有毒、有害、易燃、易爆等作业造成危害的安全技术措施。

(9)现场消防措施。

施工总平面图的规划也是安全技术措施的一种形式,在施工总平面图中要规划好施工区、办公区、生活区。尤其是施工区,必须对危险的油库、易燃材料库、变电设备、材料和构配件的堆放位置、塔式起重机、物料提升机(井架、龙门架)、施工电梯、垂直运输设备位置、搅拌台的位置等按照施工需求和安全规程的要求明确定位,并提出具体要求。

对于结构复杂、危险性大、特性较多的分部分项工程应编制专项施工方案和安全措施。季节性施工安全技术措施,要考虑到夏季、雨季、冬季等不同季节的气候对施工生产带来的不安全因素等造成突发性事故,从管理、技术、防护上采取防护措施。对于危险性大、高温期长的工程,应单独编制季节性的施工安全措施。

(三)安全技术交底

水利工程施工周期长,在整个施工过程中各相关单位还有许多的交底工作,其中安全技术交底是一项技术性很强的工作,对于贯彻设计意图、严格实施技术方案、按图施工、循规操作、保证施工质量和施工安全至关重要。

1. 主要内容

(1)本施工项目的施工作业特点和危险点。

(2)针对危险点的具体预防措施。

(3)应注意的安全事项。

(4)相应的安全操作规程和标准。

(5)发生事故后应及时采取的避难和急救措施。

2. 安全技术交底的要求

(1)实行逐级交底:施工总承包单位向项目部、项目部向施工班组、施工班组长向作业人员分别进行交底。

(2)安全技术交底内容要全面、具体、针对性强。

(3)安全技术交底要按不同工程的特点和不同的施工方法,针对施工现场和周围的环境,从防护上、技术上提出相应的安全措施和要求。

(4)安全技术交底必须是以书面形式进行,交底人、接底人、专职安全员要严格履行签字手续并保存书面安全技术交底签字记录。

(5)各工种安全技术交底一般同分部分项工程安全技术交底同时进行。施工工艺复杂、技术难度大、作业条件危险的工程项目,可单独进行工种交底。

(6)对于涉及“四新”项目或技术含量高、技术难度大的单项技术设计,必须经过两阶段技术交底,即初步设计技术交底和实施性施工图技术设计交底。

(7)定期向由两个以上作业队和多工种进行交叉施工的作业队伍进行书面交底。

知识链接

《中华人民共和国安全生产法》《中华人民共和国建筑法》《建设工程安全生产管理条例》《生产安全事故报告和调查处理条例》《特种设备安全监察条例》等法律法规。

【课堂自测】

项目二任务五课堂自测练习

任务六　施工项目环境管理

一、施工项目环境管理概述

(一)施工项目环境

施工项目环境主要是指施工现场的自然环境、劳动作业环境及管理环境。由于建设工程是在事先选定的建设地址和场址进行建造的,因此施工期间将会受到所在区域气候条件和建设场地的水文地质情况的影响;受到施工场地和周边建筑物、构筑物、交通道路,以及地下管道、电缆或其他埋设物和障碍物的影响。在施工开始前制订施工方案时,必须对施工现场环境条件进行充分的调查分析,必要时还需做补充地质勘查取得准确的资料和数据,以便正确地按照气象及水文地质条件,合理安排冬季及雨季的施工项目,规划防洪排涝、抗寒防冻、防暑降温等方面的有关技术组织措施。制订防止邻近建筑物、构筑物及道路和地下管道线路等沉降或位移的保护措施。

施工现场劳动作业环境,整个建设场地施工期间的使用规划安排,科学合理地做好施工总平面布置图的设计,使整个建设工地的施工临时道路、给水排水及供热供气管道、供电通信线路、施工机械设备和装置、建筑材料制品的堆场和仓库、现场办公及生活或休息设施等的布置有条不紊,安全、畅通、整洁、文明,消除有害影响和相互干扰,物得其所、使用简便、经济合理。作业环境规划到每一个施工作业场所的料具堆放状况,通风照明及有害气体、粉尘的防备措施条件的落实等。

加强现场文明施工组织措施,建立文明施工管理组织,健全文明施工管理制度。落实现场文明施工的各项管理制度,包括施工平面布置、现场围挡、标牌。市区主要路段和其他涉及市容景观路段,工地设置围挡高度不低于2.5 m,其他工地围挡高度不低于1.8 m。建设工程现场文明施工必须实行封闭管理,设置进出口大门,制定门卫制度,严格执行外来人员进场登记制度。项目经理是施工现场文明施工的第一责任人,现场建立消防领导小组,落实消防责任制和责任人员。

(二)施工项目管理环境

由于工程施工是采用合同环境下的承发包生产方式,其基本的承发包模式有:施工总分包模式、平行承发包模式及其这两种模式的组合应用。因此,一个建设项目或一个单位工程的施工项目,通常由多个承建商来共同承担施工任务,不同的承发包模式和合同结构,确定了他们之间的管理关系或工作关系,这种关系能否做到明确而顺畅,这就是管理环境的创造问题。虽然承建商无法左右业主对承发包模式和工程合同结构的选择,然而却有可能从主承包合同条件的拟定和评审中,从分发包的选择和分包合同条件的协商中,注重管理责任和管理关系,包括协作配合管理关系的建立,合理地为施工过程创造良好的组织条件和管理环境。

(三)施工项目环境管理

施工过程中不可避免地会产生施工垃圾、污水以及噪声等污染环境,而现场的环境管理工作不仅影响到施工现场内部,而且会影响到施工场地周边区域乃至城市的环境,因此施工现场的环境管理工作是整个区域乃至整个城市的环境管理工作的一部分。因此,施工现场必须满足城市及周边地区环境管理的要求。施工现场环境管理涉及防止大气污染、防止水污染、防止噪声污染和现场住宿及生活设施的环境卫生等。

企业应该根据批准的建设项目环境影响报告,通过对环境因素的识别和评估,确定管理目标及主要指标,并在各个阶段贯彻实施。项目的环境管理应该遵循以下程序:

(1)确定环境管理目标。

(2)进行项目环境管理策划。

(3)实施项目环境管理策划。

(4)验证并持续改进。

二、施工项目环境管理体系

(一)环境管理体系标准

1. 环境管理体系 GB/T 24000 标准体系构成

随着全球经济的发展,人类赖以生存的环境不断恶化,20 世纪 80 年代,联合国组建世界环境与发展委员会,提出了"可持续发展"的观点。2016 年 10 月 13 日我国颁布了新的《环境管理体系 要求及使用指导》(GB/T 24001—2016)国家标准体系,代替了 2004 年版的环境管理体系 GB/T 24000,并于 2017 年 5 月 1 日起实施。

国际标准化组织制定的 ISO 14001 体系标准,被我国等同采用。ISO 14001 环境管理体系标准是 ISO(国际标准化组织)在总结了世界各国的环境管理标准化成果,并具体参考了英国的 BS7750 标准后,于 1996 年底正式推出的一整套环境系列标准,其总的目的是支持环境保护和污染预防,协调社会需求和经济需求的关系,指导各类组织取得并表现出良好的环境行为。

在《环境管理体系 要求及使用指南》(GB/T 24001—2016)中,认为环境是指组织运行活动的外部存在,包括空气、水、土地、自然资源、植物、动物、人,以及它(他)们之间的相互关系。这个定义是以组织运行活动为主体,其外部存在主要是指人类认识到的,直接或间接影响人类生存的各种自然因素之间的相互关系。

2.《环境管理体系 要求及使用指南》(GB/T 24001—2016)的总体结构及内容

《环境管理体系 要求及使用指南》(GB/T 24001—2016)的总体结构及内容见表 3-18。

表 3-18 《环境管理体系 要求及使用指南》(GB/T 24001—2016)的总体结构及内容

项次	体系标准的总体结构	基本要求和内容
1	范围	本标准使用于任何有愿望建立环境管理体系的组织
2	规范性引用文件	无规范性引用文件
3	术语和定义	共有 20 项术语和定义
4	环境管理体系要求	
4.1	总要求	组织应根据本标准的要求建立、实施、保持和持续改进环境管理体系
4.2	环境方针	最高管理者应确定本组织的环境方针
4.3	策划	4.3.1 环境因素 4.3.2 法律法规和其他要求 4.3.3 目标、指标和方案
4.4	实施与运行	4.4.1 资源、作用、职责和权限 4.4.2 能力、培训和意识 4.4.3 信息交流 4.4.4 文件 4.4.5 文件控制 4.4.6 运行控制 4.4.7 应急准备和响应

续表 3-18

项次	体系标准的总体结构	基本要求和内容
4.5	检查	4.5.1　监测和测量 4.5.2　合规性评价 4.5.3　不符合,纠正措施和预防措施 4.5.4　记录控制 4.5.5　内部审核
4.6	管理评审	最高管理者应按计划的时间间隔,对组织的环境管理体系进行评审,以确保其持续适宜性、充分性和有效性。评审应包括评价改进的机会和对环境管理体系进行修改的需求,包括环境方针、环境目标和指标的修改需求

3. 环境管理体系标准的特点

(1)标准作为推荐性标准被各类组织普遍采用,适用于各行各业、任何类型和规模的组织,用于建立组织的环境管理体系,并作为其认证的依据。

(2)标准在市场经济驱动的前提下,促进各类组织提高环境管理水平,达到实现环境目标的目的。

(3)环境管理体系的结构系统,采用的是 PDCA 动态循环、不断上升的螺旋式管理运行模式,即由“环境方针—策划—实施与运行—检查与纠正措施—管理评审”五大要素构成的动态循环过程组成,体现了持续改进的动态管理思想。该模式为环境管理体系提供了一套系统化的方法,指导组织合理有效地推行其环境管理工作。环境管理体系运行模式如图 3-15 所示。

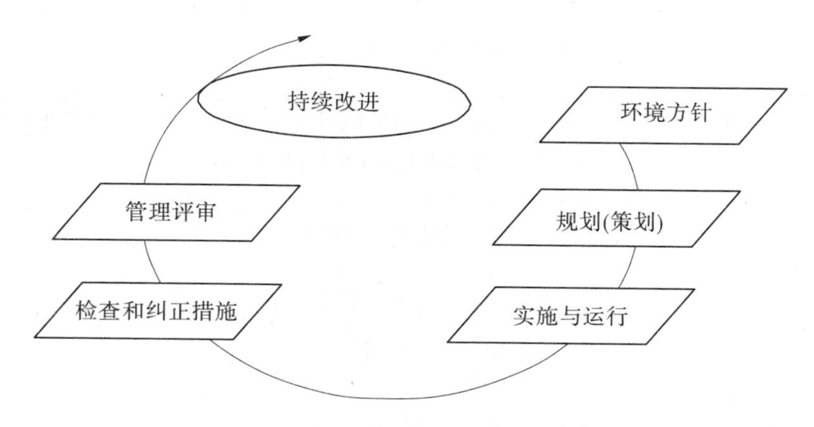

图 3-15　环境管理体系运行模式

(4)标准着重强调与环境污染预防、环境保护等法律法规的符合性。

(5)标准注重体系的科学性、完整性和灵活性。

(6)标准具有与其他管理体系的兼容性。标准的制定是为了满足环境管理体系评价

和认证的需要。为满足组织整合质量、环境和职业健康安全管理体系的需要，GB/T 24001 系列标准考虑了与《质量管理体系 要求》(GB/T 19001—2016)标准的兼容性。

4. 环境管理体系标准的特点

(1)标准的实施强调自愿性原则，并不改变组织的法律责任。

(2)有效的环境管理需要建立并实施结构化的管理体系。

(3)标准着眼于采取系统的管理措施。

(4)环境管理体系不必成为独立的管理系统，而应纳入组织整个管理体系中。

(5)实施环境管理体系标准的关键是坚持持续改进和环境污染预防。

(6)有效地实施环境管理体系标准，必须有组织最高管理者的承诺和责任以及全员的参与。

总之，GB/T 24001 系列标准的实施，可以规范所有组织的环境行为，降低环境风险和法律风险，最大限度地节约能源和资源消耗，从而减少人类活动对环境造成的不利影响，维持和改善人类生存和发展的环境，有利于实现经济可持续发展和环境管理现代化的需要。

(二)建设工程环境管理的目的、特点与要求

1. 建设工程环境管理的目的

环境保护是我国的一项基本国策。对环境管理的目的是保护生态环境，使社会的经济发展与人类的生存环境相协调。

对于建设工程项目，施工环境保护主要是指保护和改善施工现场的环境。企业应当遵照国家和地方的相关法律法规以及行业和企业自身的要求，采取措施控制施工现场的各种粉尘、废水、废气、固体废弃物，以及噪声、振动对环境的污染和危害，并且要注意对资源的节约和避免资源的浪费。

2. 建设工程环境管理的特点

建设工程产品及其生产与工业产品不同，有其自身的特殊性。正是由于其特殊性，对建设工程安全管理显得尤为重要。建设工程环境管理应考虑以下特点。

1)复杂性

建设工程一方面涉及大量的露天作业，受到气候条件、工程地质和水文地质、地理条件和地域资源等不可控因素的影响；另一方面受工程规模、复杂程度、技术难度、作业环境和空间有限等复杂多变因素的影响，导致施工现场的环境管理比较复杂。

2)多变性

一方面是项目建设现场材料、设备和工具的流动性大；另一方面由于技术进步，项目不断引入新材料、新设备和新工艺等变化因素，以及施工作业人员文化素质低，并处在动态调整和不稳定状态中，就加大了施工现场环境管理的难度。

3)协调性

项目建设涉及的单位多、专业多、界面多、材料多、工种多，包括大量的高空作业、地下作业、用电作业、爆破作业、施工机械及起重作业等危险的工程，并且各工种经常需要交叉或平行作业，就要求施工方做到各专业之间、单位之间互相配合，要注意施工过程中的材料交接、专业接口部分对环境管理的协调性。

4)持续性

项目建设一般具有建设周期长的特点,从前期决策、设计、施工直至竣工投产,诸多环节、工序环环相扣。前一道工序的隐患,可能在后续的工序中暴露,酿成安全事故。

5)经济性

一方面由于项目生产周期长,消耗的人力、物力和财力大,必然使施工单位考虑降低工程成本的因素多,从而一定程度上影响了环境管理的费用支出,导致施工现场的环境污染现象时有发生;另一方面由于建筑产品的时代性、社会性与多样性决定了管理者必须对环境管理的经济性做出评估。

6)环境性

建设项目的手工作业和湿作业多,机械化水平低,劳动条件差,工作强度大,从而造成施工现场的环境污染因素多。

由于上述特点的影响,导致施工现场的潜在不安全因素和人的不安全因素较多,使企业的经营管理,特别是施工现场的环境管理比其他工业企业的管理更为复杂。

3.建设工程环境管理的要求

根据《中华人民共和国环境保护法》和《中华人民共和国环境影响评价法》等法律法规的有关规定,建设工程施工环境管理的基本要求如下:

(1)涉及依法划定的自然保护区、风景名胜区、生活饮用水水源保护区及其他需要特别保护的区域时,工程施工应符合国家有关法律法规及该区域内建设工程环境管理的规定。

(2)建设工程应当采用节能、节水等有利于环境与资源保护的建筑设计方案、建筑材料、建筑构配件及设备。建筑材料和装修材料必须符合国家标准。禁止生产、销售和使用有毒、有害物质超过国家标准的建筑材料和装修材料。

(3)建设项目中防治污染的设施,必须与主体工程同时设计、同时施工、同时投产使用。防治污染的设施必须经原审批环境影响报告书的环境保护行政主管部门验收合格后,该建设工程项目方可投入生产或使用。

(4)尽量减少建设工程施工所产生的噪声对周围生活环境的影响。

(5)拟采取的污染防治措施应确保污染物排放达到国家和地方规定的排放标准,满足污染物总量控制要求。涉及可能产生放射性污染的,应采取有效预防和控制放射性污染的措施。

(6)应采取生态保护措施,有效预防和控制生态破坏。

(7)禁止引进不符合我国环境保护规定要求的技术和设备。

(8)任何单位不得将产生严重污染的生产设备转移给没有污染防治能力的单位使用。

(三)环境管理体系的建立与运行

1.环境管理体系的建立

环境管理体系的建立应当遵循以下步骤:

(1)领导决策。

最高领导者亲自决策,以便获得各方面的支持和在体系建立过程中所需的资源保证。

(2)成立工作组。

最高管理者或授权管理者代表成立工作小组负责建立体系。工作小组的成员要覆盖施工企业的主要职能部门,组长最好由管理者代表担任,以保证小组对人力、资金、信息的获取。

(3)人员培训。

培训的目的是使有关人员了解建立体系的重要性,了解标准的主要思想和内容。

(4)初始状态评审。

初始状态评审是对施工企业过去和现在的环境信息与状态进行收集、调查分析、识别和获取现有的适用的法律法规及其他要求,进行危险源辨识和风险评价、环境因素识别和重要环境因素评价。评审的结果将作为确定环境方针、制订管理方案、编制体系文件的基础。

(5)制订方针、目标、指标和管理方案。

方针是施工企业对环境行为的原则和意图的声明,也是施工企业自觉承担其责任和义务的承诺。方针不仅为施工企业确定了总的指导方向和行动准则,而且是评价一切后续活动的依据,并为更加具体的目标和指标提供一个框架。环境目标、指标的制订是施工企业为了实现其在环境方针中所体现出的管理理念及其对整体绩效的期许与原则,与企业的总目标相一致。管理方案是实现目标、指标的行动方案。为保证环境管理体系目标的实现,需结合年度管理目标和企业客观实际情况,策划制订环境管理方案,方案中应明确旨在实现目标指标的相关部门的职责、方法、时间表以及资源的要求。

(6)管理体系的策划与设计。

管理体系的策划与设计是依据制订的方针、目标和指标、管理方案确定施工企业机构职责和筹划各种运行程序。

(7)体系文件编写。

体系文件包括管理手册、程序文件、作业文件三个层次。体系文件的编写应遵循"标准要求的要写到、文件写到的要做到、做到的要有有效记录"的原则。

管理手册是对施工企业整个管理体系的整体性描述,为体系的进一步展开以及后续程序文件制订提供了框架要求和原则制订,是管理体系的纲领性文件。

程序文件的内容可按"4W1H"的顺序和内容来编写,即明确程序中管理要素由谁做(who),什么时间做(when),在什么地点做(where),做什么(what),怎么做(how);程序文件的一般格式可按照目的和适用范围、引用的标准及文件、术语和定义、职责、工作程序、报告和记录格式,以及相关文件等顺序来编写。

作业文件是指管理手册、程序文件之外的文件,一般包括作业指导书(操作规程)、管理规定、监测活动准则及程序文件引用的表格。其编写的内容和格式与程序文件的要求基本相同。在编写之前应对原有的作业文件进行清理,摘出有用的,删除无关的。

(8)文件的审查、审批和发布。

文件编写完成后应进行审查,经审查、修改、汇总后进行审批,然后发布。

2. 环境管理体系的运行

1)管理体系的运行

管理体系运行时按照已建立体系的要求实施,其实施的重点是围绕培训意识和能力,

信息交流,文件管理,执行控制程序,监测,不符合、纠正和预防措施,记录等活动推进体系的运行工作,上述活动简述如下:

(1)培训意识和能力。由主管培训的部门根据体系、体系文件(培训意识和能力程序文件)的要求,制订详细的培训计划,明确培训的职能部门、时间、内容、方法和考核要求。

(2)信息交流。信息交流是确保各要素构成一个完整的、动态的、持续改进的体系和基础,应关注信息交流的内容和方式。

(3)文件管理。包括对现有有效文件进行整理编号,方便查询索引;对适用的规范、规程等行业标准应及时购买补充;对适用的表格要及时发放;对在内容上有抵触的文件和过期文件要及时作废并妥善处理。

(4)执行控制程序。体系的运行离不开程序文件的指导,程序文件及其相关的作业文件在施工企业内部都具有法定效力,必须严格执行,才能保证体系正常运行。

(5)监测。为保证体系正确有效地运行,必须严格监测体系的运行情况。监测中应明确监测的对象和监测的方法。

(6)不符合、纠正和预防措施。体系在运行过程中,不符合的出现是不可避免的,包括事故难免也要发生,关键是相应的纠正与预防措施是否及时有效。

(7)记录。在体系运行过程中及时按文件要求进行记录,如实反映体系运行情况。

2)管理体系的维持

(1)内部审核。

内部审核是施工企业对其自身的管理体系进行的审核,是对体系是否正常进行以及是否达到了规定的目标所做的独立检查和评价,是管理体系自我保证和自我监督的一种机制。

内部审核要明确提出审核的方法和步骤,形成审核日程计划,并发至相关部门。

(2)管理评审。

管理评审是由施工企业的最高管理者对管理体系的系统评价,判断企业的管理体系面对内部情况的变化和外部环境是否充分适应有效,由此决定是否对管理体系做出调整,包括方针、目标、机构和程序等。

(3)合规性评价。

为了履行对合规性的承诺,合规性评价分公司级和项目组级评价两个层次进行。

项目组级评价,由项目经理组织有关人员对施工中应遵守的法律法规和其他要求的执行情况进行一次合规性评价。当某个阶段施工时间超过半年时,合规性评价不少于一次。项目工程结束时应针对整个项目工程进行系统的合规性评价。

公司级评价每年进行一次,制订计划后由管理者代表组织企业相关部门和项目组,对公司应遵守的法律法规和其他要求的执行情况进行合规性评价。

各级合规性评价后,对不能充分满足要求的相关活动或行为,通过管理方案或相关措施等方式进行逐步改进。上述评价和改进的结果,应形成必要的记录和证据,作为管理评审的输入。

管理评审时，最高管理者应结合上述合规性评价的结果、企业的客观管理实际、相关法律法规和其他要求，系统评价体系运行过程中对适用法律法规和其他要求的遵守执行情况，并由相关部门或最高管理者提出改进要求。

知识链接

《环境管理体系 要求及使用指南》(GB/T 24001—2016)，《环境管理体系原则、体系和支持技术通用指南》(GB/T 24004—2004)，《环境管理体系要求及使用指南》(GB/T 24001—2016)的总体结构及内容，《质量管理体系 要求》(GB/T 19001—2016)。

三、施工项目环境管理措施

施工项目环境管理最主要的目的是施工现场环境的保护。环境保护的目的是保护和改善环境质量，从而保护人们的身心健康，合理开发和利用自然资源，减少和消除有害物质对环境的影响，加强生物多样性的保护，维持生物资源的生产能力，使之得以恢复。

(一)施工现场环境保护的要求

1. 环境保护的目的

(1)保护和改善环境质量，从而保护人们的身心健康，防止人体在环境污染影响下产生遗传突变和退化。

(2)合理开发和利用自然资源，减少或消除有害物质对环境的影响，加强生物多样性的保护，维护生物资源的生产能力，使之得以恢复。

2. 环境保护的原则

(1)经济建设与环境保护协调发展的原则。

(2)预防为主、防治结合、综合治理的原则。

(3)依靠群众保护环境的原则。

(4)环境经济责任原则，即污染者付费的原则。

3. 环境保护的要求

(1)工程的施工组织设计中应有防治扬尘、噪声、固体废物和废水等污染环境的有效措施，并在施工作业中认真组织实施。

(2)施工现场应建立环境保护管理体系，层层落实，责任到人，并保证有限运行。

(3)对施工现场防治扬尘、噪声、水污染及环境保护管理工作进行检查。

(4)定期对职工进行环境保护法规知识的培训考核。

(二)施工现场环境保护的措施

1. 施工环境影响的类型

通常施工环境影响的类型如表3-19所示。

表 3-19 施工环境影响类型

序号	环境因素	产生的地点、工序和部位	环境影响
1	噪声	施工机械、运输设备、电动工具	影响人体健康、居民休息
2	粉尘的排放	施工场地平整、土堆、砂堆、石灰、现场路面、进出车辆车轮带泥沙、水泥搬运、混凝土搅拌、木工房锯末、喷砂、除锈、衬里	污染大气、影响居民身体健康
3	运输的遗撒	现场渣土、商品混凝土、生活垃圾、原材料运输当中	污染路面和人员健康
4	化学危险品、油品泄露或挥发	实验室、油漆库、油库、化学材料库及其作业面	污染土地和人员健康
5	有毒有害废弃物排放	施工现场、办公区、生活区废气物	污染土地、水体、大气
6	生产、生活污水排放	现场搅拌站、厕所、现场洗车处、生活服务设施、食堂等	污染水体
7	生产用水、用电的消耗	现场、办公室、生活区	资源浪费
8	办公用纸的消耗	办公室、现场	资源浪费
9	光污染	现场焊接、切割作业、夜间照明	影响居民生活、休息和邻近人员健康
10	离子辐射	放射源储存、运输、使用中	严重影响居民、人员健康
11	混凝土防冻剂的排放	混凝土使用	影响健康

施工单位应当遵守国家有关环境保护的法律规定，对施工造成的环境影响采取针对性措施，有效地控制施工现场的各种粉尘、废气、废水、固体废弃物，以及噪声、振动对环境的污染和危害。

2. 施工现场环境保护的措施

1）环境保护的组织措施

施工现场环境保护的组织措施是施工组织设计或环境管理专项方案中的重要组成部分，是具体组织与指导环境保护施工的文件，旨在从组织和管理上采取措施，消除或减轻施工过程中的环境污染与危害。主要的组织措施包括：

（1）建立施工现场环境管理体系，落实项目经理责任制。

（2）项目经理全面负责施工过程中的现场环境保护的管理工作，并根据工程规模、技术复杂程度和施工现场的具体情况，建立施工现场管理责任制并组织实施，将环境管理系统化、科学化、规范化，做到责权分明，管理有序，防止互相扯皮，提高管理水平和效率。主要包括环境岗位责任制、环境检查制度、环境保护教育制度及环境保护奖惩制度。

（3）加强施工现场环境的综合治理。

(4)加强全体职工的自觉保护环境意识,做好思想教育、纪律教育与社会公德、职业道德和法制观念相结合的宣传教育。

(5)环境保护的技术措施。

(6)施工单位应当采取防止环境污染的技术措施。

(7)妥善处理泥浆水,未经处理不得直接排入城市排水设施和河流。

(8)除设有符合规定的装置外,不得在施工现场熔融沥青或者焚烧油毡、油漆以及其他会产生有毒有害烟尘和恶臭气体的物质。

(9)使用密封式的圈筒或者采取其他措施处理高空废弃物。

(10)采取有效措施控制施工过程中的扬尘。

(11)禁止将有毒有害废弃物用作土方回填。

(12)对产生噪声、振动的施工机械,应采取有效控制措施,减轻噪声扰民。

(13)建设工程施工由于受技术、经济条件限制,对环境的污染不能控制在规定范围内,建设单位应当会同施工单位事先报请当地人民政府建设行政主管部门和环境保护行政主管部门批准。

(14)建设工程现场职业健康安全卫生措施。

①现场宿舍管理:

a. 宿舍室内净高不得小于2.4 m,通道宽度不得小于0.9 m,每间宿舍居住人员不得超过16人;

b. 施工现场宿舍必须设置可开启式窗户,宿舍内床铺不得超过2层,严禁使用通铺。

②现场食堂管理:

a. 食堂应设置在远离厕所、垃圾站、有毒有害场所等污染源的地方;

b. 食堂燃气罐应单独设置存放间;

c. 食堂外应设置密闭式泔水桶,并应及时清运;

d. 食堂应设置独立制作间、储藏间,门扇下方应设不低于0.2 m防鼠挡板。制作间灶台及其周边应贴瓷砖,所贴瓷砖高度不宜小于1.5 m。粮食存放台距墙和地面应大于0.2 m。

③现场厕所管理。

a. 施工现场应设置水冲式或移动式厕所。蹲位之间宜设置隔板,隔板高度不宜低于0.9 m。

b. 高层建筑施工超过8层,每隔4层宜设置临时厕所。

c. 其他临时设施管理。

d. 施工现场作业人员发生法定传染病、食物中毒或急性职业中毒时,必须在2 h内向施工现场所在地建设行政主管部门和有关部门报告。

e. 现场施工人员患有法定传染病时,应及时进行隔离。

(三)施工现场环境污染的处理

1. 大气污染的处理

(1)施工现场外围围挡不得低于1.8 m,以避免或减少污染物向外扩散。

(2)施工现场垃圾杂物要及时清理。清理多、高层建筑物的施工垃圾时,采用定制带盖铁桶吊运或利用永久性垃圾道，严禁凌空随意抛撒。

(3)施工现场堆土，应合理选定位置进行存放堆土，并洒水覆膜封闭或表面临时固化或植草，防止扬尘污染。

(4)施工现场道路应硬化。采用焦渣、级配砂石、混凝土等作为道路面层，有条件的可利用永久性道路，并指定专人定时洒水和清扫养护，防止道路扬尘。

(5)易飞扬材料入库密闭存放或覆盖存放。如水泥、白灰、珍珠岩等易飞扬的细颗粒散体材料，应入库存放。若室外临时露天存放，必须下垫上盖，严密遮盖防止扬尘。运输水泥、白灰、珍珠岩粉等易飞扬的细颗粒粉状材料时，要采取遮盖措施，防止沿途遗撒、扬尘。卸货时，应采取措施，以减少扬尘。

(6)施工现场易扬尘处使用密目式安全网封闭，使一网两用，并定人定时清洗粉尘，防止施工过程扬尘或二次污染。

(7)在大门口铺设一定距离的石子路自动清理车轮或做一段混凝土路面和水沟用水冲洗车轮车身，或人工清扫车轮车身。装车时不应装得过满，行车时不应猛拐，不急刹车。卸货后清扫干净车厢，注意关好车厢门。场区内外定人定时清扫，做到车辆不外带泥沙、不撒污染物、不扬尘，清除或减轻对周围环境的污染。

(8)禁止施工现场焚烧有毒、有害烟尘和恶臭气体的物资。如焚烧沥青、包装箱袋和建筑垃圾等。

(9)尾气排放超标的车辆，应安装净化消声器，防止噪声和冒黑烟。

(10)施工现场炉灶(如茶炉、锅炉等)采用消烟除尘型，烟尘排放控制在允许范围内。

(11)拆除旧有建筑物时，应适当洒水，并且在旧有建筑物周围采用密目式安全网和草帘搭设屏障，防止扬尘。

(12)在施工现场建立集中搅拌站，由先进设备控制混凝土原材料的取料、称料、进料、混合料搅拌、混凝土出料等全过程，在进料仓上方安装除尘器，可使粉尘降低98%以上。

(13)在城区、郊区城镇和居民稠密区、风景旅游区、疗养区及国家规定的文物保护区内施工的工程，严禁使用敞口锅熬制沥青。凡进行沥青防水作业时，要使用和带有烟尘处理装置的加热设备。

(14)建筑工程施工工地上，对于不适合再利用且不宜直接予以填埋处置的废物，可采用焚烧的处理办法。

2. 水污染的处理

(1)施工现场搅拌站的污水、水磨石的污水等须经排水沟排放和沉淀池沉淀后再排入城市污水管道或河流，污水未经处理不得直接排入城市污水管道或河流。

(2)禁止将有毒有害废弃物做土方回填，避免污染水源。

(3)施工现场存放油料、化学溶剂等设有专门的库房，必须对库房地面和高250 mm墙面进行防渗处理，如采用防渗混凝土或刷防渗漏涂料等。领料使用时，要采取措施，防止油料跑、冒、滴、漏而污染水体。

(4)对于现场气焊用的乙炔产生的污水严禁随地倾倒，要求专用容器集中存放，并倒入沉淀池处理，以免污染环境。

(5)施工现场100人以上的临时食堂,污水排放时可设置简易有效的隔油池,定期掏油、清理杂物,防止污染水体。

(6)施工现场临时厕所的化粪池应采取防渗漏措施,防止污染水体。

(7)施工现场化学药品,外加剂等要妥善入库保存,防止污染水体。

3. 噪声污染的处理

(1)合理布局施工场地,优化作业方案和运输方案,尽量降低施工现场附近敏感点的噪声强度,避免噪声扰民。

(2)在人口密集区进行较强噪声施工时,须严格控制作业时间,一般避开晚10时到次日早6时的作业。对环境的污染不能控制在规定范围内的,必须昼夜连续施工时,要尽量采取措施降低噪声。

(3)夜间运输材料的车辆进入施工现场,严禁鸣笛和乱轰油门,装卸材料要做到轻拿轻放。

(4)进入施工现场不得高声喊叫和乱吹哨、不得无故甩打模板、钢筋铁件和工具设备等,严禁使用高音喇叭、机械设备空转和不应当的碰撞其他物件(如混凝土振捣器碰撞钢筋或模板等),减少噪声扰民。

(5)加强各种机械设备的维修保养,缩短维修保养周期,尽可能降低机械设备噪声的排放。

(6)施工现场超噪声值的声源,采取如下措施降低噪声或转移生源:

①尽量选用低噪声设备和工艺来代替高噪声设备和工艺(如电动空压机代替柴油空压机,用静压桩施工方法代替锤击桩施工方法等)降低噪声。

②在声源处安装消声器消声,即在鼓风机、内燃机、压缩机各类排气装置等进出风管的适当位置设置消声器(如阻性消声器、抗性消声器、阻抗复合消声器、穿微孔板消声器等),降低噪声。

③加工成品、半成品的作业(如预制混凝土构件、制作门窗等),尽量放在工厂车间生产,以转移生源来降低噪声。

(7)在施工现场噪声的传播途径上,采用吸声、隔声等声学处理的方法来降低噪声。

(8)建筑施工过程中场界环境噪声不得超过《建筑施工场界环境噪声排放标准》(GB 12523—2011)规定的限值,夜间噪声不超过55 dB,昼间噪声不得超过70 dB,夜间噪声最大声级超过限值的幅度不得高于15 dB。

4. 固体废弃物污染的处理

(1)施工现场设立专门的固体废弃物临时贮存场所,用砖砌成池,废弃物应分类存放,对有可能造成二次污染的废弃物必须单独贮存、设置安全防范措施且有醒目标识。对储存物应及时收集并处理,可回收的废弃物做到回收再利用。

(2)固体废弃物的运输应采取分类、密封、覆盖,避免泄露、遗漏,并送到政府批准的单位或场所进行处理。

(3)施工现场应使用环保型的建筑材料、工器具、临时设施、灭火器和各种物质的包装袋等,减少固体废弃物污染。

(4)提高工程施工质量,减少或杜绝工程返工,避免产生固体废弃物污染。

(5)施工中及时回收使用落地灰和其他施工材料,做到工完料尽,减少固体废弃物污染。

5. 光污染的处理

(1)对施工现场照明器具的种类、灯光亮度加以控制,不对着居民区照射,并利用隔离屏障(如灯罩、搭设排架密挂草帘或篷布等)。

(2)电气焊应尽量远离居民区或工作面设蔽光屏障。

【课堂自测】

项目五任务六课堂自测练习

项目小结

建设工程质量直接关系到人民群众的生命和财产安全。切实加强建设工程施工质量管理,预防和正确处理可能发生的工程质量事故,保证工程质量达到预期目标,是建设工程施工管理的主要任务之一。通过任务一的学习,了解工程建设过程中,建设各方质量管理的内容以及发生质量事故后的处理程序,掌握工程建设的评定与验收的主要内容和方法。

施工项目进度控制是施工项目管理中非常重要的一个环节,是保证施工项目按期完成、合理安排资源供应、节约工程成本的重要措施。通过任务二的学习,了解施工进度管理的概念和内容,掌握计划进度与实际进度的比较方法,熟悉施工进度拖延的应对措施。

建设工程项目施工成本管理应从工程投标报价开始,直至项目竣工结算完成,贯穿于项目实施的全过程。施工成本管理是指在工期和质量满足要求的条件下,采取相应的措施,把工程成本控制在计划范围之内,并进一步寻求最大限度的节约成本。通过任务三的学习,掌握工程项目在施工过程中进行成本控制的主要方法,从而为最大限度的节约工程成本。

施工单位与建设单位之间签订的水利工程施工合同,明确了发包人和承包人的义务和责任的主要内容。质量条款的内容有承包人的质量管理、监理人的质量检查。进度条款里首要明确工程的开工和完工,由各方因素引起的工期延误、暂停施工等。然而施工过程中,难免出现工程变更或者相关的工程索赔,要按照相关程序进行。

安全管理是施工过程中控制的核心目标,工程项目安全质量要达到相应的规范要求,在设计规定的年限内安全使用。工程项目开工前,施工前的安全管理包括建立安全管理监督机构、制定各项安全管理制度、专兼职安全员的配置等。施工中的安全管理就是对人、机械、材料及施工工序的安全管理。要对水利工程施工安全隐患进行分析,建立完善的施工安全管理体系。

建设工程环境管理的特点有复杂性、多变性、协调性、持续性、经济性、环境性。施工

环境影响的类型主要包括噪声，粉尘的排放，运输的遗撒，危险化学品、油品的泄露或挥发，有毒有害废气排放物，生产用水、用电的消耗，办公用纸的消耗，光污染，离子辐射，混凝土防冻剂的排放等。施工现场环境污染的处理主要包括：大气污染的处理，水污染的处理，噪声污染的处理，固体废弃物污染的处理，光污染的处理。

项目技能训练题

案例题一

1. 某混凝土分部工程有50个单元工程，单元工程质量全部经监理单位复核认可，50个单元工程以及重要隐蔽单元工程共20个，优良19个，施工过程中检验水泥共10批，钢筋共20批，砂共15批，石子共15批，质量均合格，混凝土试件：C25共19组，C20共10组、C10共5组，质量全部合格，施工中未发生过质量事故。试根据《水利水电工程施工质量经验与评定规程》(SL 176—2007)的规定说明，评定此工程的质量等级，并说明理由。

2. 某围堰工程在其背水侧发生管涌，施工单位在管涌出口处采用反滤层压盖进行处理。反滤层材料包括：块石、大石子、小石子、粗砂等。但由于管涌处理不及时，造成围堰局部坍塌，造成直接经济损失30万元。事故发生后，项目法人根据水利部《关于贯彻质量发展纲要，提升水利工程质量的实施意见》按照“四不放过”原则组织有关单位进行处理，并报上级主管部门备案。试根据《水利工程质量事故处理暂行规定》，说明水利工程质量事故共分为哪几类？并指出本次质量事故的类型，并说明理由。

案例题二

1. 承包商与业主签订了某小型水库加固工程施工承包合同，合同总价1 200万元，工程施工的进度计划如图3-16所示。

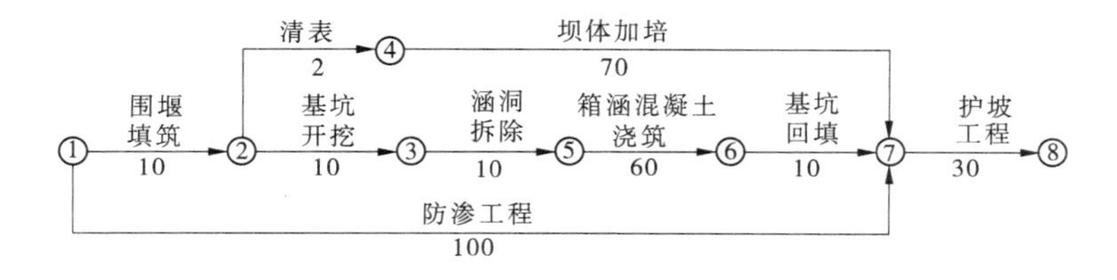

图3-16　施工进度计划图

施工过程中发生如下事件：

事件一：因料为征地纠纷、坝体推迟了20 d开始。

事件二：因设备故障，防渗工程施工推迟5 d完成。

事件三：混凝土浇筑过程中，因止水安装质量不合格，返工造成工作时间延长4 d。

试分别指出事件一、事件二、事件三对工期的影响。

2. 某黏土心墙土石坝工程，其进度曲线如图3-17所示，试分析在第16天末的计划进度与实际进度，并确定该心墙坝实际用工天数。

案例题三

某工程项目施工合同于2008年12月签订，约定的合同工期为20个月，2009年1月

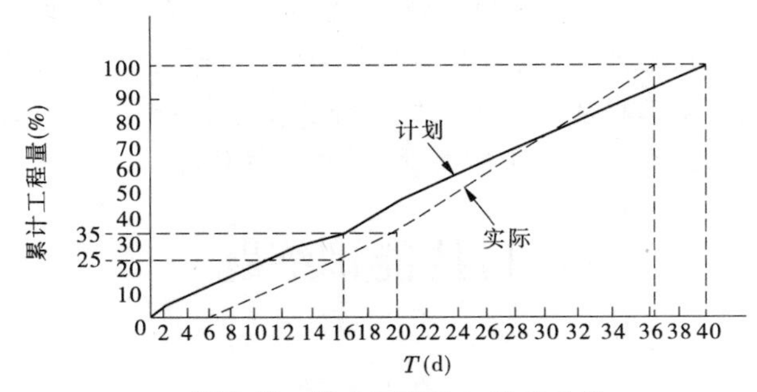

图 3-17　某土石坝施工进度曲线

开始正式施工,承包人按照合同要求编制了混凝土结构工程施工进度时标网络计划(见图 3-18),并经专业监理工程师审核批准。

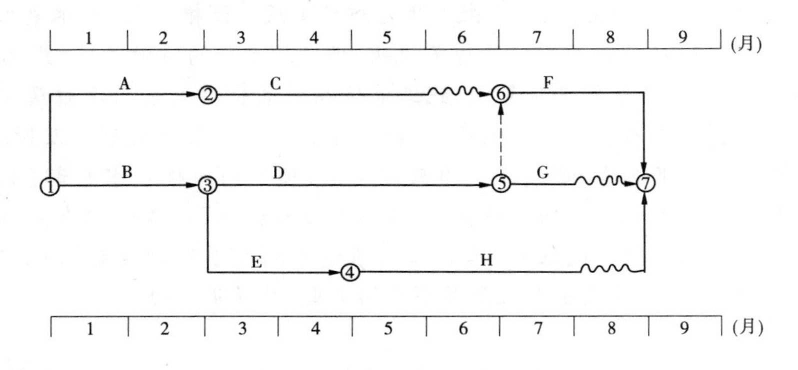

图 3-18　时标网络计划

该项目的各项工作均按照最早开始时间安排,且各工作每月所完成的工程量相等。各工作的计划工程量和实际工程量如表 3-20 所示。工作 D、E、F 的实际工作持续时间与计划工作持续时间相同。

表 3-20　计划工程量和实际工程量

工作	A	B	C	D	E	F	G	H
计划工程量(m^3)	8 600	9 000	5 400	10 000	5 200	6 200	1 000	3 600
实际工程量(m^3)	8 600	9 000	5 400	9 200	5 000	5 800	1 000	5 000

合同约定,混凝土结构综合单价为 1 000 元/m^3,按月结算。结算按项目所在地混凝土结构工程价格指数进行调整,项目实施期间各月混凝土结构工程价格指数如表 3-21 所示。

表 3-21　工程价格指数表

时间	2008-12	2009-01	2009-02	2009-03	2009-04	2009-05	2009-06	2009-07	2009-08	2009-09
价格指数	100	115	105	110	115	110	110	120	110	110

施工期间由于发包人原因使工作 H 的开始时间比计划的开始时间推迟 1 个月,并由于工作 H 工程量的增加使该工作的工作持续时间延长了 1 个月。

问题：

1. 请按施工进度计划编制资金使用计划（计算每月和累计计划工作预算费用），并简要写明计算过程。

2. 计算工作 H 各月的已完工作预算费用和已完工作实际费用。

3. 计算 8 月末的费用偏差和进度偏差。

进度偏差 = 已完工作预算费用 - 计划工作预算费用 =4 775 - 4 900 = - 125（万元），进度拖后 125 万元。

案例题四

案例 1：某施工单位领取的某 2 000 m^2 两层厂房工程项目招标文件和全套施工图纸，采用低报价策略编制了投标文件，并获得中标。该施工单位（乙方）于某年某月某日与建设单位（甲方）签订了该工程项目的固定价格施工合同。合同工期为 8 个月。甲方在乙方进入施工现场后，因资金紧缺，口头要求乙方暂停施工一个月。乙方亦口头答应。工程按合同规定期限验收时，甲方发现工程质量有问题，要求返工。两个月后，返工完毕。结算时甲方认为乙方迟延交付工程，应按合同约定偿付逾期违约金。乙方认为临时停工是甲方要求的。乙方为抢工期，加快施工进度才出现了质量问题，因此迟延交付的责任不在乙方。甲方则认为临时停工和不顺延工期是当时乙方答应的。乙方应履行承诺，承担违约责任。

问题：

（1）该工程采用固定价格合同是否合适？

（2）该施工合同的变更形式是否妥当？此合同争议依据合同法律规范应如何处理？

案例 2：某工程合同价款为 300 万元，主要材料和结构件费用为合同价款的 62.5%，合同规定预付备料款为合同价款的 25%。规定工程进度达到 60%，开始抵扣备料款，扣回的比例是按每完成 10% 进度，扣预付备料款总额的 25%。

问题：

（1）该工程合同规定的预付备料款和起扣点是多少？

（2）根据工程进度，计算抵扣额。

案例 3：某城市围堰堤为 Ⅰ 级堤防，在原排涝西侧 200 m 新建一座排涝泵站（包括进水建筑物、泵站、穿堤涵洞、出水建筑物等），总装机容量 1 980 kW，合同工期为 16 个月，自 2002 年 11 月至 2004 年 2 月。该地区主汛期为 6、7、8 三个月，泵室、穿堤涵洞等主体工程安排在非汛期施工。施工过程中发生如下事件：

事件 1：施工单位施工组织设计中汛前以泵室、进水建筑物施工为关键工作，穿堤涵洞、出水建筑物施工相继安排。

事件 2：穿堤涵洞的土方开挖及回填工作量不大，施工单位将该土方工程分包给具有相应资质的单位。厂房、管理房的内外装饰（包括玻璃幕墙、贴面）分包给具有相应资质的单位。

事件 3：竣工验收前，项目法人委托检测单位对堤身填筑和混凝土护坡质量进行抽检。

事件 4：2003 年 3 月的施工进度计划中，3 月 3 日穿堤涵洞周边堤防土方回填至设计高程,3 月 4～14 日进行堤外侧现浇混凝土护坡施工。

问题:

(1)事件 1 中,施工安排是否妥当并简述理由。

(2)事件 2 中,分包是否允许并简述理由。

(3)事件 3 中,工程质量抽检的内容至少应包括哪几项?

(4)事件 4 中,进度安排是否合理并简述理由。

案例 4:某穿堤建筑物施工招标,A、B、C、D 四个投标人参加投标。招标投标及合同执行过程中发生了如下事件:

事件 1:经资格预审委员会审核,本工程监理单位下属的具有独立法人资格的 D 投标人没能通过资格审查。A、B、C 三个投标人购买了招标文件,并在规定的投标截止时间前递交了投标文件。

事件 2:评标委员会评标报告对 C 投标人的投标报价有如下评估:C 投标人的工程量清单"土方开挖(土质级别Ⅱ级,运距 50 m)"项目中,工程量 2 万 m^3 余单价 500 元/m^3 的乘积与合价 10 万元不符。工程量无错误,故应进行修正。

事件 3:招标人确定 B 投标人为中标人,按照《堤防和疏浚工程施工合同范本》签订了施工合同。合同价 500 万元,预付款为合同价的 10%,保留金按当月工程进度款 5% 的比例扣留。施工期第 1 个月,监理单位确认的月进度款为 100 万元。

事件 4:根据地方政府美化城市的要求,设计单位修改了建筑设计,修改后的施工图纸未能按时提交,承包人据此提出了有关索赔要求。

问题:

(1)事件 1 中,指出招标人拒绝投标人 D 参加该项目施工投标是否合理,并简述理由。

(2)事件 2 中,根据《工程建设项目施工招标投标办法》(国家计委令第 30 号)的规定,简要说明 C 投标人报价修正的方法并提出修正报价。

(3)事件 3 中,计算预付款、第一个月的保留金扣留和应得付款(单位:万元保留 2 位小数)。

(4)事件 4 中,指出承包人提出索赔的要求是否合理并简述理由。

案例 5:某工程在施工过程中发生如下事件:

事件 1:基坑开挖后发现有古河道,须将河道中的淤泥清除并对地基进行二次处理。

事件 2:业主因资金困难,在应支付工程月进度款的时间内未支付,承包方停工 20 d。

事件 3:在主体施工期间,施工单位与某材料供应商签订了室内隔墙板供销合同,在合同内约定:如供方不能按约定时间供货,每天赔偿订购方合同价万分之五的违约金。供货方因原材料问题未能按时供货,拖延 10 d。

在上述事件发生后,承包方及时向业主提交了工期和费用索赔要求文件,向供货方提出了费用索赔要求。

问题:

(1)施工单位的索赔能否成立? 为什么?

(2)按索赔当事人分类,索赔可分为哪几种?

(3)在工程施工中,通常可以提供的索赔证据有哪些?

案例6:甲方和乙方签订了某工程施工合同,乙方的承包范围为土方、基础、主体结构在内的全部建筑安装工程,合同工期为350 d,开工日期为2003年11月12日,本工程在冬期不停止施工,甲方在合同内约定:乙方采取措施保证冬期施工,措施费为150万元,包干使用,不再增减。在开工前,乙方向甲方提交了施工组织方案及进度计划,甲方同意按此方案实施。

在实际施工过程中发生了以下事件:

事件1:在土方开挖施工时,由于乙方自身没有土方施工专业队伍和机械,随将土方开挖分包给另一家土方施工专业公司A,由于乙方和A单位就土方开挖的价格未能及时谈拢,土方施工单位未在甲乙双方约定的时间进场开挖,致使土方开挖拖延开工20 d。

事件2:在土方开挖后,开始施工地下室部分,因甲方提供的图纸设计有误、乙方发现此错误后及时通知甲方,甲方通过和设计单位联系,随后以图纸变更洽商的形式,下指令给乙方,因此地下室部分比原计划时间推迟30 d。经乙方现场统计,在图纸变更前,乙方配料和人工及窝工已经发生了60万元的费用。

事件3:乙方根据合同工期要求,冬期继续施工,在施工过程中,乙方为保证施工质量,采取了多项技术措施,由此造成额外的费用开支200万元。

在上述事情发生后,乙方及时向甲方通报,并恳请甲方以事实为依据,给予工期顺延、同时给予损失补偿。

问题:

(1)事件1中乙方是否可以要求甲方给予工期延长?

(2)在事件2中甲方是否应同意乙方的工期顺延要求,乙方所发生的费用甲方是否应该给予补偿?

(3)早冬期施工中,乙方依据现场实际情况向甲方提出给予经济补偿,希望甲方能够按实际发生的费用计算并支付技术措施费用,甲方是否可以考虑乙方的这一请求?

案例题五

案例1:某水利水电工程施工企业在对公司各项目经理部进行安全生产检查时发现如下情况:

情况1:公司第一项目经理部承建的某泵站工地,在夜间进行泵房模板安装作业时,由于部分照明灯损坏,安全员又不在现场,一木工身体状况不佳,不慎从12 m高的脚手架上踩空直接坠地死亡。

情况2:公司第二项目经理部承建的某引水渠道工程,该工程施工需进行浅孔爆破。现场一仓库内存放有炸药、柴油、劳保用品和零星建筑材料,门上设有“仓库重地、闲人免进”的警示标志。

情况3:公司第三项目经理部承建的是某中型水闸工程,由于工程规模不大,项目部未设立安全生产管理机构,仅由各生产班组组长兼任安全生产管理员,具体负责施工现场的安全生产管理工作。

问题:

(1)根据施工安全生产管理的有关规定,该企业安全生产检查的主要内容是什么?

(2)情况1中施工作业环境存在哪些安全隐患?

(3)根据《水利工程建设重大质量与安全事故应急预案》的规定,说明情况1中的安全事故等级;根据《水利工程建设安全生产管理规定》,说明该事故调查处理的主要要求。

(4)指出情况2中炸药、柴油存放的不妥之处,并说明理由。

(5)指出情况3在安全生产管理方面存在的问题,并说明理由。

案例2:某水利工程中的"泵站工程",在施工过程中,施工单位让负责质量管理的施工人员兼任现场安全生产监督工作。基坑土方开挖到接近设计标高时,总监理工程师发现基坑四周地表出现裂缝,即向施工单位发出书面通知,要求暂停施工,并要求现场施工人员立即撤离,查明原因后再恢复施工,但施工单位认为地表裂缝属正常现象没有予以理睬。不久基坑发生严重坍塌,造成4名施工人员被掩埋,其中3人死亡,1人重伤。

事故发生后,施工单位立即向有关安全生产监督管理部门上报了事故情况。经事故调查组调查,造成坍塌事故的主要是由地质勘察资料中未标明地下存在古河道,基坑支护设计(合同约定由发包人委托设计单位设计)中未能考虑这一因素造成的。事故直接经济损失380万元,施工单位要求设计单位赔偿事故损失。

问题:

(1)指出上述背景资料中有哪些做法不妥并说明正确的做法。

(2)根据《水利工程建设重大质量与安全事故应急预案》,说明本工程的事故等级。

(3)这起事故的主要责任单位是谁并说明理由。

案例题六

案例1:某建筑项目工地位于某市中心进行昼夜施工,由于浇筑混凝土需要连续作业,所以项目经理与总工达成一致,经建设单位同意,施工单位昼夜不间断地进行混凝土的浇筑工作,夜间施工的噪声为80 dB。现场施工人员把床铺搬到了在建构筑物内,以便于很好的工作,夜间气温较低,工人们在在建构筑物上点火取暖。夜间施工的噪声,干扰了周边居民,有关环保部门接到投诉后,立即赶往工地彻查。

问题:

1.请指出以上事件的不妥之处?

2.请说出正确的做法。

案例2:某水利工程在施工过程中发生如下事件:

事件1:项目部在编制的"项目环境管理规划"中,提出了包括现场文化建设、保障职工安全文明施工的工作内容。

事件2:监理工程师在消防工作检查时,发现一只手提式灭火器直接挂在工人宿舍外墙的构件上,其顶部离地面的高度为1.6 m,食堂设置了独立制作间和冷藏设施,燃气罐放置在通风良好的杂物间。

问题:

1.事件1中,现场文明施工还应包括哪些工作内容?

2.事件2中,有哪些不妥之处?并说明正确做法。

案例3:某新建水利枢纽工程,建设单位与施工单位签订了施工合同,合同约定项目施工创省级安全文明工地。施工过程中,发生了如下事件:

事件1:建设单位组织监理单位、施工单位对工程施工安全进行检查,检查内容包括安全思想、安全责任、安全制度、安全措施。

事件2:施工现场入口设置了企业标志牌、工程概况牌,检查组认为制度牌设置不完整,要求补充。工人宿舍室内净高2.3 m,封闭式窗户,每个房间住20个工人,检查组认为不符合相关要求,对此下发了通知单。

问题:

1. 除事件1所述检查内容外,施工安全检查还应检查哪些内容?

2. 事件2中,施工现场入口还应设置哪些制度牌?现场工人宿舍应如何整改?

参 考 文 献

[1] 刘能胜,钟汉华. 水利水电工程施工组织与管理[M]. 北京:中国水利水电出版社,2015.

[2] 张玉福,薛建荣. 水利工程施工组织与管理[M]. 北京:江苏大学出版社,2013.

[3] 衡艳阳,王立霞. 项目施工组织与管理[M]. 北京:中国水利水电出版社,2016.

[4] 全国二级建造师执业资格考试用书编写委员会. 水利水电工程管理与实务[M]. 北京:中国建筑工业出版社,2017.

[5] 全国二级建造师执业资格考试用书编写委员会. 建筑工程施工管理[M]. 北京:中国建筑工业出版社,2017.

[6] 中华人民共和国水利部. 水利水电工程施工组织设计规范:SL 303—2017[S]. 北京:中国水利水电出版社,2004.

[7] 梁建林,闫国新. 水利水电工程施工项目管理实务[M]. 郑州:黄河水利出版社,2014.

[8] 龙振华,张保同. 水利工程资料整编[M]. 郑州:黄河水利出版社,2012.

[9] 中华人民共和国水利部. 水利水电建设工程验收规程:SL 223—2008[S]. 北京. 中国水利水电出版社,2008.

[10] 中华人民共和国水利部. 水利水电工程施工质量检验与评定规程:SL 176—2007[S]. 北京. 中国水利水电出版社,2007.

[11] 中华人民共和国水利部. 水利水电基本建设工程单元工程质量等级评定标准:SL 631 ~ 637—2012[S]. 北京. 中国水利水电出版社,2012.